高职高专土建类专业"十三五"规划教材

施 工 技 术

（第 2 版）

主　编　谢芳蓬　欧阳彬生
副主编　熊　燕　陶立新
　　　　黄和平　王景萍
主　审　吴志斌　罗　琳

武汉理工大学出版社
·武　汉·

内 容 提 要

本书是江西现代职业技术学院国家骨干高职院校建设项目成果,主要包括土方工程施工、桩基础工程和地基处理、脚手架和垂直运输、砌体工程、模板施工、钢筋工程、混凝土工程、先张法预应力混凝土工程、后张法有粘结预应力混凝土工程、后张法无粘结预应力混凝土工程、单层工业厂房安装、钢网架结构安装、屋面防水工程、地下防水工程、装饰工程等内容。

本书可作为高等职业教育建筑类相关专业的教学用书,也可作为工程技术人员的参考资料。

图书在版编目(CIP)数据

施工技术/谢芳蓬,欧阳彬生主编. —2 版. —武汉:武汉理工大学出版社,2017.1
(2020.7 重印)
　　ISBN 978-7-5629-5204-6

　　Ⅰ.① 施…　Ⅱ.① 谢…　② 欧…　Ⅲ.①建筑工程－工程施工　Ⅳ.① TU7

中国版本图书馆 CIP 数据核字(2016)第 260060 号

| 项目负责人:戴皓华 | 责 任 编 辑:张淑芳 |
| 责 任 校 对:戴皓华 | 封 面 设 计:芳华时代 |

出 版 发 行:武汉理工大学出版社
地　　　　址:武汉市洪山区珞狮路 122 号
邮　　　　编:430070
网　　　　址:http://www.wutp.com.cn
经　　　　销:各地新华书店
印　　　　刷:武汉中科兴业印务有限公司
开　　　　本:787×1092　1/16
印　　　　张:19.25
字　　　　数:480 千字
版　　　　次:2017 年 1 月第 2 版
印　　　　次:2020 年 7 月第 2 次印刷　总第 5 次印刷
定　　　　价:41.00 元

前　言
（第 2 版）

　　本书针对高职层面建筑工程技术专业及专业群对建筑施工的具体要求,紧跟建筑工程施工技术发展与建筑行业的动态,同时兼顾学生职业和能力的拓展,重新构建了"施工技术"课程体系和教学内容,把课程内容教学的重点放在实用知识和操作技能两个层面。对逐渐少用或不用的施工技术和施工方法则不再介绍,删减复杂的公式推导和原理说明,使课程内容更贴近实际,提高了课程的先进性与实用性。

　　本书依循基于工作过程的教学理念,对每一工序都是按施工准备→施工实施→施工验收的程序进行编写的。施工准备含有技术准备、材料准备、机具准备及其他必要的准备(如场地、人员等);施工实施涵盖了建筑施工的常规工艺,并兼顾新工艺、新要求、新技术,对每一种施工工艺,特别着重于工艺特点、技术要求、操作方法、适用范围、注意事项的介绍;施工验收着重验收工具、验收方法、验收规范标准的介绍。

　　本书以"讲清概念,强调应用"为主旨,本着"必需、够用"的原则进行编写,具体体现在以下三个方面:

　　(1)教学方便。理论知识简洁,操作技能明了,操作过程程序化,方便教师组织教学。

　　(2)内容切"实"。教材内容切合高职学生实际,切合专业实践教学实际,切合工程应用实际。

　　(3)工地再现。书本知识可指导工地施工,工地做法可印证书本知识。

　　参加本书编写的谢芳蓬、欧阳彬生、熊燕、黄和平、王景萍老师都是既有丰富教学经验,又有很长建筑施工工作经历的"双师型"教师,他们与江西建工集团第二建筑有限责任公司陶立新高级工程师共同编写,由南昌建工集团吴志斌高级工程师和江西现代职业技术学院罗琳副教授主审。因此,本书的内容既方便"老师的教"和"学生的学",又紧跟建筑工程施工技术的发展,使学生所学的知识是"必需"和"够用"的。

　　本书在编写的过程中,参考和引用了国内外大量文献资料,在此谨向原书作者表示衷心感谢。

　　限于编者的水平,本书难免有不妥之处,恳请广大读者指正。

编　者

2016 年 10 月

目　　录

项目 1　土方工程施工

1.1　土的工程性质

1.1.1　土的物理性质

1. 指标

土是由固体颗粒、液体和气体三部分组成。

在土力学中,为进一步描述土的物理力学性质,将土的三相成分比例关系量化,用一些具体的物理量表示,这些物理量就是土的物理力学性质指标,如含水量、密度、土粒相对密度、孔隙比、孔隙率、饱和度等。为了形象、直观地表示土的三相组成比例关系,常用三相图来表示土的三相组成,如图 1.1 所示。三相图左侧表示三相组成的质量;三相图的右侧表示三相组成的体积。图中各符号意义如下:

m_s——土粒的质量;

m_w——土中水的质量;

m_a——土中气的质量($m_a \approx 0$);

m——土的质量,$m = m_s + m_w$;

V_s——土粒的体积;

V_v——土粒中孔隙的体积,$V_v = V_a + V_w$;

V_w——土中水的体积;

V_a——土粒中气的体积;

V——土的体积,$V = V_s + V_w + V_a$。

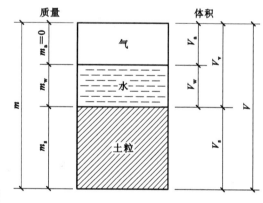

图 1.1　土的三相组成示意图

土中各相的重力可由质量乘以重力加速度得到,即

土粒的重力:

$$G_s = m_s g$$

土中水的重力:

$$G_w = m_w g$$

土的重力:

$$G = mg$$

（1）土的密度（ρ）

单位体积土的质量称为土的质量密度,简称土的密度,以 ρ 表示。

$$\rho = \frac{m}{V}$$

（1.1）

1

（2）土的重力密度（γ）

单位体积土所受的重力称为土的重力密度，简称土的重度，以 γ 表示。

$$\gamma = \frac{G}{V} = \frac{m}{V}g = \rho g \tag{1.2}$$

式中　g——重力加速度 $g = 9.80665 \ \text{m/s}^2 \approx 10 \ \text{m/s}^2$。

（3）土的相对密度（d_s）

土粒密度（单位体积土粒的质量）与 4 ℃时纯水密度 ρ_{w1} 之比，称为土粒相对密度，或称土粒比重，以 d_s 表示。

$$d_s = \frac{m_s}{V_s} \cdot \frac{1}{\rho_{w1}} \tag{1.3}$$

土粒相对密度参见表 1.1。

表 1.1　土粒相对密度参考值

土的类别	砂土	粉土	黏性土	
			粉质黏土	黏土
土粒相对密度	2.65～2.69	2.70～2.71	2.72～2.73	2.73～2.74

（4）土的含水量（w）

土中水的含量与土粒质量之比（用百分数表示）称为土的含水量，以 w 表示。

$$w = \frac{m_w}{m_s} \times 100\% = \frac{m - m_s}{m_s} \times 100\% \tag{1.4}$$

含水量的数值大小和土中水的重力与土粒重力之比（用百分数表示）相同，即

$$w = \frac{G_w}{G_s} \times 100\% \tag{1.5}$$

含水量是表示土的湿度的一个指标。天然土的含水量变化范围很大。含水量越小，土越干；反之，土越湿。土的含水量对黏性土、粉土的性质影响较大，对粉砂、细砂稍有影响，而对碎石土等没有影响。

（5）土的干密度 ρ_d

单位体积土中土粒的质量称为土的干密度，以 ρ_d 表示。

$$\rho_d = \frac{m_s}{V} \tag{1.6}$$

土的干密度值一般为 $1.3～1.8 \ \text{t/m}^3$。工程上常以土的干密度来评价土的密实程度，并常用这一指标来控制填土的施工质量。

（6）土的干重度 γ_d

土的单位体积内土粒所受的重力称为土的干重度，以 γ_d 表示。

$$\gamma_d = \frac{G_s}{V} = \frac{m_s}{V}g = \rho_d g \tag{1.7}$$

（7）土的饱和重度 γ_{sat}

土中孔隙完全被水充满时土的重度称为饱和重度，以 γ_{sat} 表示。

$$\gamma_{sat} = \frac{G_s + \gamma_w V_v}{V} \tag{1.8}$$

式中　γ_w——水的重度，$\gamma_w = \rho_w g$。

计算时可取水的密度 ρ_w 近似等于 4 ℃时纯水的密度 ρ_{w1}，即 $\rho_w \approx \rho_{w1} = 1\ \text{t/m}^3$，则 $\gamma_w = 10\ \text{kN/m}^3$。

土的饱和重度一般为 $18 \sim 23\ \text{kN/m}^3$。

（8）土的有效重度 γ'

地下水位以下的土受到水的浮力作用，扣除水浮力后单位体积土所受的重力称为土的有效重度（浮重度），以 γ' 表示。

$$\gamma' = \frac{G_s - \gamma_w V_s}{V} \quad \text{或} \quad \gamma' = \gamma_{sat} - \gamma_w \tag{1.9}$$

（9）土的孔隙比 e

土中孔隙体积与土粒体积之比称为土的孔隙比，以 e 表示。

$$e = \frac{V_v}{V_s} \tag{1.10}$$

本指标采用小数表示。孔隙比是表示土的密实程度的一个重要指标。黏性土和粉土的孔隙比变化较大。一般来说，$e < 0.6$ 的土是密实的，其压缩性低；$e > 1.0$ 的土是疏松的，其压缩性高。

（10）土的孔隙率 n

土中孔隙体积与总体积之比（用百分数表示）称为土的孔隙率，以 n 表示。

$$n = \frac{V_v}{V} \times 100\% \tag{1.11}$$

（11）土的饱和度 S_r

土中水的体积与孔隙体积之比（用百分数表示）称为土的饱和度，以 S_r 表示。

$$S_r = \frac{V_w}{V_v} \times 100\% \tag{1.12}$$

习惯上根据饱和度 S_r 的数值，把细砂、粉砂等土分为稍湿、很湿和饱和三种湿度状态，见表 1.2。

表 1.2　砂土湿度状态的划分

湿度	稍湿	很湿	饱和
饱和度 S_r（%）	$S_r \leqslant 50$	$50 < S_r \leqslant 80$	$S_r > 80$

2. 指标换算

前述土的三相比例指标中，土的密度、土粒相对密度和含水量是通过试验测定的（由土的密度可得到土的重度），其他指标可从土的重度、土粒相对密度和含水量的换算得到。假定土粒体积 $V_s = 1$，可推导出土的空隙比、干重度、饱和度和有效重度等的计算公式。

因为设 $V_s = 1$，所以 $V_v = e$，$V = 1 + e$，$G_s = V_s \gamma_w d_s = \gamma_w d_s$，$G_w = w G_s = w \gamma_w d_s$，$G = G_s + G_w = \gamma_w d_s (1 + w)$，$V_w = \dfrac{G_w}{\gamma_w} = w d_s$ 得：

$$\gamma = \frac{G}{V} = \frac{\gamma_w d_s (1 + w)}{1 + e}$$

$$e = \frac{\gamma_w d_s (1 + w)}{\gamma} - 1$$

3

所以

$$\gamma_d = \frac{G_s}{V} = \frac{\gamma_w d_s}{1+e}$$

$$\gamma_{sat} = \frac{G_s + \gamma_w V_v}{V} = \frac{\gamma_w(d_s+e)}{1+e}$$

$$\gamma' = \frac{G_s - \gamma_w V_s}{V} = \frac{\gamma_w(d_s-1)}{1+e}$$

$$n = \frac{V_v}{V} = \frac{e}{1+e}$$

$$S_r = \frac{V_w}{V_v} = \frac{w d_s}{e}$$

【例 1.1】 某原状土样,试验测得土的天然密度 $\rho=1.7$ t/m³(天然重度 $\gamma=17.0$ kN/m³),含水量 $w=22.0\%$,土粒相对密度 $d_s=2.72$,试求土的孔隙比 e、孔隙率 n、饱和度 S_r、干重度 γ_d、饱和重度 γ_{sat} 和有效重度 γ'。

【解】 $e = \frac{\gamma_w d_s(1+w)}{\gamma} - 1 = \frac{\rho_w g d_s(1+w)}{\gamma} - 1 = \frac{2.72\times(1+0.22)}{1.7} - 1 = 0.952$

$n = \frac{e}{1+e} = \frac{0.952}{1+0.952} = 0.488$

$S_r = \frac{w d_s}{e} = \frac{0.22\times2.72}{0.952} = 0.629$

$\gamma_d = \frac{\gamma}{1+w} = \frac{17}{1+0.22} = 13.934 \text{kN/m}^3$

$\gamma_{sat} = \frac{\gamma_w(d_s+e)}{1+e} = \frac{10\times(2.72+0.952)}{1+0.952} = 18.811 \text{kN/m}^3$

$\gamma' = \gamma_{sat} - \gamma_w = 18.811 - 10 = 8.811 \text{kN/m}^3$

3. 密实度

(1) 无黏性土的密实度

土的密实度通常指单位体积土中固体颗粒的含量。根据土颗粒含量的多少,天然状态下的砂、碎石等处于从紧密到松散的不同物理状态。呈密实状态时强度较高,可作为良好的天然地基;呈松散状态时,则是不良地基。

描述砂土密实状态的指标采用以下几种:

① 孔隙比 e

孔隙比是指土中孔隙的体积与土粒的体积之比,可以用来表示砂土的密实度。对于同一种土,当孔隙比小于某一限度时,处于密实状态。孔隙比愈大,土愈松散。由于没有考虑到颗粒级配对砂土密实状态的影响以及取原状砂样和测定孔隙比存在的实际困难,故用 e 表示砂土密实度是不准确的。

② 相对密实度 D_r

为了较好地表明无黏性土所处的密实状态,可采用将现场土的孔隙比 e 与该种土所能达到最密时的孔隙比 e_{min} 和最松时的孔隙比 e_{max} 相对比的方法来表示孔隙比为 e 时土的密实度。这种度量密实度的指标称为相对密实度 D_r。

$$D_r = \frac{e_{max} - e}{e_{max} - e_{min}} \tag{1.13}$$

式中 e——砂土在天然状态下或某种控制状态下的孔隙比;

e_{max}——砂土在最疏松状态下的孔隙比,即最大孔隙比;

e_{min}——砂土在最密实状态下的孔隙比,即最小孔隙比。

当 $D_r=0$ 时,$e=e_{max}$ 则表示土处于最疏松状态。当 $D_r=1.0$ 时,$e=e_{min}$ 表示土处于最密实状态。用相对密实度 D_r 判定砂土密实度的标准如下:

$$D_r \leq 1/3 \qquad 疏松$$

$$1/3 < D_r \leq 2/3 \qquad 中密$$

$$D_r > 2/3 \qquad 密实$$

应当指出,要准确测定各种土的 e_{max} 和 e_{min} 比较困难,通常多用于填方工程的质量控制中,对于天然土尚难以应用。

③ 按动力触探确定无黏性土的密实度

天然砂土的密实度可按原位标准贯入试验的锤击数 N 进行评定,天然碎石土的密实度,可按原位重锤圆锥动力触探的锤击数 $N_{63.5}$ 进行评定。《建筑地基基础设计规范》(GB 50007—2011)分别给出了判别标准,见表1.3。

表 1.3　无黏性土的密实度

密实度	松散	稍密	中密	密实
按 N 评定砂土的密实度	$N \leq 10$	$10 < N \leq 15$	$15 < N \leq 30$	$N > 30$
按 $N_{63.5}$ 评定碎石土的密实度	$N_{63.5} \leq 5$	$5 < N_{63.5} \leq 10$	$10 < N_{63.5} \leq 20$	$N_{63.5} > 20$

注:① 按《建筑地基基础设计规范》(GB 50007—2011)条文说明规定,用 N 值评定砂土密实度时,表中的 N 值为未经过修正的数值;

② 用于评定碎石土密实度的 $N_{63.5}$ 为经综合修正后的平均值。本表适用于平均粒径小于或等于 50 mm 且最大粒径不超过 100 mm 的卵石、碎石、圆砾、角砾。对于平均粒径大于 50 mm 或最大粒径大于 100 mm 的碎石土,可按 GB 50007—2011 附录 B 鉴别其密实度。

(2)黏性土的稠度

① 黏性土的稠度状态

稠度是指土的软硬程度或土受外力作用所引起变形或破坏的抵抗能力,是黏性土最主要的物理状态特征。当土中含水量很大时,土粒被自由水所隔开,表现为浆液状;随着含水量的减少,土浆变稠,逐渐变成可塑的状态,这时土中水分主要为弱结合水;含水量再减少,土就进入半固态;当土中主要含强结合水时,土处于固体状态。这些状态的变化反映了土粒与水相互作用的结果。

黏性土由某一种状态过渡到另一种状态的分界含水量称为土的稠度界限。工程上常用的稠度界限有液限(w_L)和塑限(w_P)。液限为土从液性状态转变为塑性状态的分界含水量,塑限为土从塑性状态转变为半固体状态时的分界含水量,如图1.2所示。

图 1.2　黏土的界限含水量

② 塑性指数

液限与塑限的差值即为塑性指数,记为 I_P,习惯上略去百分号,即 $I_P = w_L - w_P$。

③ 液性指数

土的天然含水量与塑限的差值同塑性指数 I_P 之比即为液性指数,记为 I_L,即

$$I_L = \frac{w - w_P}{I_P} \tag{1.14}$$

液性指数表征了土的天然含水量与分界含水量之间的相对关系。当 $I_L \leq 0$ 时,$w \leq w_P$,表示土处于坚硬状态;当 $I_L > 1$ 时,$w > w_L$,土处于流动状态。因此,根据 I_L 值可以判定土的软硬状态。《建筑地基基础设计规范》(GB 50007—2011)分别给出了判别标准,见表1.4。

表1.4 黏性土的稠度状态标准

稠度状态	坚硬	硬塑	可塑	软塑	流塑
液性指数 I_L	$I_L \leq 0$	$0 < I_L \leq 0.25$	$0.25 < I_L \leq 0.75$	$0.75 < I_L \leq 1$	$I_L > 1$

注:当用静力触探探头阻力或标准贯入试验锤击数评定黏性土的状态时,可根据当地经验确定。

【例1.2】 有 A、B、C 三种土样,它们的天然含水量 w、液限 w_L 及塑限 w_P 如表1.5所列,试判断它们的稠度状态。

【解】 A 土:$I_L = \frac{w - w_P}{w_L - w_P} = \frac{40.4 - 25.4}{47.9 - 25.4} = 0.67$ 属可塑状态。

其余计算结果及状态判别见表1.5。

表1.5 土样试验及计算结果

土样号	天然含水量 w(%)	液限 w_L(%)	塑限 w_P(%)	塑性指数 I_P	液性指数 I_L	稠度状态
A	40.4	47.9	25.4	22.5	0.67	可塑
B	34.5	33.2	21.1	12.1	1.11	流塑
C	23.2	31.2	21.0	10.2	0.22	硬塑

1.1.2 土的工程性质

1. 可松性

土具有可松性,即自然状态下的土经开挖后,其体积因松散而增大,以后虽经回填压实,其体积仍不能恢复原状,这种性质称为土的可松性。土的可松性程度用可松性系数表示,即

$$K_s = \frac{V_2}{V_1}, \quad K_s' = \frac{V_3}{V_1} \tag{1.15}$$

式中 K_s——土的最初可松性系数;

K_s'——土的最终可松性系数;

V_1——土在天然状态下的体积;

V_2——土被挖出后在松散状态下的体积;

V_3——土经压实后的体积。

土的可松性对土方量的平衡调配、确定场地设计标高、计算运土机具的数量、弃土坑的容积、填土所需挖方体积等均有很大影响。各类土的可松性系数见表1.6。

表 1.6　土的可松性系数

土的类别	K_s	K_s'	土的类别	K_s	K_s'
一类土	1.08～1.17	1.01～1.03	四类土	1.26～1.45	1.06～1.20
二类土	1.14～1.24	1.02～1.05	五类土	1.30～1.50	1.10～1.30
三类土	1.24～1.30	1.04～1.07	六类土	1.45～1.50	1.28～1.30

2. 压缩性

土的压缩性是指土在压力作用下体积缩小的特性。

对一般工程,在压缩土层厚度较小的情况下,常用侧限压缩试验来研究土的压缩性。常规试验中,一般按 $p=50$ kPa、100 kPa、200 kPa、400 kPa 四级加荷,测定各级压力下的稳定变形量 S,然后计算相应的孔隙比 e。

(1) 压缩系数

压缩性不同的土,其 e-p 曲线的形状是不一样的。曲线愈陡,说明在相同的压力作用下,土的孔隙比减少得愈显著,因而土的压缩性愈高。所以,曲线上任一点的切线斜率 α 就表示了相应的压力作用下土的压缩性。当压力变化范围不大时,土的压缩曲线可近似用图 1.3 中的 M_1、M_2 割线代替。当压力由 p_1 增至 p_2 时,相应地孔隙比由 e_1 减小到 e_2,则压缩系数 a 近似地为割线斜率,即

$$a=-\frac{\Delta e}{\Delta p}=1000\times\frac{e_1-e_2}{p_2-p_1} \qquad (1.16)$$

式中　p_1——增压前使试样压缩稳定的压力强度,一般指地基中某深度处土中原有的竖向自重应力,kPa;

p_2——增压后试样所受的压力强度,一般为地基某深度处自重应力与附加应力之和,kPa;

e_1,e_2——增压前后在 p_1、p_2 作用下压缩稳定时的孔隙比。

压缩系数 a 是表征土的压缩性的重要指标之一。压缩系数越大,表明土的压缩性越大。

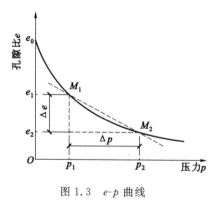

图 1.3　e-p 曲线

为便于应用和比较,《建筑地基基础设计规范》(GB 50007—2011)提出用 $p_1=100$ kPa,$p_2=200$ kPa 时相对应的压缩系数 a_{1-2} 来评价土的压缩性。具体规定为:

$a_{1-2}<0.1$ MPa^{-1} 时,为低压缩性土;

0.1 MPa$^{-1}\leqslant a_{1-2}<0.5$ MPa^{-1} 时,为中压缩性土;

$a_{1-2}\geqslant0.5$ MPa^{-1} 时,为高压缩性土。

(2) 压缩模量

由土体的 e-p 压缩曲线还可得到另一个描述土体压缩性的指标——压缩模量 E_s,又称侧限变形模量,$E_s=\dfrac{1+e}{a}$。可见,E_s 与 a 成反比。即 E_s 越大,a 愈小,土体的压缩性愈低。

3. 休止角

休止角是无黏性土在松散状态堆积时其坡面与水平面所形成的最大倾角。

1.1.3 土的力学性质

1. 压缩系数

如前述。

2. 压缩模量

如前述。

3. 抗剪强度

建筑物由于土的原因引起的事故中,一方面是沉降过大,或是差异沉降过大造成的;另一方面是由于土体的强度破坏而引起的。对于土工工程(如路堤、土坝等)来说,主要是后一个原因。从事故的灾害性来说,强度问题比沉降问题要严重得多。而土体的破坏通常都是剪切破坏;研究土的强度特性,就是研究土的抗剪强度特性。

土的抗剪强度(τ_f)是指土体抵抗剪切破坏的极限能力,其数值等于剪切破坏时滑动的剪应力。

土体剪切破坏是沿某一面发生与剪切方向一致的相对位移,这个面通常称为剪切面。

其物理意义:可以认为是由颗粒间的内摩阻力以及由胶结物和束缚水膜的分子引力所造成的黏聚力所组成。

无黏性土一般无联结,抗剪强度主要是由颗粒间的摩擦力组成,这与粒度、密实度和含水情况有关。

黏性土颗粒间的联结比较复杂,联结强度起主要作用,黏性土的抗剪强度主要与土的联结有关。

决定土的抗剪强度的因素很多,主要为土体本身的性质及土的组成、状态和结构,而这些性质又与它的形成环境和应力历史等因素有关。此外,还取决于它当前所受的应力状态。

土的抗剪强度主要依靠室内经验和原位测试确定,试验中仪器的种类和试验方法以及模拟土剪切破坏时的应力和工作条件好坏,对确定强度值有很大的影响。

1.1.4 土的分类

不同的土类,其性质相差很大。对土分类的任务,就是根据分类用途和土的各种性质的差异将其划分为一定的类别。根据分类名称和所处的状态可以大致判断土的工程特性,评价其作为建筑物地基的适宜性。

土的分类方法很多。作为建筑物地基的土,按《建筑地基基础设计规范》可分为岩石、碎石土、砂土、粉土、黏性土和特殊土等。

1. 岩石的工程分类

作为建筑物地基的岩石,是根据它的坚硬程度、风化程度和完整程度来进行分类的。

岩石按坚硬程度可分为坚硬岩、较硬岩、较软岩、软岩和极软岩,见表1.7

岩石按风化程度可分为未风化、微风化、中风化、强风化和全风化,其特征详见表1.8。

岩体按完整程度可划分为完整、较完整、较破碎、破碎和极破碎,划分标准见表1.9。

表 1.7　岩石坚硬程度的划分

坚硬程度类别		饱和单轴抗压强度标准值 f_{tk}（MPa）	定性鉴定	代表性岩石
硬质岩	坚硬岩	$f_{tk}>60$	锤击声清脆，有回弹，震手，难击碎。基本无吸水反应	未风化、微风化的花岗岩、闪长岩、辉绿岩、玄武岩、安山岩、片麻岩、石英岩、硅质砾岩、石英砂岩、硅质石灰岩等
	较硬岩	$30<f_{tk}\leqslant60$	锤击声较清脆，有轻微回弹，稍震手，较难击碎。有轻微吸水反应	① 微风化的坚硬岩； ② 未风化—微风化的大理岩、板岩、石灰岩、钙质砂岩等
软质岩	较软岩	$15<f_{tk}\leqslant30$	锤击声不清脆，无回弹，较易击碎。指甲可刻出印痕	① 中风化的坚硬岩和较硬岩； ② 未风化—微风化的凝灰岩、千枚岩、砂纸泥岩、泥灰岩等
	软岩	$5<f_{tk}\leqslant15$	锤击声哑，无回弹，有凹痕，易击碎。浸水后，可捏成团	① 强风化的坚硬岩和较硬岩； ② 中风化的较软岩； ③ 未风化—微风化的泥质砂岩、泥岩等
极软岩		$f_{tk}\leqslant5$	锤击声哑，无回弹，有较深凹痕，手可捏碎。浸水后，可捏成团	① 风化的软岩； ② 全风化的各种岩石； ③ 各种半成岩

表 1.8　岩石风化程度的划分

风化程度	野 外 特 征
未风化	岩质新鲜，偶见风化痕迹
微风化	结构基本未变，仅节理面有渲染或略有变色，有少量风化裂隙
中风化	结构部分破坏，沿节理面有次生矿物，风化裂隙发育，岩体被切割成岩块，用镐难挖，用岩心钻方可钻进
强风化	结构大部分破坏，矿物成分显著变化，风化裂隙很发育，岩体破碎，用镐可挖，干钻不易钻进
全风化	结构基本破坏，但尚可辨认，有残余结构强度，可用镐挖，干钻可钻进

表 1.9　岩体完整程度的划分

完整程度等级	完整	较完整	较破碎	破碎	极破碎
完整性指数	>0.75	$0.75\sim0.55$	$0.55\sim0.35$	$0.35\sim0.15$	<0.15

注：完整性指数为岩体纵波波速与岩块纵波波速之比的平方。

2. 碎石土

碎石土是粒径大于 2 mm 的颗粒超过总质量 50% 的土。

碎石土根据粒组含量及颗粒形状分为漂石或块石、卵石或碎石、圆砾或角砾，其分类标准见表 1.10。

表 1.10　碎石土的分类

土的名称	颗粒形状	粒组含量
漂　石 块　石	圆形及亚圆形为主 棱角形为主	粒径大于 200 mm 的颗粒超过总质量的 50%
卵　石 碎　石	圆形及亚圆形为主 棱角形为主	粒径大于 20 mm 的颗粒超过总质量的 50%
圆　砾 角　砾	圆形及亚圆形为主 棱角形为主	粒径大于 2 mm 的颗粒超过总质量的 50%

注:定名时,应根据粒径分组,由大到小以最先符合者确定。

3. 砂土

砂土是指粒径大于 2 mm 的颗粒不超过总质量的 50%,而粒径大于 0.075 mm 的颗粒超过总质量 50% 的土。

砂土按粒组含量分为砾砂、粗砂、中砂、细砂和粉砂,其分类标准见表 1.11。

表 1.11　砂土的分类

土的名称	粒组含量
砾　砂	粒径大于 2 mm 的颗粒占总质量的 25%～50%
粗　砂	粒径大于 0.5 mm 的颗粒超过总质量的 50%
中　砂	粒径大于 0.25 mm 的颗粒超过总质量的 50%
细　砂	粒径大于 0.075 mm 的颗粒超过总质量的 85%
粉　砂	粒径大于 0.075 mm 的颗粒超过总质量的 50%

注:定名时,应根据粒径分组,由大到小以最先符合者确定。

【例 1.3】　某土样的颗粒分析试验成果如表 1.12 所示,试确定该土样的名称。

表 1.12　筛分法颗粒分析表

试样编号	b							
筛孔直径(mm)	20	10	2	0.5	0.25	0.075	<0.075	总计
留筛的土质量(g)	10	1	5	39	27	11	7	100
占全部土质量的百分比(%)	10	1	5	39	27	11	7	100
小于某筛孔径的土质量百分比(%)	90	89	84	45	18	7		

【解】　按表 1.12 中颗粒分析资料,先判别是碎石土还是砂土。

因大于 2 mm 粒径的土粒占总质量的(10＋1＋5)%＝16%,小于 50%,故该土样不属碎石土。

又因大于 0.075 mm 粒径的土粒占总质量的(100－7)%＝93%>50%,故该土样属砂土。

然后以砂土分类(表 1.11)粒组从大到小进行鉴别。

由于大于 2 mm 的颗粒只占总质量的 16%,小于 25%,故该土样不是砾砂。而大于 0.5 mm 的颗粒占总质量的(10＋1＋5＋39)%＝55%,此值超过 50%,因此应定名为粗砂。

4. 粉土

粉土是指塑性指数 $I_P \leqslant 10$、粒径大于 0.075 mm 的颗粒含量不超过总质量 50% 的土。

粉土含有较多的粒径为 0.075～0.005 mm 的粉粒,其工程性质介于黏性土和砂土之间,但又不完全与黏性土或砂土相同。粉土的性质与其粒径级配、包含物密实度和湿度等有关。

5. 黏性土

黏性土是指塑性指数 $I_P>10$ 的土。这种土中含有相当数量的黏粒（粒径 <0.005 mm 的颗粒）。黏性土的工程性质不仅与粒组含量和黏土矿物的亲水性等有关，而且也与其成因类型及沉积环境等因素有关。

黏性土按塑性指数 I_P 分为粉质黏土和黏土，其分类标准见表 1.13。

表 1.13 黏性土按塑性指数分类

土的名称	粉质黏土	黏　　土
塑性指数	$10<I_P\leqslant17$	$I_P>17$

注：塑性指数 I_P 由相应于 76 g 圆锥体沉入土样中深度为 10 mm 时测定的液限计算而得。

6. 特殊土

分布在一定地理区域，有工程意义上的特殊成分、状态和结构特征的土称为特殊土。我国特殊土的类别较多，例如淤泥和淤泥质土、人工填土、红黏土、黄土、膨胀土、残积土、冻土等。

（1）淤泥和淤泥质土

淤泥和淤泥质土的压缩性高而强度低，常具有灵敏的或很灵敏的结构性，在我国沿海地区分布较广，内陆平原和山区也存在。

（2）人工填土

指因人类各种活动而形成的堆积物。其物质成分较杂乱，均匀性较差。按其组成物质及成因，人工填土分为素填土、压实填土、杂填土和冲填土，其分类标准见表 1.14。

表 1.14 人工填土按组成特质及成因分类

土的名称	组　成　物　质
素填土	由碎石土、砂土、粉土、黏性土等组成的填土
压实填土	经过压实或夯实的素填土
杂填土	含有建筑垃圾、工业废料、生活垃圾等杂物的填土
冲填土	由水力冲填泥砂形成的填土

（3）红黏土

其液限一般大于 50%，上硬下软，具有明显的收缩性，裂隙发育。土层经再搬运后仍保留红黏土的基本特性，液限大于 45%，但小于 50% 的土则称为次生红黏土。

（4）黄土

黄土是在干旱或半干旱气候条件下形成的。在天然状态下，其强度一般较高，压缩性较低。但有的黄土，在一定压力作用下，受水浸湿，结构迅速破坏而发生显著附加沉陷，导致建筑物被破坏，具此特征的黄土称为湿陷性黄土。不具有此种特性的黄土，则称为非湿陷性黄土。湿陷性黄土分为非自重湿陷性和自重湿陷性两种。非自重湿陷性黄土在土自重应力下受水浸湿后不发生湿陷；自重湿陷性黄土在土自重应力下受水浸湿后则发生湿陷。

（5）膨胀土

膨胀土系指土中黏粒成分主要由亲水性矿物组成，同时具有显著的吸水膨胀和失水收缩两种变形特性的黏性土。

膨胀土在通常情况下强度较高,压缩性低,很容易被误认为是良好的地基,然而它是一种具有较大和反复胀缩变形的高塑性黏土。

(6) 残积土

岩石完全风化后未经搬运过的残积物,称为残积土。残积土没有层理构造,孔隙比较大,均质性差,其物理力学性质各处不一。

花岗岩残积土按所含砾级颗粒大于 2 mm 成分的多少划分为三种:大于 2 mm 的颗粒质量超过总质量的 20％者,称为砾质黏性土;不超过 20％者称为砂质黏性土;不含者称为黏性土。现场原位测试成果表明,花岗岩残积土的承载力较高,压缩性较低。

(7) 冻土

当土的温度降至摄氏零度以下时,土中部分孔隙水将冻结而形成冻土。冻土可分为季节性冻土和多年冻土两类。季节性冻土在冬季冻结而夏季融化,每年冻融交替一次。多年冻土则常年均处于冻结状态,且冻结持续两年以上。

1.2 场 地 平 整

1.2.1 场地平整土方计算

对于在地形起伏的山区、丘陵地带修建较大厂房、体育场、车站等占地广阔工程的场地平整,主要是削凸填凹,移挖方作填方,将自然地面改造平整为场地设计要求的平面。

场地挖填土方量计算有方格网法和横截面法两种。横截面法是将要计算的场地划分成若干横截面后,用横截面计算公式逐段计算,最后将逐段计算结果汇总。横截面法计算精度较低,可用于地形起伏变化较大地区。对于地形较平坦地区,一般采用方格网法。

方格网法计算场地平整土方量的步骤为:

(1) 读识方格网图

方格网图由设计单位(一般在 1/500 的地形图上)将场地划分为边长 $a=10\sim40$ m 的若干方格,与测量的纵横坐标相对应,在各方格角点规定的位置上标注角点的自然地面标高(H)和设计标高(H_n),如图 1.4 所示。

(2) 计算场地各个角点的施工高度

施工高度为角点设计地面标高与自然地面标高之差,是以角点设计标高为基准的挖方或填方的施工高度。各方格角点的施工高度按下式计算:

$$h_n = H_n - H \qquad (1.17)$$

式中 h_n——角点施工高度即填挖高度(以"＋"为填,"－"为挖),m;

n——方格的角点编号(自然数列 $1,2,3,\cdots,n$)。

(3) 计算"零点"位置,确定零线

方格边线一端施工高程为"＋",若另一端为"－",则沿其边线必然有一个不挖不填的点,即为"零点"(图 1.5)。

零点位置按下式计算:

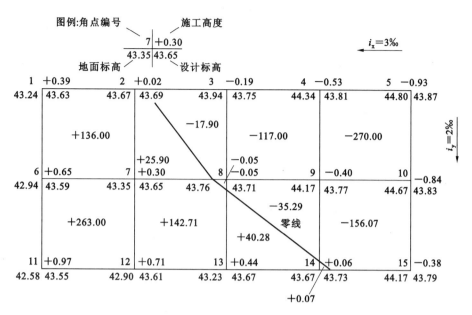

图 1.4 方格网法计算土方工程量图

$$x_1 = \frac{ah_1}{h_1 + h_2}, \quad x_2 = \frac{ah_2}{h_1 + h_2} \tag{1.18}$$

式中　x_1, x_2——角点至零点的距离，m;

　　　h_1, h_2——相邻两角点的施工高度(均用绝对值),m;

　　　a——方格网的边长,m。

确定零点的办法也可以用图解法,如图 1.6 所示。方法是用尺在各角点上标出挖填施工高度相应比例,用尺相连,与方格的相交点即为零点位置。将相邻的零点连接起来,即为零线。它是确定方格中挖方与填方的分界线。

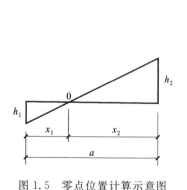

图 1.5 零点位置计算示意图

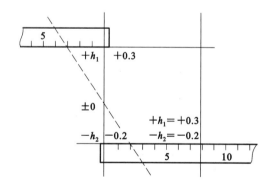

图 1.6 零点位置图解法

(4)计算方格土方工程量

按方格底面积图形和表 1.15 所列计算公式,逐格计算每个方格内的挖方量或填方量。

(5)边坡土方量计算

场地的挖方区和填方区的边沿都需要做成边坡,以保证挖方土壁和填方区的稳定。边坡的土方量可以划分成两种近似的几何形体进行计算,一种为三角棱锥体(图 1.7 中①～③、⑤～⑪),另一种为三角棱柱体(图 1.7 中④)。

13

表 1.15　常用方格网点计算公式

项目	图式	计算公式
一点填方或挖方（三角形）		$V = \dfrac{1}{2}bc\,\dfrac{\sum h}{3} = \dfrac{bch_3}{6}$ 当 $b=a=c$ 时,$V = \dfrac{a^2 h_3}{6}$
两点填方或挖方（梯形）		$V_+ = \dfrac{b+c}{2}a\,\dfrac{\sum h}{4} = \dfrac{a}{8}(b+c)(h_1+h_3)$ $V_- = \dfrac{d+e}{2}a\,\dfrac{\sum h}{4} = \dfrac{a}{8}(d+e)(h_2+h_4)$
三点填方或挖方（五角形）		$V = \left(a^2 - \dfrac{bc}{2}\right)\dfrac{\sum h}{5} = \left(a^2 - \dfrac{bc}{2}\right)\dfrac{h_1+h_2+h_3}{5}$
四点填方或挖方（正方形）		$V = \dfrac{a^2}{4}\sum h = \dfrac{a^2}{4}(h_1+h_2+h_3+h_4)$

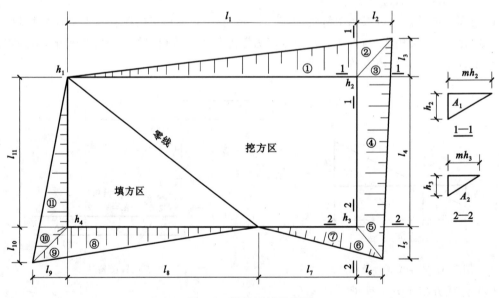

图 1.7　场地边坡平面图

A. 三角棱锥体边坡体积

$$V_1 = \frac{1}{3}A_1 l_1 \tag{1.19}$$

式中　l_1——边坡①的长度;

　　　A_1——边坡①的端面积。

14

B. 三角棱柱体边坡体积

$$V_4 = \frac{A_1 + A_2}{2} l_4 \tag{1.20}$$

两端横断面面积相差很大的情况下,边坡体积为

$$V_4 = \frac{l_4}{6}(A_1 + 4A_0 + A_2)$$

式中　l_4——边坡④的长度;

　　　A_1, A_2, A_0——边坡④两端及中部横断面面积。

C. 计算土方总量

将挖方区(或填方区)所有方格计算的土方量和边坡土方量汇总,即得该场地挖方和填方的总土方量。

【例1.4】　某建筑场地方格网如图1.8所示,方格边长为20 m×20 m,填方区边坡坡度系数为1.0,挖方区边坡坡度系数为0.5,试用公式法计算挖方和填方的总土方量。

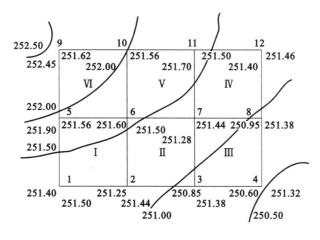

图1.8　某建筑场地方格网布置图

【解】　(1)根据所给方格网各角点的地面设计标高和自然标高,计算结果列于图1.9中。

由式(1.17)得:

$h_1 = 251.50 - 251.40 = 0.10$　　$h_2 = 251.44 - 251.25 = 0.19$　　$h_3 = 251.38 - 250.85 = 0.53$

$h_4 = 251.32 - 250.60 = 0.72$　　$h_5 = 251.56 - 251.90 = -0.34$　　$h_6 = 251.50 - 251.60 = -0.10$

$h_7 = 251.44 - 251.28 = 0.16$　　$h_8 = 251.38 - 250.95 = 0.43$　　$h_9 = 251.62 - 252.45 = -0.83$

$h_{10} = 251.56 - 252.00 = -0.44$　　$h_{11} = 251.50 - 251.70 = -0.20$　　$h_{12} = 251.46 - 251.40 = 0.06$

(2)计算零点位置。从图1.9中可知,1—5、2—6、6—7、7—11、11—12五条方格边两端的施工高度符号不同,说明此方格边上有零点存在。

由公式(1.18)求得:

1—5线	$x_1 = 4.55$ m
2—6线	$x_1 = 13.10$ m
6—7线	$x_1 = 7.69$ m
7—11线	$x_1 = 8.89$ m
11—12线	$x_1 = 15.38$ m

将各零点标于图上,并将相邻的零点连接起来,即得零线位置,如图1.9所示。

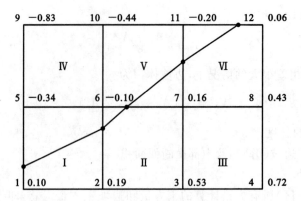

图 1.9 施工高度及零线位置

（3）计算方格土方量。方格Ⅲ、Ⅳ底面为正方形，土方量为：

$$V_{\text{Ⅲ}(+)}=\frac{20^2}{4}\times(0.53+0.72+0.16+0.43)=184\ \text{m}^3$$

$$V_{\text{Ⅳ}(-)}=\frac{20^2}{4}\times(0.34+0.10+0.83+0.44)=171\ \text{m}^3$$

方格Ⅰ底面为两个梯形，土方量为：

$$V_{\text{Ⅰ}(+)}=\frac{20}{8}\times(4.55+13.10)\times(0.10+0.19)=12.80\ \text{m}^3$$

$$V_{\text{Ⅰ}(-)}=\frac{20}{8}\times(15.45+6.90)\times(0.34+0.10)=24.59\ \text{m}^3$$

方格Ⅱ、Ⅴ、Ⅵ底面为三边形和五边形，土方量为：

$$V_{\text{Ⅱ}(+)}=65.73\ \text{m}^3$$

$$V_{\text{Ⅱ}(-)}=0.88\ \text{m}^3$$

$$V_{\text{Ⅴ}(+)}=2.92\ \text{m}^3$$

$$V_{\text{Ⅴ}(-)}=51.10\ \text{m}^3$$

$$V_{\text{Ⅵ}(+)}=40.89\ \text{m}^3$$

$$V_{\text{Ⅵ}(-)}=5.70\ \text{m}^3$$

方格网总填方量：

$$\sum V_{(+)}=184+12.80+65.73+2.92+40.89=306.34\ \text{m}^3$$

方格网总挖方量：

$$\sum V_{(-)}=171+24.59+0.88+51.10+5.70=253.26\ \text{m}^3$$

（4）边坡土方量计算。如图 1.10 所示，除④、⑦按三角棱柱体计算外，其余均按三角棱锥体计算，依公式可得：

$$V_{\text{①}(+)}=0.003\ \text{m}^3$$

$$V_{\text{②}(+)}=V_{\text{③}(+)}=0.0001\ \text{m}^3$$

$$V_{\text{④}(+)}=5.22\ \text{m}^3$$

$$V_{\text{⑤}(+)}=V_{\text{⑥}(+)}=0.06\ \text{m}^3$$

$$V_{\text{⑦}(+)}=7.93\ \text{m}^3$$

$$V_{\text{⑧}(+)}=V_{\text{⑨}(+)}=0.01\ \text{m}^3$$

$$V_{\text{⑩}(-)}=0.01\ \text{m}^3$$

$$V_{\text{⑪}(-)}=2.03\ \text{m}^3$$

$$V_{\text{⑫}(-)}=V_{\text{⑬}}=0.02\ \text{m}^3$$

$$V_{\text{⑭}(-)}=3.18\ \text{m}^3$$

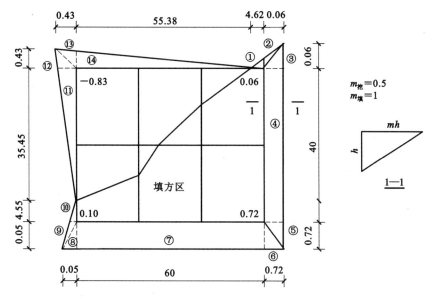

图 1.10　场地边坡平面图

边坡总填方量：

$$\sum V_{(+)} = 0.003 + 2 \times 0.0001 + 5.22 + 2 \times 0.06 + 7.93 + 2 \times 0.01 + 0.01$$
$$= 13.30 \text{ m}^3$$

边坡总挖方量：

$$\sum V_{(-)} = 2.03 + 2 \times 0.02 + 3.18 = 5.25 \text{ m}^3$$

1.2.2　土方调配

土方调配是土方工程施工组织设计（土方规划）中的一个重要内容，在平整场地土方工程量计算完成后进行。编制土方调配方案应根据地形及地理条件，把挖方区和填方区划分成若干个调配区，计算各调配区的土方量，并计算每对挖、填方区之间的平均运距（即挖方区中心至填方区中心的距离），确定挖方各调配区的土方调配方案，应使土方总运输量最小或土方运输费用最少，而且便于施工，从而可以缩短工期、降低成本。

土方调配的原则：力求达到挖方与填方平衡和运距最短的原则；近期施工与后期利用的原则。进行土方调配，必须依据现场具体情况、有关技术资料、工期要求、土方施工方法与运输方法，综合上述原则，并经计算比较，选择经济合理的调配方案。

调配方案确定后，绘制土方调配图（图 1.11）。在土方调配图上要注明挖填调配区、调配方向、土方数量和每对挖填之间的平均运距。图中的土方调配，仅考虑场内挖方、填方平衡。W 为挖方，T 为填方。

小结：准确计算土石方量是选择合理施工方案和组织施工的前提，场地较为平坦时，宜采用方格网法；场地地形较复杂或挖填深度较大、断面不规则时，宜采用断面法。

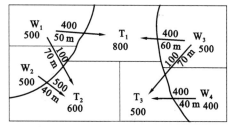

图 1.11　土方调配图

1.3 排水和地下水处理

1.3.1 土方工程施工特点

土方工程是建筑工程的主要分部、分项工程之一。在房屋建筑工程施工中,土方工程施工一般包括场地平整,基坑或管沟开挖,基坑支护、排水、降水、运土、回填与压实,地坪填土与压实等。

土方工程施工具有以下特点:

(1) 土方量大,劳动繁重,工期长

如上海 88 层金茂大厦深基坑土方开挖面积为 2×10^4 m²,开挖深度主楼为 -19.65 m,裙房为 -15.1 m,土方开挖总量达 3.29×10^5 m³,实际施工工期为 205 天。深基坑的土方施工,不仅土方量大,挖土、运土施工难度也非常大,因此,为了减轻土方施工繁重的劳动,提高劳动生产率,缩短工期,降低工程成本,在组织土方工程施工时,应精心组织并尽可能采用机械化或综合机械化方法进行操作。

(2) 施工条件复杂

土方工程施工一般为露天作业,土是一种天然物质,种类繁多,成分又较复杂,因此,在土方工程施工中,受地区、气候、水文地质等条件的影响较大,同时受周围环境条件的限制也较多。故在组织土方工程施工前,必须根据施工现场情况、具体施工条件、工期要求及质量要求等制定出合理、可行的土方工程施工方案。

在组织土方工程施工时,必须先做好排除地面水和处理地下水工作,以保证土方及后续工程施工能在场地土体干燥的条件下顺利进行。

1.3.2 排除地面水

为了保证土方施工顺利进行,对施工现场的排水系统应有一个总体规划,做到施工场地排水畅通。

在施工区域内考虑临时排水系统时,应注意与原排水系统相适应。原排水系统是指原自然排水系统和已有的排水设施,临时排水设施应尽量与永久性排水设施相结合。

地面水的排除通常可采用设置排水沟、截水沟或修筑土堤等设施来进行。

应尽量利用自然地形来设置排水沟,以便将水直接排至场外,或流至低洼处再用水泵抽走。主排水沟最好设置在施工区域的边缘或道路的两旁,其横断面应按照施工期内最大流量确定。一般排水沟的横断面不小于 0.5 m×0.5 m,纵向坡度应根据地形确定,一般不应小于3‰,平坦地区不小于2‰,沼泽地区可减至1‰。

在山坡地区施工,应在较高一面的山坡上先做好永久性截水沟,或设置临时截水沟,阻止山坡水流入施工现场。

在平坦地区施工时,除开挖排水沟外,必要时还需修筑土堤,以阻止场外水流入施工场地。

出水口应设置在远离建筑物或构筑物的低洼地点,并应保证排水畅通。

1.3.3 地下水处理

在土方开挖过程中,当开挖的基坑、管沟底面标高低于地下水位时,由于土的含水层被切断,地下水会不断渗入坑内。如果没有采取止水或降水措施,把流入坑内的水及时排走或把地下水位降低,那么不但会使施工条件恶化,而且地基土被水泡软后,会造成边坡塌方和地基承载能力下降。因此,为了保证土方工程施工质量和安全,在基坑开挖前或开挖过程中,必须采取措施做好地下水处理工作。

地下水的处理方法,一般有止水法和降水法两类。

止水法是沿基坑四周设置防渗帷幕,截断地下水流,将地下水阻止在基坑外面。属于这一类的具体做法有:设置深层搅拌水泥土桩、水泥旋喷桩、压密注浆与地下连续墙等。

降水法是利用抽水设备将地下水不断抽走,使地下水位降低至基坑底面以下 0.5 m,以保证基坑开挖时土体干燥。属于这一类的方法有集水坑降水法和井点降水法两种。

1.3.3.1 集水坑降水法

集水坑降水法(又称明排水法)是在基坑开挖过程中,在基坑底设置集水坑,并在基坑底四周或中央开挖排水沟,使水流入集水坑内,然后用水泵将水抽走(图 1.12)。

1. 排水沟与集水坑设置

排水沟与集水坑应设置在基础范围之外,以避免破坏地基土。如果采用单侧排水沟,则应设置在使地下水走向上游的一侧。排水沟深度一般为 0.3 ~0.5 m,沟底宽不小于 0.3 m。集水坑的数量则根据地下水流入排水沟的水量大小及水泵的抽水能力等来确定,一般每隔 20~40 m 设置一个。集水坑的直径或宽度一般为 0.6~0.8 m。其深度随着挖土的加深而加深,要经常保持低于挖土面 0.7~1 m。集

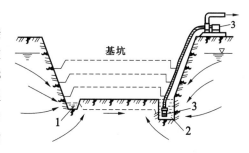

图 1.12 集水坑降水法
1—排水沟;2—集水坑;3—水泵

水坑壁可用竹、木框简易加固。当基坑挖至设计标高后,集水坑底应低于基坑底 1~2 m,并铺设碎石滤水层,以免因抽水时间较长时将泥砂抽走,并可防止集水坑底的土被搅动。

在建筑工地上,基坑排水用的水泵主要有离心泵、潜水泵和软轴水泵等。

集水坑降水法设备简单且排水方便,工地上采用比较广泛。它适用于降水深度较小的粗粒土层,或渗水量小的黏土层。当土质为细砂或粉砂,若采用集水坑降水法,将会产生流砂现象,这时必须采取相应措施,否则施工难以进行。

2. 流砂及其防治

当基坑挖土到达地下水位以下,而土质是细砂和粉砂,且采用集水坑降水时,在一定动水压力作用下,坑底下的土就会处于流动状态,随地下水一起流动涌进坑内,这种现象称为流砂现象。发生流砂现象时,土完全丧失承载力,工人难以立足,施工条件恶化,土边挖边冒出,难挖到设计深度。流砂严重时,会引起基坑边坡塌方,如果附近有建筑物,就会因地基被掏空而使建筑物下沉、倾斜甚至倒塌。总之,流砂现象对土方施工和附近建筑物都有很大的危害。

(1)流砂发生的原因

水在土中渗流时受到土颗粒的阻力,根据作用与反作用原理可知,水对土颗粒也作用一个压力,水由高水位的左端(水头为 h_1)经过长度为 l、截面为 F 的土体,流向低水位的右端(水头

为h_2）。水在土中渗流过程中,作用于土体上的力有:作用在土体左端a—a截面处的静水压力,其方向与水流方向一致;作用在土体右端b—b截面处的静水压力,其方向与水流方向相反。水渗流时受到土颗粒的阻力(F为单位土体阻力)如图1.13所示。

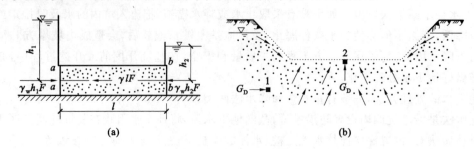

图1.13　动水压力原理图

(a)水在土中渗流时作用在土体上的力;(b)动水压力对土的影响

1,2—土粒

由于动水压力与水流方向一致,所以当水在土中渗流的方向改变时,动水压力对土就会产生不同的影响。如水流从上向下,则动水压力与重力作用方向相同,加大土粒间压力。如水流从下向上,则动水压力与重力作用方向相反,则减小土粒间的压力,即土粒除了受水的浮力外,还受到动水压力的举托作用。如果动水压力大于或等于土的有效重度γ',即$G_D \geqslant \gamma'$,则土粒间的压力全被抵消。此时,土粒失去自重处于悬浮状态,能随着渗流的水一起流动,带入基坑,便发生流砂现象。

据上所述,当地下水位愈高,坑内外水位差愈大时,动水压力也就愈大,愈容易发生流砂现象。

当基坑坑底位于不透水层内,而不透水层下面为承压水层,基坑底不透水层的覆盖厚度的重量小于承压水的举托力时,基坑底的不透水土层可能会被承压水冲溃发生管涌现象(图1.14)。

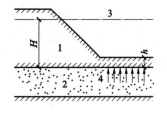

图1.14　管涌冒砂

1—不透水层;2—透水层;

3—压力水位线;4—承压水的顶托力

(2)流砂的防治

如前所述,发生流砂现象的重要因素是动水压力的大小与方向。因此,在基坑开挖中,防止流砂的途径:一是减小或平衡动水压力;二是设法使动水压力的方向向下,或是截断地下水流。其具体措施如下:

① 在枯水期施工。因地下水位低,坑内外水位差小,动水压力小,就不易发生流砂现象。

② 抛大石块。往基坑底抛大石块,增加土的压重,以平衡动水压力。用此法时应组织人力分段抢挖,使挖土速度超过冒砂速度,挖至标高后立即铺设芦席并抛大石块把流砂压住。此法用于解决局部的或轻微的流砂现象是有效的。

③ 打板桩。将板桩打入基坑底下一定深度,增加地下水从坑外流入坑内的渗流路线,从而减少水力坡度,降低动水压力,防止流砂现象发生。

④ 水下挖土。即采用不排水施工,使基坑内水压与坑外水压相平衡,阻止流砂现象发生。

⑤ 井点降低地下水位。如采用轻型井点或管井井点等降水方法,使地下水的渗流方向向下,动水压力的方向也朝下,从而可有效地防止流砂现象,并增大了土粒间压力。此法采用较广并较可靠。

此外,还可以采用地下连续墙法、压密注浆法、土壤冻结法等,截止地下水流入基坑内,以防止流砂现象。

1.3.3.2　井点降水法

井点降水法是在基坑开挖前,预先在基坑四周或基坑内埋设一定数量的滤水管(井),利用抽水设备在开挖前和开挖过程中不断地抽水,使地下水位降低到坑底以下,直至基础工程施工完毕为止。这样,可使基坑挖土始终保持干燥状态,从根本上消除了流砂现象发生。同时,由于土层水分被排除,还能使土密实,增加地基的承载能力;在基坑开挖时,土方边坡也可陡些,从而减少了挖方量。此外,还可防止基坑底隆起和加速土层固结,提高工程质量。

但必须注意:井点降水会使基坑附近地基土产生一定的沉降,施工时应考虑这一因素对邻近环境的影响,采取相应的预防措施。

井点降水法适用于降水深度较大,土层为细砂、粉砂或软土的地区。

井点降水的方法有:轻型井点(也称真空井点)、喷射井点、电渗井点、管井井点及深井井点等。施工时可根据土层的渗透系数、要求降低水位的深度、设备条件及经济比较等,参照表1.16选用。

表 1.16　各类井点的适用条件

井点类别	土　类	渗透系数(m/d)	降水深度(m)	水文地质特征
轻型(真空)井点	填土、粉土、砂土、黏性土	0.1～20	单级 3～6 多级 6～12	上层滞水或水量不大的潜水
喷射井点	填土、粉土、砂土、黏性土	0.1～20	8～20	上层滞水或水量不大的潜水
管井井点	粉土、砂土、碎石土、可溶岩	1～200	>5	含水量丰富的潜水、承压水、裂隙水
电渗井点	黏土	<0.1		宜配合其他形式降水使用
深井井点	粉土、砂土、碎石土、可溶岩	10～250	>10	
回灌井点	填土、粉土、砂土、碎石土	0.1～200	不限	

其中以轻型(真空)井点、管井井点应用较广泛,下面作重点介绍。

1. 轻型井点(亦称真空井点)

轻型井点(图1.15)是沿基坑四周每隔一定距离埋入井点管(下端为滤管)至蓄水层内,井点管上端通过弯联管与总管连接,利用抽水设备将地下水从井点管内不断抽出,使原有地下水位降至坑底以下。

(1)轻型井点设备

轻型井点设备主要是由井点管、滤管、集水总管及抽水机组等组成。

井点管为直径38～50 mm、长5～7 m的无缝钢管,可整根或分节组成。上端用弯联管与总管相连,弯联管用橡胶软管或用透明塑料软管,后者能随时观察井点管抽水的工作情况。井点管下端配有滤管(图1.16),滤管为直径38～50 mm、长1～1.5 m的无缝钢管,管壁上钻有直径为13～19 mm的呈星棋状排列的滤孔,滤孔面积为滤管表面积的20%～25%。钢管外面包以两层孔径不同的滤网。内层为细滤网,采用30～80眼/cm²的铜丝网或尼龙网;外层为粗滤网,采用每3～10眼/cm²的尼龙网。为使水流畅通,管壁与滤网之间用塑料管或铁丝绕

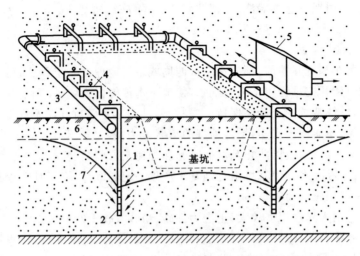

图 1.15　轻型井点降水法全貌

1—井点管；2—滤管；3—集水总管；4—弯联管；5—水泵房；6—原地下水位线；7—降低后的地下水位线

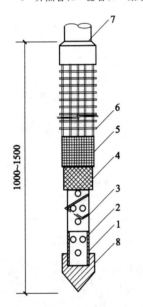

图 1.16　滤管构造图

1—钢管；2—滤孔；3—缠绕的塑料管；
4—细滤网；5—粗滤网；6—粗铁丝保护网；
7—井点管；8—铸铁塞头

成螺旋形隔开，滤管外面再绕一层粗铁丝保护，滤管下端为一铸铁塞头。

集水总管为直径 $100\sim127$ mm 的无缝钢管，每节长 4 m，其上装有与井点管连接的短接头，间距为 0.8 m 或 1.2 m。

抽水机组常用的有干式真空泵井点设备和射流泵井点设备两类。

干式真空泵井点设备由真空泵、离心泵和水气分离器（又叫集水箱）等组成，其工作原理如图 1.17 所示。抽水时，先开动真空泵 13 将水气分离器 6 抽成一定程度的真空，使土中的水分和空气受真空吸力作用形成水气混合液，经管路系统和过滤箱 4 进入水气分离器 6 中，然后开动离心泵 14，使水气分离器内的水经离心泵由出水管 16 排出，空气则集中在水气分离器上部，由真空泵排出。如水多来不及排出时，水气分离器内浮筒 7 往上浮，阀门 9 将通向真空泵的通路关闭，保护真空泵不使水进入缸体。副水气分离器 12 用来滤清从空气中带来的少量水分，使其落入该分离器下层放出，以保证水不致吸入真空泵内。压力箱 15 除调节出水量外，并阻止空气由水泵部分窜入水气分离器内，影响真空度。过滤箱 4 是用于防止水流中部分细砂流入离心泵引起磨损。为使真空度能适应水泵的要求，在水气分离器上装设有真空调节阀 21。为对真空泵进行冷却，特设置冷却循环水泵 17。

干式真空泵井点设备的优点是：对不同渗透系数的土有较大适应性，抽水和排气的能力大，带动井点数为 $20\sim100$ 根、总管长达 $80\sim120$ m；缺点是设备数量较多，施工费用较大。

射流泵井点（也称简易井点）设备由离心泵、射流器、循环水箱等组成，如图 1.18（a）所示。其工作原理是：离心泵将循环水箱中的水压入射流器内，由喷嘴喷出[图 1.18（b）]。由于喷嘴

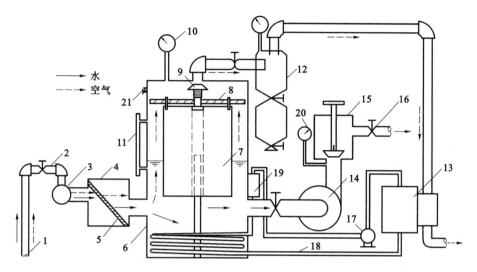

图 1.17 干式真空泵井点抽水设备工作简图

1—井点管;2—弯联管;3—集水总管;4—过滤箱;5—过滤网;6—水气分离器;7—浮筒;8—挡水布;9—阀门;
10—真空表;11—水位计;12—副水气分离器;13—真空泵;14—离心泵;15—压力箱;16—出水管;
17—冷却循环泵;18—冷却水管;19—冷却水箱;20—压力表;21—真空调节阀

处断面收缩而使水流速度骤增,压力骤降,使射流器空腔内产生部分真空,把井点管内的气、水吸入水箱,待水箱内水位超过泄水口时即自动溢出,排至指定地点。

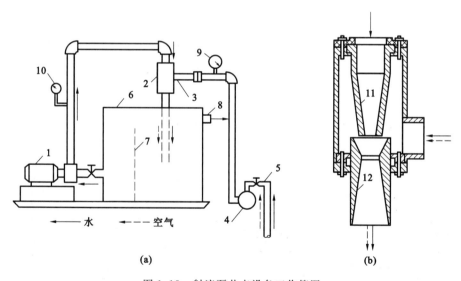

(a) **(b)**

图 1.18 射流泵井点设备工作简图

(a)总图;(b)射流器剖面图

1—离心泵;2—射流器;3—进水管;4—集水总管;5—井点管;6—循环水管;
7—隔板;8—泄水口;9—真空表;10—压力表;11—喷嘴;12—喉管

射流泵井点设备与干式真空泵井点设备相比,具有结构简单、体积小、质量轻、制造容易、使用维修方便、成本较低等优点,便于推广。但射流泵井点排气量较小,真空度的波动较敏感,易于下降,要特别注意管路密封,否则会降低抽水效果;排水能力也较低,因此适用于在粉砂、粉土等渗透系数较小的土层中降水。

（2）轻型井点布置

轻型井点系统的布置,应根据基坑平面形状及尺寸、基坑的深度、土质、地下水位高低与流向、降水深度要求等因素确定。

① 平面布置

当基坑或沟槽宽度小于 6 m,且降水深度不超过 5 m 时,可采用单排井点(图 1.19)。井点管应布置在地下水流的上游左侧,两端延伸长度应不小于坑(槽)的宽度。当基坑宽度大于 6 m 或土质不良时,宜采用双排井点法。对于面积较大的基坑,可采用环形井点(图 1.20);有时为了便于挖土机和运土车辆出入基坑,也可在地下水流下游方向留出一段不布置井点管。井点管距离基坑壁一般为 0.7～1 m,以防局部发生漏气。井点管间距应根据土质、降水深度、工程性质等确定,一般为 0.8～1.6 m。

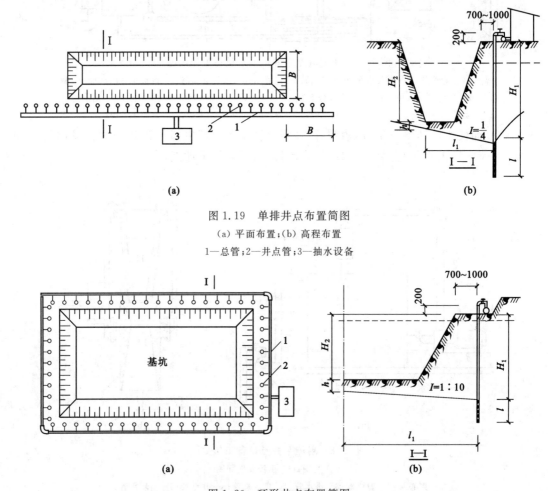

图 1.19　单排井点布置简图

(a) 平面布置;(b) 高程布置

1—总管;2—井点管;3—抽水设备

图 1.20　环形井点布置简图

(a) 平面布置;(b) 高程布置

1—集水总管;2—井点管;3—抽水设备

采用一套抽水设备按环形井点布置时[图 1.20(a)],泵应设置在总管长度的中间,并将总管某一拐弯处断开,使泵两边的水流平衡,以免管内水流紊乱而影响抽水效果。采用多套抽水设备时,井点系统要分段,每段长度应大致相等,泵应设在各段总管中部,每段总管之间应装设阀门隔开,这样,当其中一套泵组发生故障时,可开启相邻阀门,借助邻近的泵组来维持抽水,减少总管弯头数量,提高水泵抽吸能力。

② 高程布置

轻型井点的降水深度,在井点管底部(不包括滤管)处一般不超过 6 m。对井点系统进行高程布置时,应考虑井点管的标准长度及井点管露出地面的长度(为 0.2~0.3 m),而且滤管必须埋设在透水层内。

井点管的埋设深度 H_1(m)可按下式计算[图 1.19(b)、图 1.20(b)]:

$$H_1 \geqslant H_2 + h + Il_1 \tag{1.21}$$

式中 H_2——井点管埋置面至基坑底面的距离,m;

h——基坑底面至降低后的地下水位线的距离,一般取 0.5~1 m;

I——水力坡度,单排井点取 1/4,环形井点取 1/10;

l_1——井点管至基坑中心的水平距离,m。

按上式算出的 H_1 值,如果大于井点管长度,则应降低总管平台面标高。通常可事先挖槽,使总管的布置标高接近于原地下水位线,以适应降水深度要求。

当用一级轻型井点达不到降水深度要求时,如上层土质较好,可以先用集水坑降水法,挖去一层土后,再布置井点系统,以增加降水深度。或采用二级轻型井点,即先挖去第一级井点所疏干的土,然后再在其底部装设第二级井点。

(3) 轻型井点计算

轻型井点的计算主要包括:涌水量计算、井点管数量与间距确定、抽水设备选择等。井点计算由于受水文地质条件和井点设备选择等许多不确定的因素影响,目前计算出的数值只是近似值。

井点系统的涌水量按水井理论进行计算。根据地下水有无压力,水井分为承压井和无压井。根据井底是否达到不透水层,水井又分为完整井与非完整井。因此,水井的类型大致可归纳为下列四种:

a. 无压完整井(亦称潜水完整井)。即水井布置在地下水上部,为透水层,地下水为具有自由水面的无压水,井底达到不透水层时,如图 1.21(a)所示。

b. 无压非完整井(亦称潜水非完整井)。即水井布置在地下水上部,为透水层,地下水为无压水,井底未达到不透水层时,如图 1.21(b)所示。

c. 承压完整井。即水井布置在地下水面,承受不透水性土层的压力,井底达到下层的不透水层时,如图 1.21(c)所示。

d. 承压非完整井。即水井布置在地下水面,承受不透水性土层的压力,井底未达到下层的不透水层时,如图 1.21(d)所示。

水井的类型不同,其涌水量的计算方法也不相同,其中以无压完整井的计算理论较为完善。

① 涌水量计算

A. 无压完整井单井涌水量计算

无压完整井抽水时水位的变化如图 1.21(a)所示。在水井开始抽水后,井内水位逐步下降,周围含水层中的水则流向井内,经一定时间的抽水后,井周围的水面就由水平面逐步变成漏斗状的曲面,并渐趋稳定形成水位降落漏斗。自井轴至漏斗外缘(该处原水位不变)的水平

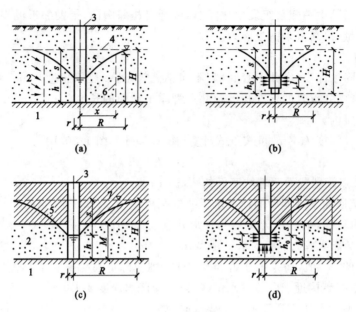

图 1.21 水井的类型

(a) 无压完整井；(b) 无压非完整井；(c) 承压完整井；(d) 承压非完整井

1—不透水层；2—透水层；3—水井；4—原地下水位；5—水位降落曲线；6—距井轴 x 处的过水断面；7—压力水位线

距离称为抽水影响半径 R。

根据达西直线渗透定律，无压完整井的涌水量 Q 为：

$$Q = \omega \cdot v = \omega \cdot K \cdot I \tag{1.22}$$

式中　v——渗透速度；

　　　K——渗透系数；

　　　I——水力坡度，距井轴 x 处为 $I = \dfrac{\mathrm{d}y}{\mathrm{d}x}$；

　　　ω——地下水流的过水断面面积，近似取铅直的圆柱面作为水流断面面积，距井轴 x 处的过水断面面积 $\omega = 2\pi xy$，其中 x 为井中心至计算过水断面处的距离，y 为由不透水层到距中心距离为 J 处曲线上的高。

将 I、ω 代入式(1.22)后则得：

$$Q = 2\pi xy \cdot K \frac{\mathrm{d}y}{\mathrm{d}x}$$

分离变数，两边积分：

$$\int_h^H 2y \cdot \mathrm{d}y = \int_r^R \frac{Q}{\pi \cdot K} \cdot \frac{\mathrm{d}x}{x}$$

即得

$$H^2 - h^2 = \frac{Q}{\pi \cdot K} \ln \frac{R}{r} \tag{1.23}$$

移项，并用常用对数代替自然对数，得

$$Q = 1.366K \cdot \frac{H^2 - h^2}{\lg \dfrac{R}{r}} \qquad (\mathrm{m^3/d}) \tag{1.24}$$

式中 H——含水层厚度，m；

R——抽水影响半径，m；

r——水井半径，m；

h——井内水深，m；

K——渗透系数，m/d。

设水井水位降低值 $s=H-h$，得 $h=H-s$，代入上式（1.24）则得：

$$Q=1.366 \cdot K \frac{(2H-s)s}{\lg R-\lg r} \quad (\text{m}^3/\text{d}) \tag{1.25}$$

此式即为无压完整井单井涌水量计算公式。

B. 无压完整井环状井点系统（群井）涌水量计算

井点系统是由许多单井组成的，各井点同时抽水时，由于各个单井水位降落漏斗相互影响，每个井的涌水量比单独抽水时小，所以总涌水量不等于各个单井涌水量之和。为了简化计算，环状井点系统可换算为一个假想半径为 x_0 的圆形井点系统进行分析。

对于无压完整井的环状井点系统[图 1.22（a）]，涌水量可按下式计算：

$$Q=1.366 \cdot K \frac{(2H-s)s}{\lg R-\lg x_0} \tag{1.26}$$

式中 Q——井点系统总涌水量，m³/d；

K——土的渗透系数，m/d；

H——含水层厚度，m；

s——水位降低值，m；

R——环状井点系统的抽水影响半径（m），可近似按下述经验公式计算

$$R=1.95 \cdot s \sqrt{H \cdot K} \tag{1.27}$$

x_0——环形井点系统的假想半径，m。当矩形基坑的长宽比不大于 5 时，环形井点可看成近似圆形布置（即设在一个圆周上），此假想圆的假想半径 x_0 可按 $x_0=\sqrt{\dfrac{F}{\pi}}$ 计算，其中，F 为环状井点系统所包围的面积（m²）。

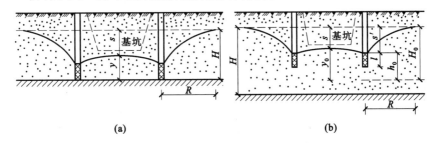

图 1.22   环状井点系统涌水量计算简图

(a) 无压完整井；(b) 无压非完整井

当矩形基坑的长宽比大于 5 或基坑宽度大于抽水影响半径的 2 倍时，需将基坑分块，使其符合上述计算公式的适用条件，然后分块计算涌水量，将其相加即为总涌水量。

C. 无压非完整井环状井点系统涌水量计算

在实际工程中往往会遇到无压非完整井的井点系统，如图 1.22（b）所示。这时地下水不仅从井的侧面流入，还从井底渗入，因此涌水量要比完整井大。精确计算比较复杂，为了简化

计算,仍可采用公式(1.26)。此时式中含水层厚度 H 换成有效深度 H_0,H_0 值系经验数值,可查表 1.17。当算得的 H_0 值大于实际含水层厚度 H 时,则仍取 H 值。

表 1.17　有效深度 H_0 值

$s'/(s'+l)$	0.2	0.3	0.5	0.8
H_0	$1.3(s'+l)$	$1.5(s'+l)$	$1.7(s'+l)$	$1.84(s'+l)$

注:s'—井管处水位降低值;

　　l—滤管长度。

即无压非完整井环状井点系统涌水量计算公式为:

$$Q = 1.366 \cdot K \frac{(2H_0 - s)s}{\lg R - \lg x_0} \quad (\text{m}^3/\text{d}) \tag{1.28}$$

式中　H_0——含水层有效深度,m;

　　　K,s,R,x_0——与式(1.26)相同。

此外,对于承压完整井环状井点系统,涌水量计算公式为:

$$Q = 2.73 \cdot K \frac{M_s}{\lg R - \lg x_0} \quad (\text{m}^3/\text{d}) \tag{1.29}$$

式中　M_s——承压含水层厚度,m;

　　　K,s,R,x_0——与公式(1.26)相同。

而承压非完整井环状井点系统的涌水量计算公式则为:

$$Q = 2.73 \cdot K \frac{M \cdot s}{\lg R - \lg x_0} \cdot \sqrt{\frac{M}{l + 0.5r}} \cdot \sqrt{\frac{2M - l}{M}} \quad (\text{m}^3/\text{d}) \tag{1.30}$$

式中　r——井点管半径;

　　　l——滤管长度;

　　　K,M,s,R,x_0——与式(1.29)相同。

上述式(1.26)、式(1.28)、式(1.29)和式(1.30)即为环状井点系统(群井)涌水量 Q 的基本计算公式。

② 井点管数量与井距的确定

井点管的数量 n,根据井点系统涌水量 Q 和单根井点管最大出水量 q,按下式确定:

$$n = 1.1 \times \frac{Q}{q} \tag{1.31}$$

其中

$$q = 65\pi dl \sqrt[3]{K} \quad (\text{m}^3/\text{d}) \tag{1.32}$$

式中　d——滤管直径,m;

　　　l——滤管长度,m;

　　　1.1——井点管备用系数,考虑井点管堵塞等因素。

q 值亦可按 $1.5 \sim 2.5$ m³/h 确定。

井点管间距 D 按下式确定:

$$D = \frac{L}{n} \quad (\text{m}) \tag{1.33}$$

式中　L——总管长度,m。

28

实际采用的井点管间距应大于 15d，否则彼此影响，出水量会明显减少。同时，还应与总管上接头间距相适应，即采用 0.8 m、1.2 m、1.6 m 或 2.4 m，在地下水补给的地方应适当加密。

根据实际采用的井点管间距，最后确定所需的井点管根数。

③ 抽水设备选择

轻型井点抽水设备一般多采用干式真空泵井点设备。干式真空泵的型号有 W5 或 W6 型等，可根据所带动的总管长度、井点管根数进行选用。采用 W5 型泵时，总管长度不大于 100 m，井点管总数约 80 根；采用 W6 型泵时，总管长度不大于 120 m，井点管总数为 100 根。

真空泵在抽水过程中所需的最低真空度 h_K，根据降水深度所需要的可吸真空度及各项水头损失，可按下式计算：

$$h_K = (H_1 + \Delta H) \times 10^4 \quad (Pa) \tag{1.34}$$

式中　H_1——根据降水深度要求的可吸真空度，近似取井管的降水深度，m；

　　　ΔH——井点系统中各项水头损失，取 1～1.5 m。

在抽水过程中，应经常检查真空度，并应使真空度保持在 55 kPa 以上。

当采用射流泵井点设备时，常用的射流泵为 QlD-60、QlD-90 型，其排水量分别为 60 m³/h、90 m³/h，能带动总管长度不大于 50 m，井点管根数约 40 根。

轻型井点一般选用单级离心泵，其型号可根据流量、吸水扬程和总扬程而定。水泵的流量应比井点系统的涌水量增大 10%～20%；水泵的吸水扬程要大于降水深度加各项水头损失；水泵的总扬程应满足吸水扬程与出水扬程之和。

（4）轻型井点施工

轻型井点系统的施工，主要包括施工准备、井点系统安装与使用。

井点系统的安装顺序是：挖井点沟槽，敷设集水总管；冲孔，沉设井点管，灌填砂滤层；用弯联管将井点管与总管连接；安装抽水设备；试抽水。其中沉设井点管、灌填砂滤层是关键性工序。

井点管的沉设方法，常用的有两种：① 用冲水管冲孔后，沉设井点管；② 直接利用井点管水冲下沉。

采用冲水管冲孔法沉设井点管时，可分为冲孔与埋管两个过程（图 1.23）。

冲管采用直径为 50～70 mm 的钢管，长度比井点管长 1.5 m，冲管下端装有圆锥形冲嘴，上端用胶管与高压水泵相连接。冲孔时，先用起重机将冲管吊起并插在井点位置上，然后开动高压水泵，将土冲松，冲管则边冲水边沉至设计标高。冲孔所需的水压，根据土质不同，一般为 0.6～1.2 MPa。冲孔时应注意冲水管垂直插入土中，并作上下左右摆动，加快土层松动、成孔。冲孔孔径不小于 300 mm，并保持垂直，上下一致，保证滤管有一定厚度的砂滤层。冲孔深度应比滤管底深 0.5～1 m，以保证滤管埋设深度，并防止被井孔中的沉

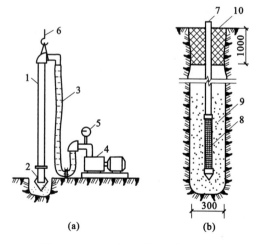

图 1.23　冲水管冲孔沉设井点管
（a）冲孔；（b）埋管
1—冲管；2—冲嘴；3—胶皮管；
4—高压水泵；5—压力表；6—起重机吊钩；
7—井点管；8—滤管；9—填砂；10—黏土封口

淀泥砂所淤塞。

井孔冲成后,应立即拔出冲水管,插入井点管,紧接着在井点管与孔壁间用洁净中粗砂填灌密实均匀作为过滤层,投入滤料的数量应大于计算值的85%,填灌高度至少达到滤管顶以上1～1.5 m,以保证水流畅通。

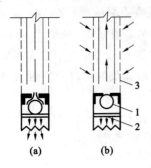

图 1.24 直接用井点管水冲下沉法
(a)冲水时球阀下落;(b)抽水时球阀上浮
1—球阀;2—止落杆;3—滤管

直接用井点管水冲下沉方法时,是在井点管的底端装上冲水装置来进行冲孔沉设井点管(图1.24)。冲水装置内装有球阀,当用高压水冲孔时,球阀下落。高压水流喷出将土冲松,井点管则边冲边下沉,泥砂从井点管与土壁之间随水流排出。当井点管下沉至设计标高后,冲水停止,则球阀上浮自动封闭,防止抽水时泥砂进入井点管内。

每根井点管沉设后应检验渗水性能,其方法是:当灌填砂滤料时,井点管口应有泥浆水上冒,或向管内灌清水时,水下渗很快,则表明滤管通畅,没被泥砂堵塞,可以使用。

在第一组轻型井点系统安装完毕后,应立即进行抽水试验,检查管路接头、井点管出水和抽水机运转情况,如发现漏气、漏水情况应及时处理,以免影响抽水效果;若发现井点管不出水,即表明滤管已被泥砂堵塞,则属于"死井"。在同一范围有连续几根"死井"时,应逐根用高压水反向冲洗或拔出重新沉设。

经抽水试验合格后,在井点管孔口到地面以下1 m的深度范围内,应用黏土填塞封孔,以防止漏气和地表水下渗,提高降水效果。

轻型井点系统使用前应进行试抽水,当确认无漏水、漏气等异常现象后,再连续不断抽水。若时抽时停,滤管易堵塞,也容易抽出土粒,使出水混浊,严重时会由于土粒流失而引起附近建筑物沉降开裂。另外,由于中途停抽,地下水回升,也会引起基坑边坡坍塌或在建地下结构(如地下室底板)上浮等事故。

轻型井点的正常出水规律是"先大后小,先浑后清",否则应立即查出原因,采取相应措施。在降水过程中,应按时观测流量、真空度和井中水位下降情况,并做好记录。

采用轻型井点降水时,由于土层中水分排除后土会产生固结,使得在抽水影响半径范围内引起地面沉降,这会给邻近建筑物和市政设施带来一定危害,因此,在进行降水施工时,应对邻近建筑物等进行沉降观测,以便采取有效防护措施。

(5)轻型井点降水设计计算示例

【例1.5】某工程基坑开挖(图1.25),坑底平面尺寸为20 m×15 m,天然地面标高为±0.000,基坑底标高为－4.2 m,基坑边坡坡度为1∶0.5;土质为:地面至－1.5 m为杂填土,－1.5～－6.8 m为细砂层,细砂层以下为不透水层;地下水位标高为－0.7 m。经扬水试验,细砂层渗透系数K＝18 m/d,采用轻型井点降低地下水位。试求:

(1)轻型井点系统的布置;

(2)轻型井点的计算及抽水设备的选用。

【解】(1)轻型井点系统的布置

选用直径为127mm的总管,布置在±0.000标高上,基坑底平面尺寸为20 m×15 m,上口平面尺寸为24.2 m×19.2 m,井点管布置距离基坑壁为1.00m,采用环形井点布置,则总管长为:

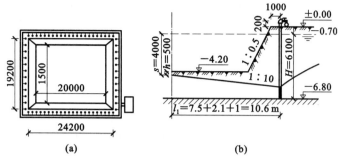

图 1.25 轻型井点系统布置

(a) 平面布置；(b) 高程布置

$$L = 2 \times (26.2 + 21.2) = 94.8 \text{ m}$$

井点管长度选用 6 m，直径为 50 mm，滤管长为 1.0 m，井点管露出地面 0.2 m，基坑中心要求降水深度为：

$$s = 4.2 - 0.7 + 0.5 = 4 \text{ m}$$

采用单级轻型井点，井点管所需埋设深度为：

$$H_1 = H_2 + h + Il = 4.2 + 0.5 + 0.1 \times 10.6 = 5.76 \text{ m} < 6\text{m}，符合埋深要求。$$

井点管加滤管总长为 7 m，井管外露地面 0.2 m，则滤管底部埋深在 -6.8 m 标高处。基坑长宽比小于 5，因此，可按无压完整井环形井点系统计算。

轻型井点系统布置见图 1.25。

(2) 轻型井点的计算及抽水设备的选用

① 基坑涌水量计算

按无压完整井环形井点系统涌水量公式计算。

$$Q = 1.366 \cdot K \frac{(2H - s)s}{\lg R - \lg x_0}$$

式中 含水层厚度 $H = 6.8 - 0.7 = 6.1 \text{ m}$

基坑中心降水深度 $s = 4 \text{ m}$

抽水影响半径 $R = 1.95s \sqrt{HK} = 1.95 \times 4 \times \sqrt{6.1 \times 18} = 81.7\text{m}$

环形井点假想半径 $x_0 = \sqrt{\dfrac{F}{\pi}} = \sqrt{\dfrac{26.2 \times 21.2}{3.1416}} = 13.3\text{m}$

代入，得 $Q = 1020.9\text{m}^3/\text{d}$

② 井点管数量与间距计算

单根井点出水量：

$$q = 65\pi dl \sqrt[3]{K} = 65 \times 3.1416 \times 0.05 \times \sqrt[3]{18} = 26.7\text{m}^3/\text{d}$$

井点管数量：

$$n = 1.1 \times \frac{Q}{q} = 1.1 \times \frac{1020.9}{26.7} = 42.1 \text{ 根}$$

井点管间距：

$$D = \frac{L}{n} = \frac{94.8}{42.1} = 2.2\text{m} \quad 取 1.6 \text{ m}$$

则实际井点管数量为

$$\frac{94.8}{1.6} \approx 60 \text{ 根}$$

③ 抽水设备的选用

根据总管长度为 94.8 m,井点管数量 60 根,选用 W5 型干式真空泵,可满足要求。

真空泵所需的最低真空度按公式(1.34)求出:

$$h_K = (5.76+1) \times 10^4 = 67600\text{Pa} > 55000\text{Pa} \quad 可以$$

水泵所需流量

$$Q_1 = 1.1 \times 1020.9 = 1123\text{m}^3/\text{d} = 46.8\text{m}^3/\text{h}$$

水泵的吸水扬程

$$H_s = 6.0+1.0 = 7.0\text{m}$$

根据 Q_1 与 H_s 选用 3B33 型离心泵($Q_1 = 55$ m³/h, $H_s = 7$ m)可满足要求。

2. 管井井点

管井井点是沿基坑每隔一定距离设置一个管井,每个管井单独用一台水泵不断地抽水,以降低地下水位。

管井井点的设备主要由管井、吸水管及水泵组成(图 1.26)。管井可用钢管管井和混凝土管管井等。钢管管井的管身采用直径为 150~250 mm 的钢管,其过滤管部分采用钢筋焊接骨架外缠镀锌铁丝并包滤网(孔眼为 1~2 mm),长度为 2~3 m。混凝土管管井的内径为 400 mm,分实管与过滤管两部分,过滤管的孔隙率为 20%~25%。吸水管可采用直径为 50~100 mm 的钢管或胶管。

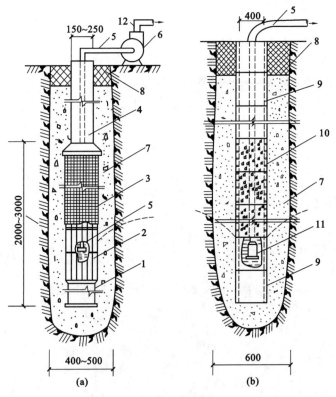

图 1.26 管井井点

(a) 钢管管井;(b) 混凝土管管井

1—沉砂管;2—钢筋焊接骨架;3—滤网;4—管身;5—吸水管;6—离心泵;7—小砾石过滤层;

8—黏土封口;9—混凝土实管;10—混凝土过滤网;11—潜水泵;12—出水管

管井的间距一般为 20~50 m,管井的深度为 8~15 m。井内水位降低可达 6~10 m,两井中间则为 3～5 m。管井井点计算,可参照轻型井点进行。

井管的埋设,可采用泥浆护壁钻孔法成孔。孔径应比井管直径大 200 mm 以上。井管下沉前要进行充分清孔,以保持滤网的畅通。井管与孔壁之间用粗砂或小砾石填灌作过滤层。

管井井点用的水泵,可采用单级离心泵或潜水泵。前者泵体置于井上,吸水扬程一般为 6～7 m;后者的泵体置于井内水中,最大扬程可达 25 m。但这种井点由于管井间距较大,因而有效降水深度较小。管井井点法适用于地下水丰富、土的渗透系数大($K=1～20.0$ m/d)的土层。

当要求降水深度很大,而管井井点采用一般的离心泵或潜水泵已不能满足要求时,可采用深井井点降水法,它是利用深井泵放入井管内抽水,依靠水泵大的扬程把深处的地下水抽到地面上来。降水深度可达 30 m 以上。

当土的渗透系数较小($K=0.1～20$ m/d),而要求降水深度又较大时,可采用喷射井点法降水。当渗透系数很小的黏性土($K<0.1$ m/d)单靠真空吸力的井点降水方法效果不大时,需采用电渗井点法降水。

3. 井点降水对邻近环境的影响及预防措施

井点降水时,在其影响半径范围内,地下水位下降,形成降水漏斗曲线,土层中的含水量减少,使土体产生固结,因而会引起周围地面不均匀沉降,影响邻近建筑物、道路和管网等设施的正常使用和安全。为了防止产生这种危害,一般可采取下列措施:

(1) 回灌井点法

当降水可能导致基坑周边环境破坏时,宜用回灌井点、回灌砂井等措施。

回灌井点是在降水井点与需要保护的原建筑物等之间设置一排回灌井点,在降水的同时,从回灌井点向土层内灌入适量的水,形成一道隔水水幕,使原建筑物下的地下水位基本保持不变,这样就可防止井点降水对邻近环境产生不良的影响。

回灌井点的间距应与降水井点相适应,回灌井点的埋设深度一般控制在稳定降水曲面线以下 1 m,且位于渗透性较好的土层中,滤管长度应大于降水井的滤管长度,回灌井点的埋设方法和质量要求与降水井点相同,回灌与降水应同步进行。为确保回灌效果,回灌井点与降水井点之间的距离一般不小于 6 m,回灌水箱架空高度一般为 3～4 m,使之具有一定的压力,以利回灌。每根回灌井点应设置阀门,以调节灌水量。

在回灌井点两侧应设置若干个水位观测井,监测水位变化,调节控制两井的运行,调节回灌水量,以达到预期效果。注意回灌水量不要超过原来水位标高。

(2) 设置止水帷幕法

在降水井点区的基坑四周与需要保护的原有建筑物之间设置一道封闭的止水帷幕,使坑外地下水的渗流路径延长,从而使原建筑物下的地下水位基本保持不变。止水帷幕的做法,可结合基坑支护结构方案设置或单独设置,常用的有深层搅拌法、压密注浆法和冻结法等。

1.4 土方开挖与填筑

土方开挖与填筑是土方工程的主要施工过程。土方工程面广量大,采用人工方法施工不仅劳动强度大、效率低,而且工期也长,因此,土方开挖与填筑应尽量采用机械化与半机械化施工方法,以减轻繁重的体力劳动,提高劳动生产率,加快施工进度。

1.4.1　基坑土方开挖

基坑土方开挖的顺序、方法必须与设计工况一致,并遵循"开槽支撑,先撑后挖,分层开挖,严禁超挖"的原则。

1. 开挖方式

基坑开挖方式要根据基坑面积大小、开挖深度、支护结构形式、土质情况和工程环境条件等因素而定,目前常用的开挖方式有以下几种:

(1) 分段分块开挖

当基坑平面不规则、开挖深浅不一、土质又较差时,为了加快支撑的形成,减少时效影响,可采用分段分块开挖方式。

分段分块的大小、位置和开挖顺序要根据开挖场地工作面条件,基坑平面和开挖深浅情况以及施工工期的要求等来决定。分段长度一般不大于 25 m。

分块开挖时,对土质条件好的,在开挖完一块土方后,应立即施工一块混凝土垫层或基础。必要时可在已封底的基底上与支护结构之间加斜撑,以保证支护结构的稳定性。对土质较差的,分块开挖时,不要一次挖到底,而是在靠近支护结构处暂留一定宽度和深度的被动土区作为放坡,待被动土区外的土方挖完并浇筑好混凝土垫层后,再突击开挖这部分被动土区的土方,边开挖边浇筑混凝土垫层。

(2) 分层开挖

当基坑较深、土质较软,又不允许分段分块施工混凝土垫层或基础时,可采用分层开挖方式。分层开挖的厚度,对软土地基一般为 2~3 m,对硬质土一般不应超过 5 m。第一层开挖后,在确保运土汽车不陷车的情况下,才进行第二层开挖。否则,要填筑一定厚度的砂石来稳定基底后才能开挖第二层。最后一层,机械开挖到坑底标高以上 0.3 m 处,留下 0.3 m 厚的余土,在施工混凝土垫层前采用人工挖土方法完成。

开挖顺序宜采用分层、对称的原则进行。根据现场工作面和出土方向情况,一般可从基坑中间向两边平行对称开挖,或从基坑两端对称开挖。如土方场内运输的出口在场地的东面,为保持东面出口的畅通,挖土顺序就宜先西面后东面。

进行两层或多层开挖时,一种是挖土机和运土汽车下至基坑内施工,这时需在基坑适当位置留设 1：8~1：10 的坡道,供运土汽车上下。坡道两侧须加固。当基坑太短时,可视场地情况,把坡度设在基坑外,或基坑内外结合。也可采用阶梯式分层开挖方法(亦称接力挖土方法),每个阶梯台作为挖土机的接力作业平台(图 1.27),第一层挖出的土直接装车,第二层由另一台挖土机停在下面作业平台上,将挖出的第二层土甩给上面的一台挖土机,再由上面的挖土机装车,将土运至指定的堆土场。

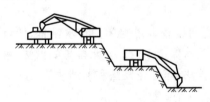

图 1.27　阶梯式接力挖土示意图

(3)"中心岛"式开挖

"中心岛"式开挖是先挖去基坑中心部位的土,而周边一定范围内的土暂不开挖,以平衡支护结构外面产生的侧压力,待中心部位挖土结束,浇筑好混凝土垫层或施工完地下结构后,在支护结构与岛式部位之间设置临时斜撑或对撑(图 1.28)。然后再进行支护结构内四周土方的开挖和结构施工。

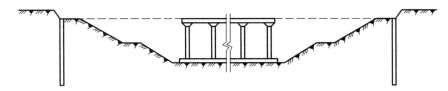

图 1.28　"中心岛"式开挖法示意图

（4）"盆"式开挖

"盆"式开挖是采取与岛式开挖相反的施工顺序，即先开挖基坑四周或两侧的土，中间留土墩，再进行周边支撑，浇筑混凝土垫层或地下结构施工，然后进行中间余留土墩的开挖和结构施工。

以上（3）、（4）两种开挖方式的优点是基坑内有较大空间，有利于机械化施工，加快施工进度，同时还可以防止基坑底面回弹变形（隆起）过大等。但基坑土方分两次开挖，就要考虑两次开挖面的边坡稳定，防止塌方，必要时对开挖面做临时土体加固措施。同时，这种分次开挖和分开施工底板与地下结构的做法，要在设计允许条件下才可采用。

不论是先开挖中心还是先开挖四周（或两侧），其关键是通过控制被动土压力区的留土宽度和坡度来控制被动土压力区的本身稳定，对支护结构起被动土压力作用。

"中心岛"的范围，在满足被动土压力区土体稳定条件下，应尽量大一些，以使第一次土方开挖范围加大；"中心岛"与支护结构之间支撑的长度减短，不仅可节约支撑材料，同时可方便施工。但必须注意，"中心岛"结构范围必须是结构施工能设置施工缝的部位。

这两种开挖方式较适用于土质较好的黏性土和密实的砂质土。对特别大型的基坑，其内支撑体系设置有困难时，采用这两种方式可以节省投资，加快施工进度。

2. 开挖机械特点与施工

基坑土方机械开挖，一般除用推土机进行场地平整和开挖表层外，常用的有反铲挖土机、正铲挖土机、拉铲挖土机和抓铲挖土机等。

（1）反铲挖土机施工

反铲挖土机的作业特点是：能开挖停机面以下的 1～2 类土，挖土时后退向下，强制切土，需用汽车配合运土，也可以弃土于坑槽附近。对地下水位较高的深基坑，配合降水工作时可分层开挖，但要保证停机面土层干燥，不致使机械沉陷。在需要时，也可用于水下挖土。

液压反铲挖土机体积小，功率大，操作平稳，生产效率高，是目前基坑土方开挖施工中使用最为广泛的机种。常用液压反铲挖土机的工作性能见图 1.29 和表 1.18。

反铲挖土机的开挖方式有沟端开挖和沟侧开挖两种。

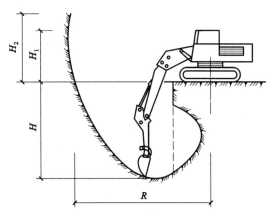

图 1.29　液压反铲挖土机工作性能

表 1.18　液压反铲挖土机工作性能

符号	项目	单位	WY15	WY50	WY100
	斗容量	m³	0.15	0.5	1.0
H	最大挖土深度	m	3.0	4.5	5.7
R	最大挖土半径	m	4.8	7.38	10.54
H_2	最大挖土高度	m	3.64	7.30	9.02
H_1	最大卸土高度	m	2.4	5.04	7.35
	最大挖掘力	kN	17	51	120
	理论生产率	m³/h	38	90～120	200
	发动机功率	kW	21	66	110
	整机质量	t	4.2	10.6	25

① 沟端开挖[图 1.30(a)]　挖土机停在基坑(槽)端部后退挖土,汽车停在两侧装土,也可甩土。其工作面宽度:单面装土时为 1.3R,双面装土时为 1.7R(R 为最大挖土半径),当基坑宽度超过 1.7R 时,可按 Z 字形路线开挖,或采用几次沟端开挖法来完成。其开挖深度可达最大挖土深度 H,但考虑到挖土机离坑边要有一定的安全距离,故实际最大挖土深度为(0.7～0.9)H。

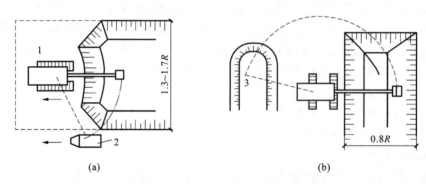

图 1.30　反铲挖土机挖土方式与工作面

(a)沟端开挖;(b)沟侧开挖

1—反铲挖土机;2—自卸汽车;3—弃土堆

沟端开挖时,挖土机停放平稳,装土或甩土时回转角度小且视线好,挖土效率高,是基坑开挖采用最多的一种开挖方式。

② 沟侧开挖[图 1.30(b)]　挖土机停在基坑(槽)一侧,横向移动挖土,可装车,也可将土甩至离坑(槽)较远处。但挖土宽度受到限制(一般为 0.8R),实际最大挖土深度也比较小[一般为(0.6～0.85)H],且不能很好地控制边坡,挖土机移动方向与挖土方向垂直,稳定性较差。因此,它只在无法采用沟端开挖或所挖的土不需运走时才采用。

(2) 正铲挖土机施工特点

正铲挖土机的作业特点是:能开挖停机面以上的 1～4 类土。挖土时,前进向上,强制切土,需用汽车配合运土。其挖掘力大,生产效率高,宜用于开挖高度大于 2 m 的干燥基坑及土丘等。

正铲挖土机的开挖方式,根据挖土机的开挖路线和运输工具的相对位置不同,可分为正向开挖、侧向卸土和正向开挖、后方卸土两种,前者装车角度小,生产率高,应用较广。

3. 基坑土方开挖中应注意的问题

(1) 要做好基坑内外的降水、排水工作

土方开挖前应先做好降水、排水施工,待降水运转正常并符合要求后,方可开挖土方。开挖过程中,要经常检查降水后的水位是否达到设计标高要求,要保持开挖面基本干燥,检查是否对邻近建筑物等产生不良影响。坑壁如出现渗漏水,应及时进行处理。

(2) 要重视打桩效应,防止桩的位移和倾斜

对先打桩、后挖土的工程,由于打桩时挤土和动力波的作用,将会使砂土液化,使黏性土产生很大的抗压力,孔隙水压力升高,土的抗剪强度明显降低。如果打桩后紧接着开挖基坑,由于开挖时地基卸土,土体应力释放,再加上挖土高差形成侧向推力,土体易产生一定的水平位移,使先打设的桩易产生水平位移和倾斜,所以打桩后应有一段停歇时间,待土中由于打桩积聚的应力有所释放,孔隙水压力有所降低,被扰动的土体重新固结后,再开挖基坑土方。

对于打预制桩的工程,必须先打桩再施工支护结构,否则也会由于打桩挤土效应引起支护结构位移变形。

(3) 支护结构与挖土应紧密配合,先撑后挖

随着挖土的加深,基坑支护结构的侧压力加大,变形增大,及时加设支撑对减少支护结构变形有很大作用。因此,一定要配合支撑加设的需要,分层进行挖土。一般应先挖槽加设支撑,再按规定的层厚挖土,严禁先挖后撑,否则会造成有害影响。

(4) 注意减少坑边地面荷载,防止开挖完的基坑暴露时间过长

基坑开挖过程中,不宜在坑边堆置弃土、材料和工具设备等,尽量减轻地面荷载,严禁超载。基坑开挖完成后,应立即进行验槽,并及时浇筑混凝土垫层,封闭基坑,防止暴露时间过长。如发现基底土超挖,应用素混凝土或砂石回填夯实,不能用素土回填。

(5) 基坑土方开挖中要有安全技术措施,以确保施工安全。

4. 挖土机与运土车辆配套计算

基坑开挖采用单斗(如反铲等)挖土机施工时,需用运土车辆配合,将挖出的土随时运走。因此,挖土机的生产率不仅取决于挖土机本身的技术性能,而且还应与所选运土车辆的运土能力相协调。为使挖土机充分发挥生产能力,应配合足够数量的运土车辆,以保证挖土机连续工作。

(1) 挖土机数量的确定

挖土机的数量 N,应根据土方量大小和工期要求来确定,可按下式计算:

$$N = \frac{Q}{P} \cdot \frac{1}{T \cdot C \cdot K} \quad (台) \tag{1.35}$$

式中　Q——土方量,m³;

　　　P——挖土机生产率,m³/台班;

　　　T——工期(工作日);

　　　C——每天工作班数;

　　　K——时间利用系数(0.8～0.9)。

单斗挖土机的生产率 P,可查定额手册或按下式计算:

$$P = \frac{8 \times 3600}{t} \cdot q \cdot \frac{K_C}{K_S} \cdot K_B \quad (\text{m}^3 / \text{ 台班}) \tag{1.36}$$

式中 t——挖土机每斗作业循环延续时间，s，如 W100 正铲挖土机为 $25 \sim 40$ s；

q——挖土机斗容量，m^3；

K_C——土斗的充盈系数（$0.8 \sim 1.1$）；

K_S——土的最初可松性系数；

K_B——工作时间利用系数（$0.7 \sim 0.9$）。

在实际施工中，若挖土机的数量已经确定，也可利用式（1.35）来计算工期 T。

（2）运土车辆配套计算

运土车辆的数量 N_1，应保证挖土机连续作业，可按下式计算：

$$N_1 = \frac{T_1}{t_1} \tag{1.37}$$

式中 T_1——运土车辆每一运土循环延续时间，min。

$$T_1 = t_1 + \frac{2l}{V_C} + t_2 + t_3 \tag{1.38}$$

式中 l——运土距离，m；

V_C——重车与空车的平均速度，m/min；

t_2——卸土时间，一般为 1 min；

t_3——操纵时间（包括停放待装、等车、让车等），一般取 $2 \sim 3$ min；

t_1——运土车辆每次装车时间，min。

$$t_1 = n \cdot t$$

式中 n——运土车辆每车装土次数。

$$n = \frac{Q_1}{q \cdot \dfrac{K_C}{K_S} \cdot \gamma}$$

式中 Q_1——运土车辆的载重量，t；

γ——实土密度，t/m^3，一般取 1.7 t/m^3。

【例 1.6】 某工程基坑土方开挖，土方量为 10000 m^3，选用一台 WY100 反铲挖土机，斗容量为 1 m^3，两班制作业，采用载重量 4 t 的自卸汽车配合运土，要求运土车辆数能保证挖土机连续作业，已知 $K_C = 0.9$，$K_S = 1.15$，$K = K_B = 0.85$，$t = 40$ s，$l = 2$ km，$V_C = 20$ km/h。试求：

（1）挖土工期 T；

（2）运土车辆数 N_1。

【解】 （1）挖土工期 T 按式（1.35）计算：

$$N = \frac{Q}{P} \times \frac{1}{TCK}$$

式中挖土机生产率 P 按公式（1.36）求出：

$$P = \frac{8 \times 3600}{t} \cdot q \cdot \frac{K_C}{K_S} \cdot K_B = 479 \ \text{m}^3 / \text{ 台班}$$

则挖土工期：

$$T = \frac{10000}{479 \times 2 \times 0.85} = 12.3 \ \text{d}$$

（2）运土车辆数 N_1 按公式（1.37）求出：

$$N_1 = \frac{T_1}{t_1}$$

每车装土次数

$$n = \frac{Q_1}{q \cdot \frac{K_C}{K_S} \cdot \gamma} = \frac{4}{1 \times \frac{0.9}{1.5} \times 1.7} = 2.6 \quad (取\ 3\ 次)$$

每次装车时间

$$t_1 = n \cdot t = 3 \times 40 = 120\ \text{s} = 2\ \text{min}$$

运土车辆每一个运土循环延续时间：

$$T_1 = t_1 + \frac{2l}{V_C} + t_2 + t_3 = 2 + \frac{2 \times 60}{20} + 1 + 3 = 12\ \text{min}$$

则运土车辆数量：

$$N_1 = \frac{12}{2} = 6\ 辆$$

1.4.2 土方的填筑与压实

1.4.2.1 填方土料选择与填筑方法

为了保证填方工程的质量,必须正确选择填方用的土料和填筑方法。

1. 填方土料选择

当利用压实填土作为建筑工程的地基持力层时,填方土料的质量应符合如下要求:具有最优含水量的黏性土或粉土,级配良好的碎石类土、爆破石渣和砂土,粒径为 $200 \sim 400$ mm 的砾石、卵石或块石。不得使用淤泥、耕土、冻土、膨胀土以及有机质含量大于 5% 的土作为填方土料。对于无压实要求的填方土料,则不受上述限制。

2. 填筑方法

基坑回填土应在相对两侧或四周同时分层进行,并尽量采用同类土填筑。填方中如采用不同透水性的土料填筑,必须将透水性较大的土层置于透水性较小的土层之下,不得将各种土料任意混杂使用。填方施工应分层填筑压实。当填方基底位于倾斜地面时,应先将斜坡挖成阶梯状,阶宽不小于 1 m,然后分层填筑,以防填土横向移动。回填顺序按基底排水方向,由高向低分层进行;坑底标高不同时,先填低处,填至同一水平面后再分层填筑。

1.4.2.2 填土压实方法

填土的压实方法有碾压法、夯实法和振动压实法等,如图 1.31 所示。

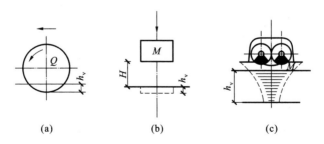

图 1.31 填土压实方法

(a) 碾压法;(b) 夯实法;(c) 振动压实法

填方施工前,必须根据工程特点、填料种类、设计要求的压实系数和施工条件等,合理地选择压实机械和压实方法,确保填土压实质量。

1. 碾压法

碾压法[图1.31(a)]是利用机械滚轮的压力压实土壤。碾压机械有平碾、羊足碾等。这种方法主要适用于场地平整和大型基坑回填土等工程。

平碾(压路机)是一种以内燃机为动力的压路机,碾轮重5～15 t,对砂类土和黏性土均可压实;羊足碾碾压时,土的颗粒受到"羊足"较大的单位压力,压实效果好。但羊足碾只适用于压实黏性土,对砂土不宜使用。为了取得良好的压实效果,需分层压实,每层铺土厚度和压实遍数见表1.19,在施工缝的搭接处应适当增加压实遍数。

表1.19 填方每层的铺土厚度和压实遍数

压实机具	每层铺土厚度(mm)	每层压实遍数(遍)
平碾	250～300	6～8
振动压实机	250～350	3～4
柴油打夯机、蛙式打夯机	200～250	3～4
人工打夯	≤200	3～4

碾压机械的碾压方向应从填土区两侧逐渐压向中心,每次碾压应有150～200 mm的重叠,机械开行的速度不宜过快,否则影响压实效果,一般平碾的行驶速度不应超过2 km/h,羊足碾的行驶速度不应超过3 km/h。

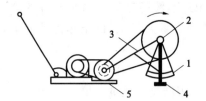

图1.32 蛙式打夯机示意图
1—偏心距;2—前轴装置;3—夯头架;
4—夯锤;5—拖盘

2. 夯实法

夯实法[图1.31(b)]是利用夯锤自由下落的冲击力夯实土壤。夯实机械主要有蛙式打夯机、夯锤等。这种方法主要适用于小面积的回填土。蛙式打夯机(图1.32)是建筑工地上常用的小型夯实机械,它是利用旋转惯性离心力的工作原理,偏心块每回转一周,夯锤冲击地面一次,同时带动机身前移一步。填土夯实需分层进行,每层铺土厚度和夯实遍数见表1.19。这种打夯机结构简单,轻便灵活,适用于小面积回填土的夯实工作,多用于夯打灰土和夯实地面。夯锤是借助起重机悬挂一重锤进行夯土的夯实机械,锤底面积为0.15～0.25 m²,其重量大于1.5 t,落距为2.5～4.5 m,夯土的影响深度大于1 m,适用于夯实砂性土、湿陷性黄土、杂填土以及含有石块的填土。

3. 振动压实法

振动压实法[图1.31(c)]是利用振动压实机的静压力和激振力的共同作用压实土料。与同级碾压机相比,工作时可增大碾压厚度,减少碾压遍数,生产效率高。这种方法主要适用于振实非黏性土和黏性土。

1.4.2.3 填土压实的影响因素

影响填土压实质量的因素很多,其中主要的有:土料的种类和颗粒级配、压实机械所做的功(简称压实功)、土的含水量以及每层铺土厚度与压实遍数。

1. 土料的种类和颗粒级配

黏性土压实时,土体变形速度较慢,排水较难,故需要较多压实遍数才能压实;非黏性土因颗粒较粗,排水较易,故较容易压实。当土料颗粒级配好时,由于小颗粒能填充到大颗粒的空隙中去,压实较易;而颗粒级配单一的土料则难以压实。

2. 压实功

填土压实后的重度与压实机械对填土所施加的功的关系见图1.33。从图中可看出二者并不成正比关系。当土的含水量一定,在开始压实时,土的重度急剧增加,待到接近土的最大重度时,压实功虽然增加许多,而土的重度则几乎没有变化。在实际施工中,对松土一开始就用重型碾压机械碾压时,土层会有强烈的起伏现象,压实效果不大。如果先用轻碾压实,再用重碾碾压,就会取得较好的压实效果。

3. 土的含水量

在同一压实功条件下,土料的含水量对压实质量有直接影响(图1.34)。用同样的压实方法,压实不同含水量的同类土,所得到的密实度各不相同。较为干燥的土料,由于土颗粒之间的摩阻力较大,因而不易压实;当含水量超过一定限度时,土料空隙全由水填充而呈饱和状态,压实机械所施加的外力有一部分为水所承受,因此,也不能得到较好的压实效果;只有当土料具有适当含水量时,水起了润滑作用,土颗粒之间的摩阻力减小,土才易被压实。在使用同样的压实功进行压实的条件下,使填土压实获得最大密实度时土的含水量,称为土的最优含水量。各种土的最优含水量和相应的最大干密度可由击实试验确定,如无击实试验条件,可查表1.20作为参考。

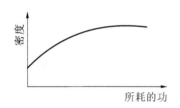

图1.33 土的重度与压实功的关系

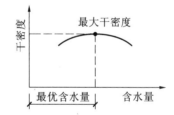

图1.34 土的干密度与含水量的关系

表1.20 各种土的最佳含水量和最大干密度的参考值

土的类别	最佳含水量(%)	最大干密度(g/cm³)
砂土	8~12	1.8~1.88
粉土	9~15	1.6~1.8
粉质黏土	12~21	1.85~1.95
黏土	19~23	1.58~1.7

为了保证黏性土填料在压实过程中具有最优含水量,翻松晾干,也可掺入干土或吸水性填料;如含水量偏低,则应预先洒水湿润,增加压实遍数或使用大功率压实机械等措施。

4. 铺土厚度与压实遍数

土在压实功的作用下,其应力随深度增加而逐渐减少,超过一定深度后,虽然压实机械反复碾压,但土的密实度仍增加较小,甚至没增加。各种压实机械压实影响深度的大小与土的性质和含水量等有关。铺土厚度应小于压实机械压土时的压实影响深度。为使压实机械消耗的能量最少,每次铺土厚度有一个最优厚度范围,在此范围内,可使土料在获得设计要求干重度的条件下,压实机械所需的压实遍数最少。施工时,每层最优铺土厚度和压实遍数可根据填料性质、压实的密实度要求和选用的压实机具性能等确定或按表1.19选用。

1.4.2.4 填土压实的质量检查

填土压实的质量用压实系数 λ_C 控制,而 λ_C 为填土压实后土的控制干密度 ρ_d 与 ρ_{max} 之比。

不同的填方工程,设计要求的填土压实系数不同,当利用压实填土作为地基时,设计规范规定了不同结构类型在不同填土部位的压实系数值。如砌体承重结构和框架结构,填土部位在地基主要受力层范围内时,$\lambda_C \geqslant 0.97$;当在地基主要受力层范围以下时,则 $\lambda_C \geqslant 0.95$。

填土的最大干密度可由实验室击实试验确定,如无试验资料,可参照表1.20。在求得最大干密度后,再根据设计规范规定的压实系数值计算出压实填土的控制干密度值。

在填土压实施工完成后,土的实际干密度 ρ_0 大于或等于控制干密度 ρ_d 时,则填土压实质量符合要求。

注意:填土压实后土的实际干重度,应有90%以上符合设计要求,其余10%的最低值与设计值的差,不得大于0.08 g/cm³,且应分散,不得集中。

检查压实填土的实际干重度,可采用环刀法取样测定。其取样组数按规范确定,当基坑回填土为20~50 m³时,取样一组。取样部位在每层压实后的下半部,取样后先称出土的湿密度并测定含水量,然后用下式计算土的实际干密度 ρ_0,即

$$\rho_0 = \frac{\rho}{1 + 0.01w} \quad (\text{g/cm}^3)$$

式中　ρ——土的湿密度,g/cm³;

w——土的最佳含水量,%。

如用上式算得的 $\rho_0 \geqslant \rho_d$,则填土压实合格,符合设计要求;若 $\rho_0 < \rho_d$,则不合格,应采取措施提高填土密实度。

项目 2　桩基础工程和地基处理

2.1　概　　述

桩基础是一种能适应各种地质条件,各种建(构)筑物荷载和沉降要求的深基础,具有承载力高、稳定性好、变形量小、沉降收敛快等特性。

桩基础是由桩身和承台组成,桩身全部或部分埋入土中,顶部由承台连成一体,在承台上修筑上部建筑,如图2.1所示。

桩按荷载的传递方式划分,有端承桩和摩擦桩两种。端承桩是穿过软弱土层达到硬层的一种桩,建筑物荷载主要由桩尖阻力承受;摩擦桩是悬在软弱土层中的桩,建筑物的荷载由桩侧摩擦力和桩尖阻力共同承受。桩按制作方法划分,有预制桩和灌注桩两大类。预制桩按制作材料的不同,有木桩、钢筋混凝土桩和钢桩。

桩按施工方法可作如下划分:

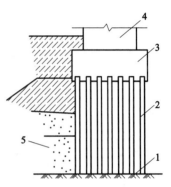

图 2.1　桩基础示意图
1—持力层;2—桩;3—桩基承台;
4—上部建筑物;5—软弱层

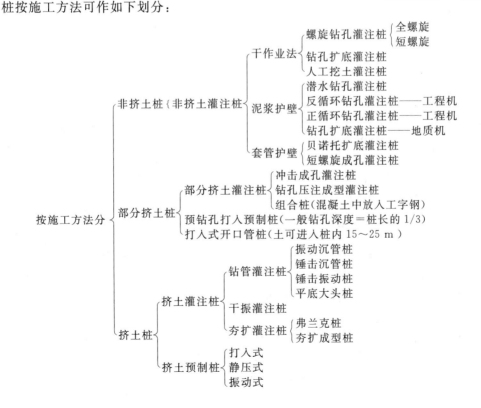

2.2 钢筋混凝土预制打入桩工程

2.2.1 桩的预制、运输和堆放

1. 桩的预制

较短的桩多在预制厂生产,较长的桩一般在打桩现场附近或打桩现场预制。预制桩有实心桩和空心桩两种。实心桩通常做成方形截面,边长通常为 250~550 mm,见图 2.2。空心桩通常做成圆形截面,外径通常为 300~550 mm。工厂预制的桩长一般小于 12 m,工地预制桩长一般小于 30 m,且要求桩长 L 小于或等于 50 倍截面边长或桩径,否则必须分段预制,在沉桩过程中连接。

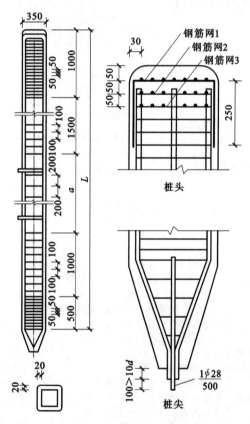

图 2.2 钢筋混凝土预制桩

为适应沉桩需要,桩身混凝土强度不宜小于 C30,并采用粒径为 5~40 mm 的粗骨料制作。现场预制桩多用重叠法施工,重叠层数应根据地面允许荷载和施工条件确定,但不宜超过 4 层。桩与桩间应做好隔离层,上层桩或邻桩的灌筑应在下层桩或邻桩混凝土达到设计强度等级的 30% 以后方可进行。预制场地应平整夯实,并防止浸水沉陷,以保证桩身平直。如为多节桩,上节桩和下节桩应尽量在同一纵轴线上预制,使上下节钢筋和桩身减少偏差。

预制桩的混凝土宜用机械搅拌、机械振捣,由桩顶向桩尖连续浇筑捣实,一次完成。制作完后,应洒水养护不少于 7 天。

制桩时,应做好浇筑日期、混凝土强度、外观检查、质量鉴定等记录,以供验收时查用。每根桩上应标明编号、制作日期,如不预埋吊环,则应标明绑扎位置。预制桩制作的允许偏差如下:横截面边长 ±5 mm;保护层厚度 ±5 mm;桩顶对角线之差 10 mm;桩尖对中心线的位移 10 mm;桩身弯曲矢高不大于 0.1% 桩长,且不大于 20 mm;桩顶平面对桩中心线的倾斜小于或等于 3 mm。此外,桩的制作质量还应符合下列规定:

(1) 桩的表面应平整、密实,掉角的深度不应超过 10 mm,且局部蜂窝和掉角的缺损总面积不得超过该桩表面全部面积的 0.5%,且不得过分集中。

(2) 由于混凝土收缩产生的裂缝,深度不得大于 20 mm,宽度不得大于 0.25 mm;横向裂缝长度不得超过边长的一半(管桩、多角形桩不得超过直径或对角线的 1/2)。

(3) 桩顶或桩尖处不得有蜂窝、麻面、裂缝和掉角。

2. 桩的运输

预制桩的起吊和搬运,应在混凝土达到设计强度等级的100%后方可进行。如提前吊运,必须验算合格。桩在起吊和搬运时,吊点应符合设计规定,如无吊环,设计又未作规定时,可按图2.3的位置捆绑。钢丝绳与桩之间应加衬垫,以免损坏棱角。起吊时应平稳提升,吊点同时离地,如要长距离运输,可采用平板拖车或轻轨平板车。长桩搬运时,桩下要设置活动支座。经过搬运的桩,还应进行质量复查。

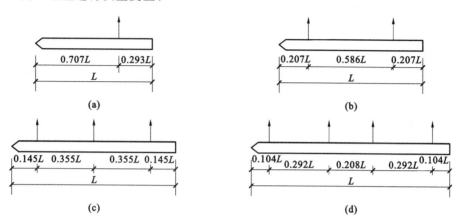

图 2.3　吊点的合理位置
(a) 1 个吊点;(b) 2 个吊点;(c) 3 个吊点;(d) 4 个吊点

3. 桩的堆放

桩堆放时,地面必须平整、坚实,垫木间距应根据吊点确定,各层垫木应位于同一垂直线上,最下层垫木应适当加宽,堆放层数不宜超过4层。不同规格的桩,应分别堆放,见图2.4。

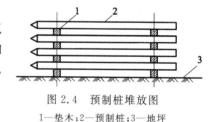

图 2.4　预制桩堆放图
1—垫木;2—预制桩;3—地坪

2.2.2　沉桩前的准备工作

为使桩基施工能顺利地进行,沉桩前应根据设计图纸要求、现场水文地质情况和编制的施工方案,做好以下施工准备工作:

1. 清除障碍物

沉桩前应认真清除现场(桩基周围10 m以内)妨碍施工的高空、地上和地下的障碍物(如地下管线、地上杆线、旧有房屋基础和树木等),同时还必须加固邻近的危房、桥涵等。

2. 平整场地

在建筑物基线以外4～6 m范围内的整个区域,或桩机进出场地及移动路线上,应适当平整压实(地面坡度不大于10%),并保证场地排水良好。否则,由于地面高低不平,不仅使桩机移动困难,降低沉桩生产效率,而且难以保证使就位后的桩机稳定和入土的桩身垂直,以至影响沉桩质量。

3. 进行沉桩试验

沉桩前应做数量不少于2根桩的沉桩工艺试验,用以了解桩的沉入时间、最终沉入度、持力层的强度、桩的承载力以及施工过程中可能出现的各种问题和反常情况等,以便检验所选的沉桩设备和施工工艺是否符合设计要求。

4. 抄平放线、定桩位

在沉桩现场或附近区域,应设置数量不少于 2 个的水准点,以作抄平场地标高和检查桩的入土深度之用。根据建筑物的轴线控制桩,按设计图纸要求定出基础轴线(偏差值应小于或等于20 mm)和每个桩位(偏差值应小于或等于10 mm)。定桩位的方法,是在地面上用小木桩或撒白灰点标出桩位,或用设置龙门板拉线法定出桩位。其中龙门板拉线法可避免因沉桩挤动土层而使小木桩移动,故能保证定位准确。同时也可作为在正式沉桩前,对桩的轴线和桩位进行复核之用。

5. 确定沉桩顺序

确定沉桩顺序是合理组织沉桩的重要前提,它不仅与能否顺利沉入、确保桩位正确有关,而且还与预制桩堆放场地布置有关。桩基施工中宜先确定沉桩顺序,后考虑预制桩堆放场地布局。

沉桩顺序一般有逐排沉设、从中间向四周沉设、分段沉设等三种情况(图 2.5)。确定沉桩顺序时应考虑的因素很多,如桩的供应条件和桩的起吊进入桩架导管是否方便;沉桩时产生的挤土是否造成先沉入的桩被后沉入的桩推挤而发生位移,或后沉入的桩被先沉入的桩挤紧而不能入土;桩架移位是否方便,有无空跑现象等。其中挤土影响为考虑的主要因素。为减少挤土影响,确定沉桩顺序的原则如下:

(1) 从中间向四周沉设,由中及外;

(2) 从靠近现有建筑物最近的桩位开始沉设,由近及远;

(3) 先沉设入土深度大的桩,由深及浅;

(4) 先沉设断面大的桩,由大及小。

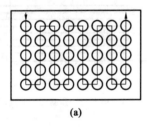 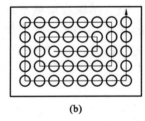 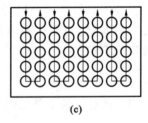

图 2.5 沉桩顺序图
(a) 逐排沉设;(b) 自中间向四周沉设;(c) 分段沉设

沉桩顺序确定后,还需考虑桩架是往后"退沉桩"还是向前"顶沉桩"。当沉桩地面标高接近桩顶设计标高时,沉桩后实际上每根桩还会高出地面,这是由于桩尖持力层的标高不可能完全一致,而预制桩又不能设计成各不相同的长度,因此桩顶高出地面是不可避免的。在此情况下,桩架只能采取往后退行沉桩的方法,由于往后退行沉桩不能事先将桩布置在地面,只能随沉桩随运桩。如沉桩后桩顶的实际标高在地面以下时,桩架则可以采取往前顶沉桩的方法。此时只要场地允许,所有的桩都可以事先布置好,避免桩在场内二次搬运。

2.2.3 沉桩设备及沉桩方法

预制桩按沉桩设备和沉桩方法,可分为锤击沉桩、振动沉桩、静力压桩和水冲沉桩等数种。现主要介绍锤击沉桩,简要介绍静力压桩。

2.2.3.1 锤击沉桩法

锤击沉桩俗称打桩,是利用打桩设备产生的冲击动能将桩打入土中的一种方法。

1. 桩架

桩架的作用是吊桩就位,固定桩的位置,承受桩锤和桩身的重量。在打桩过程中引导锤和桩身保持垂直,并保证桩锤正确地冲击桩体,将桩身按设计要求沉入土中。桩架的形式通常有以下四种:塔式打桩架(图2.6)、直式打桩架(图2.7)、悬挂式打桩架(图2.8)和三点支撑履带行走式打桩架(图2.9)。

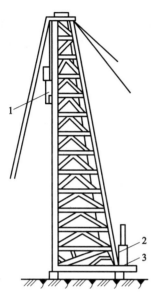

图 2.6　塔式打桩架

1—蒸汽锤;2—锅炉;3—卷扬机

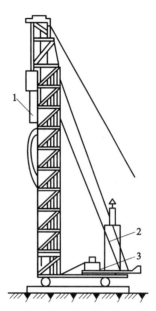

图 2.7　直式打桩架

1—蒸汽锤;2—锅炉;3—卷扬机

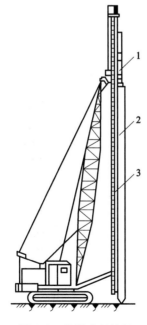

图 2.8　悬挂式打桩架

1—柴油机;2—桩;3—导杆

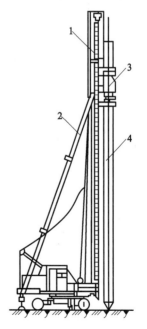

图 2.9　三点支撑履带行走式打桩架

1—导杆;2—支撑;3—柴油锤;4—桩

2. 桩锤

桩锤是对桩施加冲击力,把桩打入土中的工具。桩锤按作用原理可分为落锤、蒸汽锤和柴油锤等多种。

(1) 落锤

落锤用钢铸成,一般锤重为 5~20 kN。其工作是利用人力或卷扬机将锤提升至一定高度,然后使锤自由下落到桩头上而产生冲击力,将桩逐渐击入土中(图 2.10)。

落锤适用于黏土和含砂、砾石较多的土层中打桩。但因冲击能量有限,生产效率低,打桩速度慢,对桩顶的损伤较大。故只有当使用其他形式的桩锤不经济时或小型工程中才被使用。

(2) 蒸汽锤

蒸汽锤是利用蒸汽的动力进行锤击,其效率与土质软硬的关系不大,常用在较软弱的土层中打桩。按其工作原理可分为单动汽锤和双动汽锤两种,都须配一套锅炉设备。

① 单动汽锤 单动汽锤(图 2.11)的冲击部分(桩锤)为汽缸,活塞固定于桩顶上,动力为蒸汽。其工作过程和原理是:将锤固定于桩顶上,用软管连接锅炉阀门,引蒸汽入汽缸活塞上部空间,因蒸汽压力推动而升起汽缸(外壳)。当升到顶端位置时,停止供汽并排出汽体,汽锤则借自重下落到桩顶上击桩。如此反复循环进行,逐渐把桩打入土中。桩锤(汽缸)只在上升时耗用动力,下落完全靠自重。单动汽锤的锤重为 15~150 kN,具有落距小、冲击力大的优点,其打桩速度较自由落锤快(锤击次数为 40~70 次/min),适用于沉没各种桩。但存在蒸汽没有被充分得到利用、软管磨损较快、软管与汽阀连接处易脱开等缺点。

② 双动汽锤 双动汽锤(图 2.12)的冲击部分为活塞,动力是蒸汽。汽缸(外壳)是固定在桩顶上不动的,而汽锤是在汽缸内,由蒸汽推动而上下运动。其工作过程和原理是:先将桩锤固定在桩顶上,然后将蒸汽由汽锤的汽缸调节阀进入活塞下部,由蒸汽的推动而升起活塞。当升到最上部时,调节阀在压差的作用下自动改变位置,蒸汽即改变方向而进入活塞上部,下部汽体则同时排出。如此反复循环进行,逐渐把桩打入土中。双动汽锤的桩锤(活塞)升降均由蒸汽推动,当活塞向下冲时,不仅有其自身重量,而且受到上部气体向下的压力,因此冲击力较大。双动汽锤的锤重为 6~60 kN,具有活塞冲程短、冲击力大、打桩速度快(锤击次数为 100~300 次/min)、工作效率高等优点,适用于打各种桩,并可以用于拔桩和水下打桩。

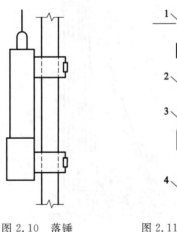

图 2.10 落锤

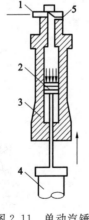

图 2.11 单动汽锤

1—进汽孔;2—活塞;3—汽缸;
4—桩;5—出汽孔

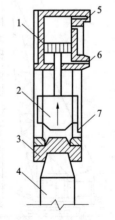

图 2.12 双动汽锤

1—活塞;2—汽锤;3—锤砧;4—桩;
5—出汽口;6—进汽口;7—壳体

（3）柴油锤

柴油锤是以柴油为燃料,利用柴油点燃爆炸时膨胀产生的压力,将桩锤抬起,然后自由落下冲击桩顶。如此反复循环运动,把桩打入土中。根据冲击部分的不同,柴油锤可分为导杆式和筒式两种,如图 2.13 所示。导杆式柴油锤的冲击部分是沿导杆上下运动的汽缸,筒式柴油锤的冲击部分则是往复运动的活塞。

柴油锤冲击部分的重量为 13～80 kN,锤击次数大多为 40～60 次/min。它具有工效高,构造简单,移动灵活,使用方便,不需沉重的辅助设备,也不必从外部供给能源等优点。但有施工噪音大、油滴飞散、排出的废气污染环境等缺点。不适于在过硬或过软的土层中打桩。

（4）液压锤（图 2.14）

它是由一外壳封闭起来的冲击体所组成,利用液压油来提升和降落冲击缸体。冲击缸体为内装有活塞和冲击头的中空圆柱形体,在活塞和冲击头之间用高压氮气形成缓冲垫。当冲击缸体下落时,先是冲击头对桩施加压力,然后是通过可压缩的氮气对桩施加压力,如此可以延长施加压力的过程,使每一锤击能对桩产生更大的贯入度。同时,形成缓冲垫的氮气还可使桩头受到缓冲和连续打击,从而防止了在高冲击力下的损坏。

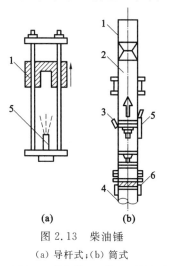

图 2.13　柴油锤

(a) 导杆式;(b) 筒式

1—汽缸;2—活塞;3—排气孔;4—桩;5—燃油泵;6—桩帽

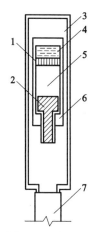

图 2.14　液压锤

1—活塞;2—冲击头;3—外壳;4—油;

5—氮气;6—降落重块锤;7—桩

（5）电磁锤

它是由两截相连而固定的等直径圆筒和安装在圆筒内的两块相对面的极性相同、等直径等长度的永久磁铁组成。导磁材料的上半截圆筒与电源、开关及变速器串联,而非磁性材料制成的下半截圆筒的下端则利用螺栓固定在桩顶上。由于筒内上下两块磁铁相对面的极性相同,故始终不会接触在一起而保持一定距离。以上磁铁块作为重锤,接通电源后在上半截圆筒所产生的磁力作用下,进行上下往复运动;下磁铁块的底端固定在桩顶上,施工接通电源以后,由于上下两块磁铁的极性相同,产生相斥的反作用力将桩击入土中。

以上两种桩锤施工时无噪音,无废气污染,冲击能量大,是优先选用的方向。

3. 桩锤重量及桩架的选用

桩锤重量的选择,应以土质情况为主,综合考虑现场环境、施工情况、设备条件以及桩的类型、规格和重量等各种因素来确定,见表 2.1。若选锤不当,将造成打不下或损坏桩的现象。锤重与桩重的比例关系,一般是根据土质的沉桩难易度来确定,可参照表 2.2 选用。

表 2.1 锤重选择参考表

锤型		单动蒸汽锤 (kN)			柴油锤 (kN)				
锤的动力性能	冲击部分重 (kN)	30~40	55	90	25	35	45	60	72
	总重 (kN)	35~45	70	100	65	72	95	150	180
	冲击力 (kN)	0~2300	0~3000	3500~4000	2000~2500	2500~4000	4000~5000	5000~7000	7000~10000
	常用冲程 (m)	0.6~0.8	0.5~0.7	0.4~0.6	1.8~2.3				
适用桩的规格	预制方桩、预应力管桩的边长或直径 (mm)	350~400	400~450	400~500	350~400	400~450	450~500	500~550	550~600
	钢管桩直径 (mm)				400	400	600	900	900~1000
持力层 · 黏性土	一般进入深度 (m)	1~2	1.5~2.5	2~3	1.5~2.5	2~3	2.5~3.5	3~4	3~5
	静力触探比贯入阻力 P 平均值 (MPa)	3	4	5	4	5	5	5	5
持力层 · 砂土	一般进入深度 (m)	0.5~1	1~1.5	1.5~2	0.5~1.5	1~2	1.5~2.5	2~3	2.5~3.5
	标准贯入击数 $N_{63.5}$ 值	15~25	20~30	30~40	20~30	30~40	40~45	45~50	50
锤的常用控制贯入度 (mm/10击)		3~5	3~5	3~5	2~3	2~3	2~3	3~5	4~8
设计单桩极限承载力 (kN)		600~1400	1500~3000	2500~4000	800~1600	2500~4000	3000~5000	5000~7000	7000~10000

注：① 本表仅供选锤参考，不能作为确定贯入度和承载力的依据；
② 适用于 20~60 m 长的预制钢筋混凝土桩，40~60 m 长的钢管桩，且桩端进入硬土层一定深度；
③ 标准贯入击数为未修正的数值；
④ 锤型根据日式系列考虑；
⑤ 钢管桩按 Q235 钢考虑。

表 2.2　锤重与桩重的比值

桩类别	锤　　类　　别			
	单动汽锤	双动汽锤	柴油锤	落锤
	比　　值			
混凝土预制桩	0.4~1.4	0.6~1.8	1.0~1.5	0.35~1.5
木桩	2.0~3.0	1.5~2.5	2.5~3.5	2.0~4.0
钢板桩	0.7~2.0	1.5~2.5	2.0~2.5	1.0~2.0

注:① 锤重系指锤体总重,桩重系指桩身与桩帽的总量;

　　② 桩的长度一般不超过 20 m;

　　③ 土质较松软时取下限值,较坚硬时取上限值。

桩架的选用,首先要满足锤型的需要。若是柴油锤,最好选用三点支撑式履带行走桩架;若是蒸汽锤,只能选用塔式桩架或直式桩架。其次,选用的桩架还必须符合如下要求:

(1) 使用方便,安全可靠,移动灵活,便于装拆;

(2) 锤击准确,保证桩身稳定,生产效率高,能适应各种垂直和倾斜角的需要;

(3) 桩架的高度=桩长+桩锤高度+桩帽高度+滑轮组高度+(1~2)m 起锤工作余地的高度。

4. 沉桩方法

预制桩的沉桩方法可分为锤击沉桩、振动沉桩、静压沉桩和水冲沉桩四种。下面介绍锤击沉桩。

(1) 吊装就位

按既定的打桩顺序,先将桩架移动至桩位处并用缆风绳拉牢,然后将桩运至桩架下,利用桩架上的滑轮组,由卷扬机提升桩。当桩提升至直立状态后,即可将桩送入桩架的龙门导管内,同时把桩尖准确地安放到桩位上,并与桩架导管相连接,以保证打桩过程中桩不发生倾斜或移位。桩就位后,在桩顶放上弹性垫层(如草袋、废麻袋等),放下桩帽套入桩顶,桩帽上再放上垫(硬)木,即可降下桩锤压住桩帽。在桩的自重和锤重的压力下,桩便会沉入土中一定深度。待下沉达到稳定状态,并经全面检查和校正合格后,即可开始打桩。

(2) 打桩

打桩开始时,应先采用小的落距(0.5~0.8 m)做轻的锤击,使桩正常沉入土中 1~2 m 后,经检查桩尖不发生偏移,再逐渐增大落距至规定高度,继续锤击,直至把桩打到设计要求的深度。

打桩有"轻锤高击"和"重锤低击"两种方式。这两种所做的功相同,而所得到的效果却不同。轻锤高击所得的动量小,而桩锤对桩头的冲击大,因而回弹也大,桩头容易损坏,大部分能量均消耗在桩锤的回弹上,故桩难以入土;相反,重锤低击所得的动量大,而桩锤对桩头的冲击小,因而回弹也小,桩头不易被打碎,大部分能量都可以用来克服桩身与土壤的摩阻力和桩尖的阻力,故桩能很快地入土。此外,又由于重锤低击的落距小,因而可提高锤击频率,打桩效率也高。正因为桩锤频率较高,对于较密实的土层(如砂土或黏土)也能较容易地穿过(但不适用于含有砾石的杂填土),所以打桩宜采用"重锤低击"。实践经验表明:在一般情况下,若单动汽锤的落距 $W \leqslant 0.6$ m、落锤的落距 $W \leqslant 1.0$ m 和柴油锤的落距 $W \leqslant 1.50$ m 时,能防止桩顶混凝土被击碎或开裂。

（3）桩拼接的方法

钢筋混凝土预制长桩在起吊、运输时受力极为不利,对使用阶段主要承受竖向荷载的桩基,其桩身配筋常受吊装控制,还受桩架高度限制。因此,若将长桩分段预制,既可减少钢筋用量,又能按标准定型化生产。这样,可先在构件厂批量生产,然后再在沉桩过程中接长。

桩接头应符合接面平整、施工简便、传力均匀等要求。常用的接头连接方法有以下两种:

① 浆锚接头(图2.15) 它是用硫磺水泥或环氧树脂配制成的粘结剂,把上段桩的预留插筋粘结于下段桩的预留孔内。硫磺水泥是一种热塑冷硬性材料,由胶结料、填充料和增韧剂,按比例加热熔融混合拌制而成,其质量配合比为硫磺∶水泥∶砂∶108胶=44∶11∶44∶1。

② 焊接接头(图2.16) 在每段桩的端部预埋角钢或钢板,施工时在上下段桩身相接处用扁钢贴焊连成整体。

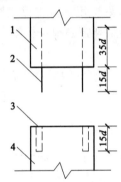

图2.15 桩拼接的浆锚接头

1—上节桩;2—锚筋;3—锚筋孔;4—下节桩

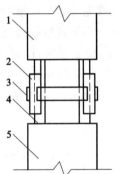

图2.16 桩拼接的焊接接头

1—上节桩;2—连接角钢;3—拼接板;

4—与主筋连接的角钢;5—下节桩

（4）沉桩注意事项

① 沉桩应连续进行,不得中断,以免引起沉桩阻力过大而发生沉不下去的事故。

② 接桩时间尽量缩短,上下节桩应在同一轴线上,桩头应平整光滑。

③ 沉桩中如遇砂层,沉桩阻力突然增大,致使打桩机上抬,此时可在最大沉桩力作用下维持一定时间,使桩有可能缓缓下沉穿过砂层。如维持定时沉桩无效,难以沉至设计标高时,则可截去桩顶。

④ 沉桩中如遇桩身突然下沉或位移,桩顶混凝土破坏,或沉桩阻力剧变时,应停止沉桩,及时与有关单位研究后再处理。

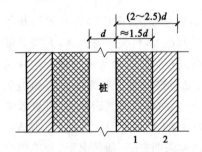

图2.17 桩对土体的压缩和扰动范围

1—压缩区;2—扰动区

2.2.3.2 静力压桩法

静力压桩是在软土地基上,利用静力压桩机或液压压桩机用无振动的静压力(自重和配重)将预制桩压入土中的一种沉桩新工艺,已在我国沿海软土地基上较为广泛地采用。与普通的打桩和振动沉桩相比,压桩可以消除噪声和振动的公害,故特别适用于医院和有防振要求地区的施工。桩对土体的压缩和扰动范围见图2.17。

静力压桩机的工作原理是:通过安置在压桩机上的卷扬机的牵引,由钢丝绳、滑轮及压梁将整个桩机的自重力(800～1500 kN)反压在桩顶上,以克服桩身下沉时与土的摩擦力,迫使预制桩下沉,如图2.18所示。桩架高度10～40 m,桩断面为400 mm×400 mm～500 mm×500 mm。

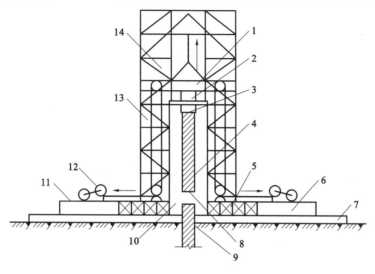

图2.18 静力压桩机示意图

1—活动压梁;2—油压表;3—桩帽;4—上段桩;5—加重物仓;6—底盘;7—轨道;8—上段接桩;

9—下段桩;10—导笼口;11—操作平台;12—卷扬机;13—加压钢绳滑轮组;14—桩架导向笼

近年引进的WJY-200型和WJY-400型压桩机(图2.19)是液压操纵的先进设备,静压力分别达到2000 kN和4000 kN,单根压桩长度可达20～30 m。

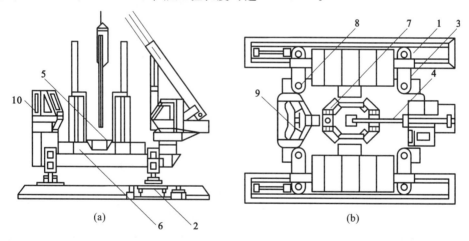

图2.19 液压静力压桩机

1—长船行走机构;2—短船行走及回转机构;3—支腿式底盘结构;4—液压起重机;

5—夹持与压桩机构;6—配重铁块;7—导向架;8—液压系统;9—电控系统;10—操作室

2.2.4 打入桩对周围环境的影响和防护

1. 土的变形对周围环境的影响

打桩时,土体中会产生一系列物理现象,最明显的是土体受到挤压,形成土的变形。由于土的变形,土体会产生隆起、水平位移、土体内部静水压力升高这三种现象。一般规律是:桩体越密越深,挤土越大,超静水压力越高,地面隆起和土体位移值越大,从而对周围原有的建筑物

53

和地下管线产生影响。轻者使建筑物墙体开裂,抹灰脱落;重者使门窗开启困难,地下管线断裂,甚至基础被推移,严重影响居民生活和建筑物的正常使用。

2. 振动对周围环境的影响

打桩振动时会产生面波和体波,面波是沿着地表传播的波,体波是在土体深层传播的波,其特征是随着距离的增加而衰减,3 m 以内影响严重,6 m 以内影响明显,10 m 以外影响不大,15 m 以外基本上不会对建筑物产生影响。此外,打桩时会产生刺耳的噪音、废气污染,影响人们工作和生活,需采取防护措施。

3. 防护措施

为了减轻或避免桩基施工对周围建筑物和居民生活的影响,可以采用以下防治措施:

(1) 采用预钻孔桩沉桩。预钻孔的直径应小于桩径的 1/3,深度小于桩长的 1/3。

(2) 设置防振沟,以隔断地表振动波的传递。

(3) 在道路一侧或建筑物一侧加设"关门桩"和"砂桩",以减少打桩挤土对道路管线和建筑物的影响。"砂桩"还能起到吸收超高静水压力的作用。

(4) 在有条件的城市,可以明令禁止使用锤击法或振动法进行桩基施工,改用钻孔灌注桩施工,钻孔灌注桩一般距原有建筑物 2 m 即可施工。

2.2.5 沉桩注意事项及质量验收

1. 沉桩注意事项

(1) 沉桩属隐蔽工程,为确保工程质量,分析处理沉桩过程中出现的质量事故和为工程质量验收提供必要的依据,沉桩时必须对每根桩的施工进行必要的数值测定和做好详细记录。其施工记录表格式样如表 2.3 所示。

表 2.3 混凝土预制桩施工记录

施工单位＿＿＿＿＿＿＿＿＿＿＿＿＿＿ 工程名称＿＿＿＿＿＿＿＿＿＿＿＿＿＿

施工班组＿＿＿＿＿＿＿＿＿＿＿＿＿＿ 桩规格及长度＿＿＿＿＿＿＿＿＿＿＿＿

桩锤类型及冲击部分重量＿＿＿＿＿＿＿＿ 自然地面标高＿＿＿＿＿＿＿＿＿＿＿＿

桩帽重量＿＿＿＿＿＿＿＿＿＿＿＿＿＿ 桩顶设计标高＿＿＿＿＿＿＿＿＿＿＿＿

编号	打桩日期	桩入土每米锤击次数	落距(mm)	桩顶高出或低于设计标高(m)	最后贯入度(mm/10 击)	备注

工程负责人＿＿＿＿＿＿ 记录＿＿＿＿＿＿

(2) 沉桩时严禁偏打,因偏打会使桩头某一侧产生应力集中,造成压弯联合作用,易将桩打坏。为此,必须使桩锤、桩帽和桩身轴线重合,衬垫要平整均匀,构造合适。

(3) 桩顶衬垫弹性应适宜,如果衬垫弹性合适会使桩顶受锤击的作用时间及锤击引起的应力波波长延长,而使锤击应力值降低,从而提高打桩效率并降低桩的损坏率。故在施打过程中,对每一根桩均应适时更换新衬垫。

(4) 沉桩入土的速度应均匀,连续施打,锤击间歇时间不要过长。否则,由于土的固结作用,使继续打桩受阻力增大,不易打入土中。

（5）沉桩时如发现锤的回弹较大且经常发生，则表示桩锤太轻，锤的冲击动能不能使桩下沉，此时应更换重的桩锤。

（6）沉桩过程中，如桩锤突然有较大的回弹，则表示桩尖可能遇到阻碍。此时须减小锤的落距，使桩缓慢下沉，待穿过阻碍层后，再加大落距并正常施打。如降低落距后，仍存在这种回弹现象，应停止锤击，分析原因后再行处理。

（7）沉桩过程中，如桩的下沉突然加大，则表示可能遇到软土层、洞穴或桩尖、桩身已遭受破坏等，此时也应停止锤击，分析原因后再行处理。

（8）若桩顶需打至桩架导杆底端以下或打入土中，均需送桩。送桩时，桩身与送桩的纵轴线应在同一垂直轴线上。

（9）若发现桩已打斜，应将桩拔出，探明原因，排除障碍，用砂石填孔后，重新插入施打。若拔桩有困难，应在原桩附近再补打一桩。

（10）打桩时尽量避免使用送桩，因送桩与预制桩的截面有差异时，会使预制桩受到较大的冲击力。此外，还会导致预制桩入土时发生倾斜。

2. 打桩质量要求与验收

沉桩质量评定包括两个方面：一是能否满足设计规定的贯入度或标高的要求；二是桩沉入土后的偏差是否在施工规范允许的范围以内。

（1）贯入度或标高必须符合设计要求

桩端达到坚硬、硬塑的黏性土、碎石土、中密以上的粉土和砂土或风化岩等土层时，应以贯入度控制为主，桩端进入持力层深度或桩尖标高可作为参考；若贯入度已达到而桩端标高未达到时，应继续锤击3阵，其每阵10击的平均贯入度不应大于规定的数值（一般在 20～50 mm）；桩端位于其他软土层时，以桩端设计标高控制为主，贯入度可作为参考。

上述所说的贯入度是指最后贯入度，即施工中最后 10 击内桩的平均入土深度。贯入度确切的大小应通过合格的试桩或试打数根桩后确定，它是打桩质量标准的重要控制指标。最后贯入度的测量应在下列正常条件下进行：桩顶没有破坏；锤击没有偏心；锤的落距符合规定；桩帽与弹性垫层正常。

打桩时如桩端到达设计标高而贯入度指标与要求相差较大；或者贯入度指标已满足，而标高与设计要求相差较大。遇到这两种情况时，说明地基的实际情况与设计原来的估计或判断有较大的出入，属于异常情况，都应会同设计单位研究处理。打桩时如发现地质条件与勘察报告的数据不符，亦应与设计单位研究处理，以调整其标高或贯入度控制的要求。

（2）平面位置或垂直度必须符合施工规范要求

桩打入后，在平面上与设计位置的偏差不得大于 100～150 mm，垂直度偏差不得超过 0.5%。因此，必须使桩在提升就位时要对准桩位，桩身要垂直；桩在施打时，必须使桩身、桩帽和桩锤三者的中心线在同一垂直轴线上，以保证桩垂直入土；短桩接长时，上下节桩的端面要平整，中心要对齐，如发现端面有间隙，应用铁片垫平焊牢；打桩完毕基坑挖土时，应制订合理的挖土施工方案，以防挖土而引起桩的位移和倾斜。

（3）打入桩桩基工程的验收必须符合施工规范要求

打入桩桩基工程的验收通常应按两种情况进行：当桩顶设计标高与施工场地标高相同时，应待打桩完毕后进行；当桩顶设计标高低于施工场地标高需送桩时，则在每一根桩的桩顶打至场地标高，应进行中间验收，待全部桩打完，并开挖到设计标高后，再做全面验收。桩基工程验收时应提交下列资料：① 桩位测量放线图；② 工程地质勘察报告；③ 材料试验记录；④ 桩的制作与打入记录；⑤ 桩位的竣工平面图；⑥ 桩的静载和动载试验资料及确定桩的贯入度。

2.3 灌注桩施工

钢筋混凝土灌注桩是一种就地成型的桩，是直接在桩位上成孔，然后灌注混凝土或钢筋混凝土而成。

与预制桩相比，灌注桩施工简便、工期短、机械化程度高、节省钢材、基本上不用木材，当持力层顶面起伏不平时，桩长可在一定范围内调整，特别是取土成孔的灌注桩，噪音小，无扰动，不挤土，无废气排放，对周围建筑物、地下管线及居民生活无影响，特别适宜在建筑物密集的市区施工。随着监测手段的逐步完善和监理制度的推行，灌注桩施工中容易产生的缩颈和断桩现象已很少见，灌注桩的施工技术正日趋完善。

2.3.1 泥浆护壁成孔灌注桩施工

泥浆护壁成孔灌注桩施工工艺如图 2.20 所示。

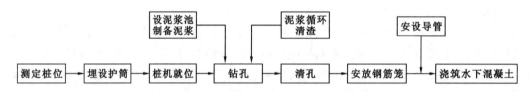

图 2.20 泥浆护壁成孔灌注桩工艺流程图

1. 机械设备及成孔方法

泥浆护壁成孔灌注桩所用的成孔机械有冲击钻机、回转钻机及潜水钻机等。以下主要介绍潜水钻机成孔的灌注桩施工方法。

(1) 潜水钻机就位(图 2.21)。潜水钻机由防水电机、减速机构和电钻头等组成。电机和减速机构装设在具有绝缘和密封装置的电钻外壳内，且与钻头紧密连接在一起，因而能共同潜入水下作业。这种钻机的优点是体积小、质量轻、携带方便，钻机由桩架及钻杆定位，钻孔时钻杆不需旋转，钻孔效率高；桩架轻便，移动灵活，钻进速度快(0.3～2 m/min)，钻孔深度大(最深达 50 m)；钻孔噪音小，操作劳动条件大有改善等。潜水钻机不仅适用于水下钻孔，而且也可用于地下水位较低的干土层中钻孔。

(2) 埋设护筒。钻机钻孔前，应做好场地平整，挖设排水沟，设泥浆池制备泥浆，做试桩成孔，设置桩基轴线定位点和水准点，放线定桩位及其复核等施工准备工作。钻孔时，先安装桩架及水泵设备，桩位处挖土埋设孔口护筒，桩架就位后，钻机

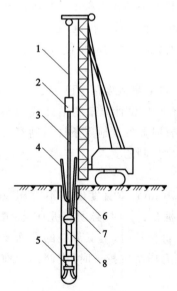

图 2.21 潜水钻机成孔

1—钢丝绳；2—滚轮(支点)；3—钻杆；
4—软水管；5—钻头；6—护筒；
7—电线；8—潜水电钻

进行钻孔。

地表土层较好,开钻后不塌孔的场地可以不设护筒。但在杂填土或松软土层中钻孔时应设护筒,以起定位、保护孔口、存贮泥浆和使其高出地下水位的作用。护筒用 4～8 mm 厚的钢板制作,内径应比钻头直径大 100 mm,埋入土中深度不宜小于 1.0 m(黏土)或 1.5 m(砂土),其下端 0.5 m 应击入土中;顶部应高出地面 400～600 mm,并开设 1～2 个溢水口;护筒与坑壁之间应用无杂质的黏土填实,不允许漏水;护筒中心与桩位中心的偏差应小于或等于 50 mm。

(3)泥浆护壁钻孔。钻孔时应在孔中注入泥浆,并始终保持泥浆液面高于地下水位 1.0 m 以上。因孔内泥浆比水重,泥浆所产生的液柱压力可平衡地下水压力,并对孔壁有一定的侧压力,成为孔壁的一种液态支撑。同时,泥浆中胶质颗粒在泥浆压力下,渗入孔壁表层孔隙中,形成一层泥皮,从而可以防止塌孔,保护孔壁。泥浆除护壁作用外,还具有携渣、润滑钻头、降低钻头发热、减少钻进阻力等作用。

如在黏土、亚黏土层中钻孔时,可在孔中注进清水,以原土造浆护壁、排渣。当穿砂夹层时,为防止塌孔,宜投入适量黏土以加大泥浆稠度;如在砂夹层较厚或砂土中钻孔时,则应采用制备泥浆注入孔内。

泥浆主要是膨润土或黏土和水的混合物,并根据需要掺入少量其他物质。泥浆的黏度应控制适当,黏度大时携带土屑能力强,但会影响钻进速度;黏度小则不利护壁和排渣。泥浆的稠度也应合适,稠度大时护壁作用亦大,但其流动性变差,且还会给清孔和浇筑混凝土带来困难。一般注入的泥浆相对密度宜控制在 1.1～1.15 之间,排出的泥浆相对密度宜为 1.2～1.4。此外,泥浆的含砂率宜控制在 6% 以内,因含砂率大会降低黏度,增加沉淀,使钻头升温,磨损泥浆泵。

钻孔进尺速度应根据土层类别、孔径大小、钻孔深度和供水量确定。对于淤泥和淤泥质土不宜大于 1 m/min,其他土层以钻机不超负荷为准,风化岩或其他硬土层以钻机不产生跳动为准。

(4)清孔。钻孔深度达到设计要求后,必须进行清孔。清孔的目的是清除钻渣和沉淀层,同时也为泥浆下浇筑混凝土创造良好条件,确保浇筑质量。以原土造浆的钻孔,可使钻机空转不进,同时射水,待排出泥浆的相对密度降到 1.1 左右,可认为清孔已合格。以注入制备泥浆的钻孔,可采用换浆法清孔,待换出泥浆的相对密度小于 1.15～1.25 时方可认为合格。

清孔结束时孔底泥浆沉淀物不可过厚,若孔底沉渣或淤泥过厚,则有可能在浇筑混凝土时被混入桩尖混凝土中,导致桩的沉降量增大,而承载力降低。因此,规定要求端承桩的沉渣厚度不得大于 50 mm,摩擦端承桩和端承摩擦桩的沉渣厚度不得大于 100 mm,摩擦桩的沉渣厚度不得大于 300 mm。

2. 水下混凝土浇筑

桩孔钻成并清孔完毕后,应立即吊放钢筋笼和浇筑水下混凝土。水下浇筑混凝土通常采用导管法,其施工工艺如下:

(1)吊放钢筋笼,就位固定。桩孔内配置钢筋的长度一般为桩长的 1/2～1/3。当钢筋全长超过 12 m 时,钢筋笼宜分段制作,分段吊放,接头处用焊接连接,并使主筋接头在同一截面中数量小于或等于 50%,两接头错开 500 mm 以上。为增加钢筋笼的纵向刚度和灌注桩的整体性,每隔 2 m 焊 1φ12 的加强环箍筋,并要保证有 60～80 mm 钢筋保护层的措施(如设置定位钢筋环或混凝土垫块）。吊放钢筋笼前要检查钢筋施工是否符合设计要求；吊放时要细心轻放，切不可强行下插，以免产生回击落土；吊放完毕并经检查符合设计标高后，将钢筋笼加以临时固定（如绑在护筒或桩架上），以防移动。

（2）吊放导管，水下浇筑混凝土。水下浇筑混凝土采用"导管法"施工。

（3）混凝土浇筑完毕，拔除导管。当混凝土连续浇筑至设计标高后，拔除导管，桩基混凝土浇筑完毕。

水下浇筑的混凝土强度等级不得低于 C20；混凝土必须具有良好的和易性，坍落度一般采用 180～220 mm，细骨料尽量选用中砂（含砂率宜为 40%～45%），粗骨料粒径不宜大于 40 mm，并不宜大于钢筋最小净距的 1/3 和导管内径的 1/6～1/4；钢筋笼放入桩孔后 4 h 内必须浇筑混凝土；水下浇筑混凝土应连续进行，不得中断；混凝土实际灌注量不得小于计算体积；同一配合比试块数量，每根桩不得少于 1 组。

3. 常见事故分析及处理

泥浆护壁成孔灌注桩施工中，常会遇到坍落度损失、导管漏浆、钢笼上浮、护筒冒水、钻孔倾斜、孔壁塌陷和缩颈等问题，下面简述其产生的原因和处理方法。

（1）混凝土坍落度随时间而损失

为了减少坍落度损失和改善混凝土的和易性，在混凝土中可加入适量粉煤灰。

（2）导管漏水

导管漏水严重时，可导致断桩。检查导管是否漏水，在导管外紧贴导管可以听到导管中流水声音。

解决的办法是下导管前认真检查导管是否良好，在浇筑混凝土过程中，使导管插入混凝土至少 2～3 m。

（3）钢筋笼上浮

导管埋入混凝土过深，混凝土整体上抬，可造成钢筋笼随混凝土一起上抬而上浮。钢筋笼制作质量太差，导致导管与钢筋笼挪位，在上拔导管时，将钢筋笼带起上浮。

解决的办法可利用大于 φ14 的吊筋焊在笼上，钢筋的端部弯成圆环，环内套入两根脚手钢管，再用重物压住钢管，即可避免钢筋笼上浮。

（4）护筒冒水

施工中发生护筒外壁冒水，如不及时采取防止措施，将会引起护筒倾斜、位移、桩孔偏斜，甚至产生地基下沉。护筒冒水的原因是由于埋设护筒时周围填土不密实，或者起落钻头时碰动护筒。处理方法是，若在成孔施工开始时就发现护筒冒水，可用黏土在护筒四周填实加固；若在护筒已严重下沉或位移时发现护筒冒水，则应返工重埋。

（5）孔壁缩颈

当在软土地区钻孔，尤其在地下水位高、软硬土层交界处，极易发生缩颈。施工过程中，如遇钻杆上提或钢筋笼下放受阻现象时，就表明存在局部缩颈。孔壁缩颈的原因，是由于泥浆相对密度不当、桩的间距过密、成桩的施工时间相隔太短或钻头磨损过大等造成。处理方法是，采取将泥浆相对密度控制在 1.15 左右、施工时要跳开 1～2 个桩位钻孔、成桩的施工间隔时间要超过 72 h 或钻头要定时更换等措施。

（6）孔壁塌陷

在钻孔过程中，如发现孔内冒细密水泡，或护筒内的水位突然下降，这些都表明有孔壁塌陷的迹象。塌孔会导致孔底沉淀增加,混凝土灌注量超方和影响邻桩施工。孔壁塌陷的原因,是由于土质松散,泥浆护壁不良(泥浆过稀或质量指标失控);泥浆吸出量过大,护筒内水位高度不够;钻杆刚度不足引起晃动而导致碰撞孔壁和下钢筋笼时碰撞孔壁等引起的。处理方法是,如在钻进中出现塌孔时,首先应保持孔内水位,并可加大泥浆相对密度,减少泥浆泵排出量,以稳定孔壁;如塌孔严重,或泥浆突然漏失时,应停钻并在判明塌孔位置和分析原因后,立即回填砂和黏土混合物到塌孔位置以上 1~2 m,待回填物沉积密实、孔壁稳定后再进行钻孔。

(7) 钻孔倾斜

钻孔时由于钻杆不垂直或弯曲,土质松软不一,遇上孤石或旧基础等原因,都会引起钻孔倾斜。处理方法是,如钻孔时发现钻杆有倾斜,应立即停钻,检查钻机是否稳定,或是否有地下障碍物,排除这些因素后,改用慢钻速,并提动钻头进行扫孔纠正,以便削去"台阶";如用上述方法纠正无效,应再回填砂和黏土混合物至偏斜处以上 1~2 m,沉积密实后,重新进行钻孔施工。

2.3.2 干作业成孔灌注桩施工

干作业成孔灌注桩的施工方法,是先利用钻孔机械(机动或人工)在桩位处进行钻孔,待钻孔深度达到设计要求时,立即进行清孔,然后将钢筋笼吊入桩孔内,再浇筑混凝土而成的桩。干作业成孔灌注桩适用于地下水位以上干土层中桩基的成孔施工。

1. 机械设备及成孔方法

干作业成孔灌注桩所用的成孔机械有螺旋钻机、钻孔扩机、机动或人工洛阳铲等。以下主要介绍螺旋钻机成孔的灌注桩施工方法。

全叶螺旋钻机由电机、钻杆及钻头等组成(图 2.22)。它是利用电动机动力旋转钻杆,钻杆带动钻头的螺旋叶片旋转切土,削下的土因钻头旋转而沿螺旋叶片上升而排出孔外。螺旋钻机的螺杆若按长度可分为长螺旋式钻杆(长度 8~12 m)和短螺旋式钻杆(长度 3~5 m)。一般干作业成孔多采用长螺旋式钻机,其钻头外径分别为 400 mm、500 mm 和 600 mm 三种,钻孔深度相应为 8 m,10 m 和 12 m 三种。螺旋钻机钻杆若按叶片的螺距又可分为疏纹叶片式钻杆和密纹叶片式钻杆。在软塑土层中,含水量大时,可用疏纹叶片式钻杆,能较快地钻进土层;在可塑或硬塑黏土中,或含水量较小的砂土中,则可用密纹叶片式钻杆,能均匀缓慢地钻进土层。全叶螺旋钻机适用于地下水位以上的一般黏性土、硬土或人工填土层中钻孔。

采用螺旋钻机干作业成孔的施工方法是,先使钻机就位,钻杆对准桩孔中心点,然后使钻杆往下运动,待钻头刚接触地面土时,立即使钻杆转动。应注意钻机放置要平稳、垫实,并用线坠或水平尺检查钻杆是否平直,以保证钻头沿垂直方向钻进。在钻孔过程中如出现钻杆跳动,机架摇晃,钻不进或钻头发出响声时,表明钻机已出了异常情况,或可能遇到孔内有坚硬物,应立即停车检查,待查明原因后再做处理。操作中要随

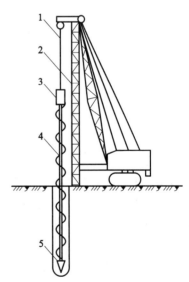

图 2.22 螺旋钻机成孔
1—钢丝绳;2—导架;3—电动机;
4—螺旋钻杆;5—钻头

时注意钻架上的刻度标尺,当钻杆钻孔到达设计要求深度时,应先在原处空转清土,然后停止回转,提升钻杆至孔外。

2. 混凝土浇筑及质量要求

桩孔钻成并清孔后,先吊放钢筋笼,后浇筑混凝土。在无水或少水的浅桩孔中灌注混凝土时,应分层浇筑振实,每层高度一般为 0.5~0.6 m,不得大于 1.5 m。混凝土坍落度在一般黏性土中宜为 50~70 mm;砂类土中为 70~90 mm;黄土中为 60~90 mm。灌注混凝土至桩顶时,应适当超过桩顶设计标高,以保证在凿除浮浆层后,桩顶标高和质量能符合设计要求。水下灌注混凝土采用导管法施工。

2.3.3 锤击灌注桩和振动灌注桩施工

沉管灌注桩是利用锤击打桩法或振动打桩法,将带有钢筋混凝土桩靴(又叫桩尖)或带有活瓣式桩靴(图 2.23)的钢桩管沉入土中,然后灌注混凝土并拔管而成。若配有钢筋时,则在规定标高处应吊放钢筋骨架。利用锤击沉桩设备沉管、拔管时,称为锤击灌注桩;利用激振器的振动沉管、拔管时,称为振动灌注桩。图 2.24 为沉管灌注桩施工过程示意图。

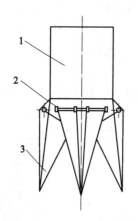

图 2.23 活瓣桩靴示意图

1—桩管;2—锁轴;3—活瓣

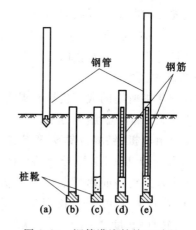

图 2.24 沉管灌注桩施工过程

(a) 就位;(b) 沉钢管;(c) 开始灌注混凝土;
(d) 下钢筋骨架继续灌注混凝土;(e) 拔管成型

1. 锤击灌注桩

锤击灌注桩宜用于一般黏性土、淤泥质土、砂土和人工填土地基。

锤击灌注桩施工时,用桩架吊起钢桩管,对准预先设在桩位处的预制钢筋混凝土桩靴。

桩管与桩靴连接处要垫以麻、草绳,以防止地下水渗入管内。然后缓缓放下桩管,套入桩靴压进土中。桩管上端扣上桩帽,检查桩管与桩锤是否在同一垂直线上,桩管偏斜小于或等于0.5%时,即可起锤沉桩管。先用低锤轻击,观察后如无偏移,才正常施打,直至符合设计要求的贯入度或沉入标高,并检查管内有无泥浆或水进入,即可灌注混凝土。桩管内混凝土应尽量灌满,然后开始拔管。拔管要均匀,第一次拔管高度控制在能容纳第二次所需的混凝土灌注量为限,不宜拔管过高。拔管时应保持连续密锤低击不停,并控制拔出速度,对一般土层,以不大于 1 m/min 为宜;在软弱土层及软硬土层交界处,应控制在 0.8 m/min 以内。桩锤冲击频率视锤的类型而定:单动汽锤采用倒打拔管,频率不低于 70 次/min;自由落锤轻击不得少于50 次/min。在管底未拔到桩顶设计标高之前,倒打或轻击不得中断。拔管时还要经常探测混凝土落下的扩散情况,注意使管内的混凝土保持略高于地面,这样直至全管拔出为止。桩的中心距在 5 倍桩管外径以内或小于 2 m 时,均应跳打。中间空出的桩须待邻桩混凝土达到设计强度的 50% 以后,方可施打。

为了提高桩的质量和承载能力,常采用复打法扩大灌注桩。其施工顺序如下:在第一次灌注桩施工完毕,拔出桩管后,清除管外壁上的污泥和桩孔周围地面的浮土,立即在原桩位再埋预制桩靴或合好活瓣第二次复打沉桩管,使未凝固的混凝土向四周挤压扩大桩径,然后再灌注第二次混凝土。拔管方法与初打时相同。施工时要注意:前后两次沉管的轴线应重合;复打施工必须在第一次灌注的混凝土初凝之前进行。

2. 振动灌注桩

振动灌注桩采用激振器或振动冲击锤沉管,其设备见图 2.25。施工时,先安装好桩机,将桩管下端活瓣合起来,对准桩位,徐徐放下桩管,压入土中,勿使偏斜,即可开动激振器沉管。激振器又称振动锤,由电动机带动装有偏心块的轴旋转而产生振动。桩管受振后与土体之间摩阻力减小,当振动频率与土体自振频率相同时(一般黏性土的自振频率为 600～750 次/min,砂土自振频率为 900～1200 次/min),土体结构因共振而破坏,同时在桩管上加压,桩管即能沉入土中。加压方法常利用桩架自重,通过收紧加压滑轮组的钢丝绳把压力传到桩管上。桩管一直沉到要求深度为止。

沉管时必须严格控制最后两分钟的贯入速度,其值按设计要求,或根据试桩和当地长期的施工经验确定。

振动灌注桩可采用单打法、反插法或复打法施工。

单打施工时,在沉入土中的桩管内灌满混凝土,开动激振器,振动 5～10 s,开始拔管,边振边拔。每拔 0.5～1 m,停拔振动 5～10 s,如此反复直到桩管全部拔出。在一般土层内拔管速度宜为 1.2～1.5 m/min,在较软弱土层中不得大于 0.8～1.0 m/min。

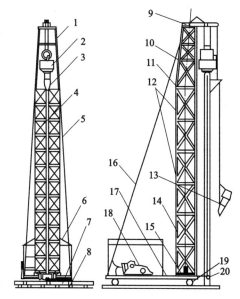

图 2.25 振动沉管设备示意图

1—滑轮组;2—激振器;3—漏斗口;4—桩管;
5—前拉索;6—遮栅;7—滚筒;8—枕木;
9—架顶;10—架身顶段;11—钢丝绳;
12—架身中段;13—吊斗;14—架身下段;
15—导向滑轮;16—后拉索;17—架底;
18—卷扬机;19—加压滑轮;20—活瓣桩尖

反插法施工时,在桩管内灌满混凝土后,先振动再开始拔管,每次拔管高度 0.5～1.0 m,向下反插深度 0.3～0.5 m。如此反复进行并始终保持振动,直至桩管全部拔出地面。反插法能使桩的截面增大,从而提高桩的承载能力,宜在较差的软土地基上应用。

复打法要求与锤击灌注桩相同。

振动灌注桩的适用范围除与锤击灌注桩相同外,并适用于稍密及中密的碎石土地基。

3. 沉管灌注桩常见问题及处理方法

沉管灌注桩施工时常易发生断桩、缩颈、桩靴进水或进泥以及吊脚桩等问题,施工中应加强检查并及时处理。

（1）断桩

断桩的裂缝是水平的或略带倾斜，一般都贯通整个截面，常出现于地面以下1～3 m的不同软硬土层交接处。断桩的原因主要有：桩距过小，受到邻桩施打时土的挤压所产生的水平横向推力和隆起上拔力影响；软硬土层间传递水平力大小不同，对桩产生剪应力；桩身混凝土终凝时间不长，强度弱，承受不了外力的作用。

避免断桩的措施有：桩的中心距宜大于3.5倍桩径；考虑打桩顺序及桩架行走路线时，应注意减少对新打桩的影响；采用跳打法或控制时间法，以减少对邻桩的影响。

断桩检查：在2～3 m以内，可用木槌敲击桩头侧面，同时用脚踏在桩头上，如桩已断，会感到浮振。如深处断桩，目前常采用开挖的办法检查。断桩一经发现，应将断桩段拔去，将孔清理干净后，略增大面积或加上铁箍连接，再重新灌注混凝土补做桩身。

（2）缩颈

缩颈的桩又称瓶颈桩，部分桩颈缩小，截面积不符合要求。产生缩颈的原因是：在含水量大的黏性土中沉管时，土体受强烈扰动和挤压，产生很高的孔隙水压，桩管拔出后，这种水压便作用到新灌注的混凝土桩上，使桩身发生不同程度的缩颈现象；拔管过快，混凝土量少或和易性差，使混凝土出管时扩散差等。施工中应经常测定混凝土落下情况，发现问题及时纠正，一般可用复打法处理。

（3）桩靴进水或进泥浆

常见于地下水位高、含水量大的淤泥和粉砂土层中。处理方法可将桩管拔出，修复改正桩靴缝隙后，用砂回填桩孔重打。地下水量大，桩管沉到地下水位时，用水泥砂浆灌入管内约0.5 m作封底，并再灌1 m高混凝土，然后打下。

（4）吊脚桩

吊脚桩是指桩底部的混凝土隔空，或混凝土中混进了泥砂而形成松软层的桩。其原因是预制桩靴被打坏而挤入桩管内，拔桩时拔靴未及时被混凝土压出或桩靴活瓣未及时张开。如发现问题应将桩管拔出，填砂重打。

2.3.4　人工挖孔灌注桩施工

在高层建筑和重型构筑物中，因荷载集中，基底压力大，对单桩承载力要求很高，故常采用大直径的挖孔灌注桩。这种桩是以硬土层作持力层、以端承力为主的一种基础形式，其直径可达1～3.5 m，桩深60～80 m，每根桩的承载力高达6000～10000 kN。大直径挖孔灌注桩可以采用人工或机械成孔，如果桩底部再进行扩大，则称大直径扩底灌注桩。

1. 结构及施工特点

人工挖孔灌注桩（简称人工挖孔桩）是指桩孔采用人工挖掘方法进行成孔，然后安放钢筋笼，浇筑混凝土而成的桩。人工挖孔桩结构上的特点是单桩的承载能力大，受力性能好，既能承受垂直荷载，又能承受水平荷载。人工挖孔桩的施工特点是：设备简单；无噪音、无振动、不污染环境，对施工现场周围原有建筑物的危害影响小；施工速度快，可按施工进度要求决定同时开挖桩孔的数量，必要时可各桩同时施工；土层情况明确，可直接观察到地质变化的情况；桩底沉渣能清理干净；施工质量可靠，造价较低。尤其当高层建筑选用大直径的灌注桩，而其施工现场又在狭窄的市区时，采用人工挖孔比机械挖孔具有更大的适应性。但其缺点是人工耗量大，开挖效率低，安全操作条件差等。

2. 护壁设计

人工挖孔桩是综合灌注桩和沉井施工特点的一种施工方法,因而是二阶段施工和二次受力设计。第一阶段为挖孔成型施工,为了抵抗土的侧压力及保证孔内操作安全,第一次把它作为一个受轴侧力的筒形结构进行护壁设计;第二阶段为桩孔内浇筑混凝土施工,为了传递上部结构荷载,第二次又把它作为一个受轴向力的圆形实心端承桩进行设计。

桩身截面是根据使用阶段仅承受上部垂直荷载,而不承受弯矩进行计算的,桩孔护壁则是根据施工阶段受力状态进行计算的,一般可按地下最深护壁所承受的土侧压力及地下水侧压力(图 2.26)以确定其厚度,但不考虑施工过程中地面不均匀堆土产生偏压力的影响。护壁厚度 t 可按下式确定:

$$t \geqslant \frac{pD}{2f_c} \cdot K$$

式中　p——土及地下水对护壁的最大侧压力,MPa;

　　　D——人工挖孔桩桩身直径,mm;

　　　K——混凝土轴心受压的安全系数;

　　　f_c——混凝土轴心受压的抗压强度,N/mm² 或 MPa。

因此,人工挖孔桩的直径除了要满足设计承载力外,还应考虑施工操作所需的最小尺寸要求。故桩径不宜小于 800 mm,一般都在 1200 mm 以上,桩底通常均需扩大。当采用现浇钢筋混凝土护壁时(图 2.27),护壁厚度一般为 $D/10+50$ mm(D 为桩径),护壁内等距放置 8φ6～8 mm、长度约 1 m 的直钢筋,插入下层护壁内,使上下层护壁有钢筋拉结,以防当某段护壁因出现流砂、淤泥使摩擦力降低时,也不会造成护壁因自重而沉裂的现象发生。

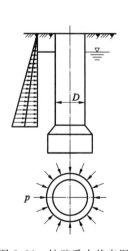

图 2.26　护壁受力状态图

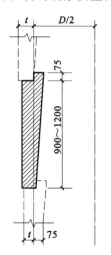

图 2.27　混凝土护壁

3. 施工机具设备

人工挖孔桩施工机具设备可根据孔径、孔深和现场具体情况加以选用,常用的有:

(1)电动葫芦和提土桶　用于施工材料和弃土的垂直运输。当孔洞小而浅(≤15 m)时,可用独脚把杆、井架或吊提升土石;当孔洞大而深时,也可用塔吊提升钢筋及混凝土。

(2)潜水泵　用于抽出桩孔中的积水。

(3)鼓风机和输风管　用于向桩孔中强送新鲜空气。

（4）镐、锹和土筐 用于挖土的工具，如遇坚硬土或岩石，还需另备风镐。

（5）照明灯、对讲机及电铃 用于桩孔内照明和桩孔内外联络用。

4. 施工工艺

人工挖孔桩施工时，为确保挖土成孔施工安全，必须考虑预防孔壁坍塌和流砂现象的发生。因此，施工前应根据水文地质资料，拟定出合理的护壁措施和降排水方案。护壁方法很多，可以采用现浇混凝土护壁、喷射混凝土护壁、混凝土沉井护壁、砖砌体护壁、钢套管护壁、型钢-木板桩工具式护壁等多种形式。由于现浇混凝土护壁施工机具简单，安全可靠，进度易于调节，因而施工中以这种护壁最为普遍。

当为现浇混凝土护壁时，人工挖孔桩的施工工艺流程如下：

（1）放线定桩位。根据设计图纸测量放线，定出桩位及桩径。

（2）开挖桩孔土方。桩孔土方采取往下分段开挖，每段挖深取决于土壁保持直立状态而不塌方的能力而定，一般取 0.5～1.0 m 为一段。开挖面积的范围为设计桩径加护壁的厚度。土壁必须修正修直，偏差控制在 20 mm 以内，每段土方底面必须挖平，以便于支模板。

（3）支设护壁模板。模板高度取决于开挖土方施工段的高度，一般每步高 1 m，由 4 块或 8 块活动弧形钢模板组合而成，支成具有锥度的内模（有 75～100 mm 放坡）。每步支模均以十字线吊中，以保证桩位和截面尺寸的准确。

（4）放置操作平台。内模支设后，吊放用角钢和钢板制成的两半圆形合成的操作平台入桩孔内，置于内模顶部，以放置料具和浇筑混凝土操作之用。

（5）浇筑护壁混凝土。环形混凝土护壁厚 150～300 mm（第一段护壁应高出地面 150～200 mm），因它起着护壁与防水的双重作用，故护壁混凝土浇筑时要注意捣实。上下段护壁间要错位搭接 50～75 mm（咬口连接），以便起连接上下段之用。

（6）拆除模板继续下段施工。当护壁混凝土强度达到 1 N/mm²（常温下约需 24 h）后，拆除模板，开挖下段土方，再支模浇筑混凝土，如此循环直至挖到设计要求的深度。

（7）排出孔底积水。当桩孔挖到设计深度，并检查孔底土质是否已达到设计要求后，再在孔底挖成扩大头。待桩孔全部成型后，用潜水泵抽出孔底的积水。

（8）浇筑桩身混凝土。待孔底积水排除后，立即浇筑混凝土。当混凝土浇筑至钢筋笼的底面设计标高时，再吊入钢筋笼就位，并继续浇筑桩身混凝土而形成桩基。

5. 质量要求及施工注意事项

人工挖孔桩承载力很高，一旦出现问题就很难补救，因此施工时必须注意以下几点：

（1）必须保证桩孔的挖掘质量。桩孔中心线的平面位置偏差不宜大于 20 mm，桩的垂直度偏差不宜大于 1% 桩长，桩孔直径不得小于设计直径。在挖孔过程中，每挖深 1 m，应及时校核桩孔直径、垂直度和中心线偏差一次，以使其符合设计对施工允许偏差的规定。桩孔的挖掘深度应由设计人员根据现场土层的实际情况决定，不能按设计图纸提供的桩长参考数据来终止挖掘。一般为挖至比较完整可靠的持力层后，再用小型钻机向下钻一深度不小于桩孔直径 3 倍的深孔取样鉴别，确认无软弱下卧层及洞隙后，才能终止挖掘。

（2）注意防止土壁坍落及流砂事故。在开挖过程中，如遇有特别松散的土层或流砂层时，为防止土壁坍落及流砂，可采用钢护套管或预制混凝土沉井等作为护壁。待穿过松软层或流砂层后，再改按一般的施工方法，进行边掘进边浇筑混凝土护壁，继续开挖桩孔。流砂现象较严重时，应在成孔、桩身混凝土浇筑及混凝土终凝前，采用井点法降水。

（3）注意清孔及防止积水。孔底浮土、积水是桩基降低甚至丧失承载力的隐患，因此混凝土浇筑前应清除干净孔底浮土、石渣，混凝土浇筑时要防止地下水的流入，保证浇筑层表面不存在积水层。如果地下水量大而无法抽干时，则可采用导管法进行水下浇筑混凝土。

（4）必须保证钢筋笼的保护层及混凝土的浇筑质量。钢筋笼吊入孔内后，应检查其与孔壁的间隙，保证钢筋笼有足够的保护层。桩身混凝土采用 C20～C30，坍落度 100 mm 左右。为避免浇筑时产生离析，混凝土可采用圆形漏斗帆布串筒下料，连续浇筑，分步振捣，不留施工缝，每步厚度不得超过 1 m，以保证桩身混凝土的密实性。

（5）注意防止护壁倾斜。位于松散回填土层时，应注意防止护壁倾斜。当倾斜无法纠正时，必须破碎重新浇筑混凝土。

（6）必须制订切实可行的安全措施。工人在桩孔内作业，应严格按安全操作规程施工，并有切实可靠的安全措施。如孔下操作人员必须戴安全帽；孔下有人时孔口必须有监护；护壁要高出地面 150～200 mm，以防杂物滚入孔内；孔内设安全软梯，孔外周围设防护栏杆；孔下照明采用安全电压，潜水泵必须设有漏电装置；应设鼓风机向井下输送洁净空气等。

2.4 地基处理及加固

2.4.1 深层搅拌法

深层搅拌是用于加固饱和软黏土地基的一种新方法，它是利用水泥、石灰等材料作为固化剂，通过特制的深层搅拌机械（图 2.28），在地基深处就地将软土和固化剂（浆液）强制搅拌，利用固化剂和软土之间所产生的一系列物理、化学反应，使软土硬结成具有整体性、水稳定性和一定强度的地基。

1. 适用范围及施工方法

（1）适用范围

深层搅拌法适用于处理淤泥、淤泥质土、粉土和含水量较高且地基承载力标准值不大于 120 kPa 的黏性土等地基。当用于处理泥炭土或地下水具有侵蚀性时，宜通过试验确定其适用性，冬季施工时应注意负温对处理效果的影响。

深层搅拌法施工的场地应事先平整，清除桩位处地上、地下一切障碍物（包括大块石、树根和生活垃圾等）。场地低洼时应回填黏性土料，不得回填杂填土。

基础底面以上宜预留 500 mm 厚的土层，搅拌桩施工到地面，开挖基坑时，应将上部质量较差桩段挖去。

（2）施工工艺流程（图 2.29）

① 就位

起重机（或塔架）悬吊深层搅拌机到达指定桩位，使水

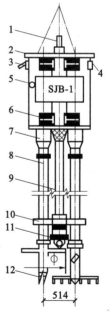

图 2.28 SJB-1 型深层搅拌机
1—输浆管；2—外壳；3—出水口；
4—进水口；5—电动机；6—导向滑块；
7—减速器；8—搅拌轴；9—中心管；
10—横向系板；11—球形阀；12—搅拌头

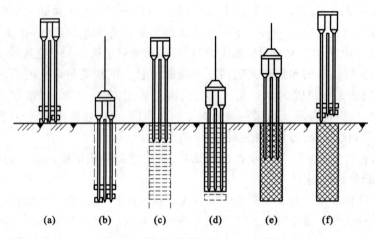

图 2.29　深层搅拌桩施工工艺流程

(a) 就位；(b) 预搅下沉；(c) 喷浆搅拌提升；(d) 重复搅拌下沉；(e) 重复喷浆搅拌提升；(f) 完毕

泥喷浆口对准设计桩位，并使导向架与地面垂直。

② 预搅下沉

启动搅拌机电机，放松起重机钢丝绳，使搅拌机在自重和转动力矩作用下沿导向架边搅拌切土边下沉，下沉速度可由电动机的电流监测表和起重卷扬机的转速控制，工作电流不应大于70 A。

③ 制备水泥浆

待深层搅拌机下沉到设计深度后，开始按设计配合比拌制水泥浆，压浆前将拌好的水泥浆通过滤网倒入集料斗中。

④ 喷浆搅拌提升

深层搅拌机下沉到设计深度后，开启灰浆泵，将水泥浆压入地基中，并且边喷浆边旋转搅拌头，同时严格按照设计确定的提升速度提升深层搅拌机。

⑤ 重复搅拌下沉和喷浆提升

重复步骤③、④，当深层搅拌机第二次提升至设计桩顶标高时，应正好将设计用量的水泥浆全部注入地基土中，如未能全部注入，应增加一次附加搅拌，其深度视所余水泥浆数量而定。

⑥ 清洗管路

每隔一定时间（视气温情况及注浆间隔时间而定），清洗管路中的残余水泥浆，以保证注浆顺利、不堵塞。用灰浆泵向管路中压入清水进行清洗。

2. 质量控制和检测方法

(1) 质量控制

① 桩位准确，桩体垂直

放线桩位与设计位置误差不得大于 20 mm，桩机就位与桩位的误差不得大于 50 mm，成桩后与设计位置误差应小于 100 mm。

为保证搅拌桩垂直于地面，桩机就位后导向架的垂直度偏差不得超过 1%，应加强检查。

② 水泥浆不得离析

水泥浆要严格按设计的配合比拌制（一般水胶比为 0.4～0.6），制备好的水泥浆停置时间不宜过长（<2 h），不得有离析现象。

③ 确保水泥搅拌桩强度和均匀性

搅拌机搅拌下沉时应控制下沉速度(一般不超过 0.7 m/min),以保证软土被充分搅碎。如下沉困难,可由输浆管适量冲水,以加速搅拌机下沉,但在喷浆前须将输浆管中的水排除,同时应考虑冲水对桩体质量的影响。

施工时要严格按设计要求控制喷浆量和搅拌提升速度(一般不超过 0.5 m/min)。输浆时应连续供浆,不允许断浆。如因故断浆,应将搅拌机下沉到断浆以下 0.5 m 处再喷浆提升。

④ 确保加固体的连续性

相邻桩的施工间隔不得超过 24 h,否则应采取技术措施保证加固体的连续性(俗称接头处理)。

(2) 检测方法

水泥土桩的桩身质量是影响单桩乃至复合地基承载力以及控制复合地基沉降的主要因素,因此对水泥土桩桩身质量进行检测也就成了检查水泥土桩施工质量,确保工程安全所不可缺少的环节。水泥土桩桩身质量检测主要包括桩身材料强度、桩身的均匀强度、桩身的连续性以及桩身的有效长度等几个方面。用来检测水泥土桩桩身质量的方法很多,工程中较常用的有静载荷试验法、钻探取芯法、轻便动力触探法、静力触探法等。需要指出的是,近几年来不少单位已将反射波法引进水泥土桩桩身质量的检测中,并取得了理想的效果。

① 静载荷试验法

静载荷试验可以很好地模拟桩身的实际受荷条件,从这个角度出发,静载荷试验是检验水泥土桩能否满足工程要求最可靠的方法。静载荷试验应在养护 28 d 后进行,同一工程中测试点数不应少于 3 点,水泥土桩为摩擦桩,其载荷试验 Q-S 曲线往往不出现明显拐点,其容许承载力可按沉降变形条件确定。

静载荷试验虽然可以从承载能力上反映桩身质量,但它对桩身的局部缺陷以及桩身的均匀强度尚不能作出较好的判断,对于较长的桩,静载荷试验对其下部缺陷也不太敏感。另一方面,静载荷试验耗时费资,不可能进行大面积普查。

② 钻探取芯法

钻探取芯法是检测水泥土桩身质量最直观的方法,取芯通常用 ϕ106 岩芯管。根据从桩身中抽取的水泥土桩芯的颜色、手感,可以判断桩身是否存在水泥浆富集的结核,或未被搅拌均匀的土团,从而对桩身的均匀性作出定性描述。

利用从桩身中抽取的水泥土桩芯制成水泥土试块,可以进行桩身材料强度测试。用于桩身水泥土强度测试的试块,其尺寸以 70.7 mm×70.7 mm×70.7 mm 为宜。进行试验时,可视取芯时对桩芯的破坏程度将设计强度指标乘以 0.7~0.9 的折减系数。我们知道,桩身水泥土强度是一个随水泥的掺入比、土体的性质、养护龄期等因素变化而变化的量。为了使不同龄期下测得的桩身水泥土强度具有可比性,建立水泥土强度变化规律的经验关系很有必要。

2.4.2 高压喷射注浆法

高压喷射注浆法是将带有特殊喷嘴的注浆管置于土层预定深度,以高压喷射流使固化浆液与土体混合、凝固硬化加固地基的方法。若在喷射的同时,喷嘴以一定的速度旋转、提升,形成浆液和土体混合的圆柱形桩体,通常称为旋喷桩。旋喷桩与桩间土形成旋喷桩复合地基。旋喷桩施工可采用单管法、二重管法和三重管法施工。同样的地质条件下,三重管法形成的旋喷桩直径大于二重管法形成的直径,二重管法形成的旋喷桩直径大于单管法形成的直径。三重管法旋喷桩的有效直径为 1.2～2.2m，二重管法的为 1.0～1.6m，单管法的为 0.6～1.2m，见图 2.30～图 2.32。

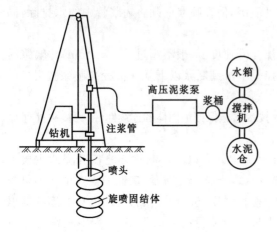

图 2.30　单管法旋喷注浆示意图

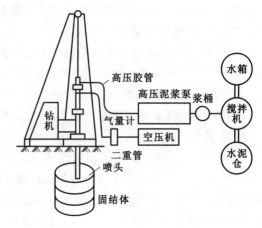

图 2.31　二重管法旋喷注浆示意图

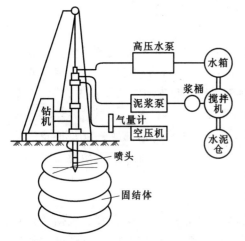

图 2.32　三重管法旋喷注浆示意图

1. 适用范围

高压喷射注浆法适用于处理淤泥、淤泥质土、黏性土、粉土、黄土、砂土、人工填土和碎石土等地基。

当土中含有较多的大粒径块石、坚硬黏性土、大量植物根茎或有过多的有机质时，应根据现场试验结果确定其适用程度。

2. 施工方法

(1) 高压喷射注浆单管法及二重管法的高压水泥浆液流和三重管法高压水射流的压力宜大于 20 MPa，三重管法使用的低压水泥浆液流压力宜大于 1 MPa，气流压力宜取 0.7 MPa，提升速度可取0.1～0.25 m/min。

(2) 高压喷射注浆的主要材料为水泥，对于无特殊要求的工程，宜采用 32.5 级或 42.5 级普通硅酸盐水泥。根据需要可加入适量的速凝、悬浮或防冻等外加剂及掺合料，所用外加剂和掺合料的数量应通过试验确定。

(3) 水泥浆液的水胶比应按工程要求确定，可取 1.0～1.5。水泥在使用前需做质量鉴定。搅拌水泥浆所用的水，应符合《混凝土用水标准》(JGJ 63—2006)的规定。

(4) 高压喷射注浆的施工工序为机具就位、贯入注浆泵、喷射注浆、拔管及冲洗等。

(5) 钻机与高压注浆泵的距离不宜过远。钻孔的位置与设计位置的偏差不得大于 50 mm。实际孔位、孔深和每个钻孔内的地下障碍物、洞穴、涌水、漏水及与工程地质报告不符等情况均应详细记录。

(6) 当注浆管贯入土中，喷嘴达到设计标高时，即可喷射注浆。在喷射注浆参数达到规定值后，随即分别按旋喷、定喷或摆喷的工艺要求，提升注浆管，由下而上喷射注浆。注浆管分段提升的搭接长度不得小于 100 mm。

(7) 对需要扩大加固范围或提高强度的工程，可采取复喷措施，即先喷一遍清水，再喷一遍或两遍水泥浆。

（8）在高压喷射注浆过程中出现压力骤然下降、上升或大量冒浆等异常情况时,应查明产生的原因并及时采取措施。

（9）当高压喷射注浆完毕,应迅速拔出注浆管。为防止浆液凝固收缩影响桩顶高程,必要时可在原孔位采用冒浆回灌或第二次注浆等措施。

（10）当处理既有建筑物地基时,应采取速凝浆液或大间距隔孔旋喷和冒浆回灌等措施,以防旋喷过程中地基产生附加变形和地基与基础间出现脱空现象而影响被加固建筑及邻近建筑。同时,应对建筑物进行沉降观测。

（11）施工中应如实记录高压喷射注浆的各项参数和出现的异常现象。

3. 质量检测方法

（1）高压喷射注浆可采用开挖检查、钻孔取芯、标准贯入、载荷试验或压水试验等方法进行检验。

（2）检验点应布置在下列部位:

① 建筑荷载大的部位;

② 帷幕中心线上;

③ 施工中出现异常情况的部位;

④ 地质情况复杂,可能对高压喷射注浆质量产生影响的部位。

（3）检验点的数量为施工注浆孔数的 2%～5%,对不足 20 孔的工程,至少应检验 2 个点。不合格者应进行补喷。

（4）质量检验应在高压喷射注浆结束 4 周后进行。

2.4.3 其他加固方法

1. 换填法

（1）适用范围

换填法适用于淤泥、淤泥质土、湿陷性黄土、素填土、杂填土地基及暗沟、暗塘等的浅层处理。

（2）施工方法

① 垫层施工应根据不同的换填材料选择施工机械。素填土宜选用平碾或羊足碾,砂石等宜选用振动碾和振动压实机。当有效夯实深度内土的饱和度小于并接近 0.6 时,可采用重锤夯实。

② 垫层的施工方法、分层铺填厚度、每层压实遍数等宜通过试验确定。除接触下卧软土层的垫层底层应根据施工机械设备及下卧层土质条件的要求具有足够的厚度外,一般情况下,垫层的分层铺填厚度可取 200～300 mm。

为保证分层压实质量,应控制机械碾压速度。

③ 素土和灰土垫层土料的施工含水量宜控制在最优含水量±2%的范围内,最优含水量可通过击实试验确定,也可按当地经验取用。

④ 当垫层底部存在古井、古墓、洞穴、旧基础、暗塘等软硬不均的部位时,应根据建筑对不均匀沉降的要求予以处理,并经检验合格后,方可铺填垫层。

⑤ 严禁扰动垫层下卧层的淤泥或淤泥质土层,防止其被践踏、受冻或受浸泡。在碎石或

卵石垫层底部宜设置 150～300 mm 厚的砂垫层,以防止淤泥或淤泥质土层表面的局部破坏。如淤泥或淤泥质土层厚度较小,在碾压荷载下抛石能挤入该层底面时,可采用抛石挤淤处理。先在软弱土面上堆填块石、片石等,然后将其压入以置换和挤出软弱土。

⑥ 垫层底面宜设在同一标高上,如深度不同,基坑底土面应挖成阶梯或斜坡搭接,并按先深后浅的顺序进行垫层施工,搭接处应夯压密实。

素土及灰土垫层分段施工时,不得在柱基、墙角及承重窗间墙下接缝,上下两层的缝距不得小于 500 mm,接缝处应夯压密实。灰土应拌和均匀并应当日铺填夯压。灰土夯实后 3 d 内不得受水浸泡。

垫层竣工后,应及时进行基础施工及基坑回填。

(3) 质量检验

① 对素土、灰土和砂垫层可用贯入仪检验垫层质量,对砂垫层也可用钢筋检验,并均应通过现场试验以控制压实系数所对应的贯入度为合格标准。压实系数的检验可采用环刀法或其他方法。

② 垫层的质量检验必须分层进行。每夯压完一层,应检验该层的平均压实系数。当压实系数符合设计要求后,才能铺填上层。

当采用环刀法取样时,取样点应位于每层 2/3 的深度处。

③ 当采用贯入仪或钢筋检验垫层的质量时,检验点的间距应小于 4 m。当取土样检验垫层的质量时,对大基坑每 50～100 m² 应不少于 1 个检验点;对基槽每 10～20 m 应不少于 1 个点;每个单独桩基应不少于 1 个点。

④ 重锤夯实的质量检验,除按试夯要求检查施工记录外,总夯沉量不应小于试夯总夯沉量的 90%。

2. 强夯法

(1) 适用范围

强夯法适用于处理碎石土、砂土、低饱和度的粉土与黏性土、湿陷性黄土、杂填土和素填土等地基。对高饱和度的粉土与黏性土等地基,当采用在夯坑内回填块石、碎石或其他粗颗粒材料进行强夯置换时,应通过现场试验确定其适用性。

(2) 施工方法

① 一般情况下夯锤重可取 100～250 kN,其底面形式宜采用圆形。锤底面积宜按土的性质确定,锤底静压力值可取 25～40 kPa,对于细颗粒土锤底静压力宜取较小值。锤的底面宜对称设置若干个与其顶面贯通的排气孔,孔径可取 250～300 mm。

② 细夯施工宜采用带有自动脱钩装置的履带式起重机或其他专用设备。采用履带式起重机时,可在臂杆端部设置辅助门架,或采取其他安全措施,防止落锤时机架倾覆。

③ 当地下水位较高,夯坑底积水影响施工时,宜采用人工降低地下水位或铺填一定厚度的松散性材料。夯坑内或场地积水应及时排除。

④ 细夯施工前,应查明场地范围内的地下构筑物和各种地下管线的位置及标高等,并采取必要的措施,以免因强夯施工而造成损坏。

⑤ 当强夯施工所产生的振动对邻近建筑物或设备产生有害的影响时,应采取防振或隔振措施。

⑥ 强夯施工可按下列步骤进行:

a. 清理并平整施工场地；

b. 标出第一遍夯点位置，并测量场地高程；

c. 起重机就位，使夯锤对准夯点位置；

d. 测量夯前锤顶高程；

e. 将夯锤起吊到预定高度，待夯锤脱钩自由下落后，放下吊钩，测量锤顶高程，若发现因坑底倾斜而造成夯锤歪斜时，应及时将坑底整平；

f. 重复步骤 e，按设计规定的夯击次数及控制标准，完成一个夯点的夯击；

g. 重复步骤 c 至 f，完成第一遍全部夯点的夯击；

h. 用推土机将夯坑填平，并测量场地高程；

i. 在规定的间隔时间后，按上述步骤逐次完成全部夯击遍数，最后用低能量满夯，将场地表层松土夯实，并测量夯后场地高程。

⑦ 强夯施工过程中应有专人负责下列监测工作：

a. 开夯前应检查夯锤重和落距，以确保单击夯击能量符合设计要求；

b. 在每遍夯击前，应对夯点放线进行复核，夯完后检查夯坑位置，发现偏差或漏夯应及时纠正；

c. 按设计要求检查每个夯点的夯击次数和每击的夯沉量。

⑧ 施工过程中应对各项参数及施工情况进行详细记录。

（3）质量检验

① 检查强夯施工过程中的各项测试数据和施工记录，不符合设计要求时应补夯或采取其他有效措施。

② 强夯施工结束后应间隔一定时间方能对地基质量进行检验。对于碎石土和砂土地基，其间隔时间可取 1～2 周；低饱和度的粉土和黏性土地基可取 2～4 周。

③ 质量检验的方法，宜根据土性选用原位测试和室内土工试验。对于一般工程应采用两种或两种以上的方法进行检验；对于重要工程应增加检验项目，也可做现场大压板载荷试验。

④ 质量检验的数量，应根据场地复杂程度和建筑物的重要性确定。对于简单场地上的一般建筑物，每个建筑物地基的检验点不应少于 3 处；对于复杂场地或重要建筑物地基应增加检验点数。检验深度应不小于设计处理的深度。

3. 基础加固法

（1）基础加固法适用于建筑物基础支承能力不足的既有建筑物的基础加固。

（2）当基础由于机械损伤、不均匀沉降和冻胀等原因引起开裂或损坏时，可采用灌浆法加固基础。浆液可采用水泥浆或环氧树脂等。

施工时可在基础中钻孔或打孔。孔径应比注浆管的直径大 2～3 mm，在孔内放置直径 25 mm 的注浆管。孔距可取 0.5～1.0 m。对单独基础，每边打孔不应少于 2 个。灌浆压力可取 0.2～0.6 MPa。当注浆管提升至地表下 1.0～1.5 m 深度范围内而浆液不再下沉时，可停止灌浆。灌浆的有效直径为 0.6～1.2 m。施工应沿基础纵向分段进行，每段长度可取 2.0～2.5 m。

（3）当既有建筑物的基础产生裂缝或基底面积不足时，可用混凝土套或钢筋混凝土套加大基础。

基础可沿单向或双向加宽。条形基础加宽时，可将基础划分成 1.5～2.0 m 长的区段分别进行加固。

当采用混凝土套加固时,基础每边可加宽 200～300 mm;当采用钢筋混凝土套加固时,基础每边可加宽 300 mm 以上。加宽部分钢筋应与基础内主钢筋连接。在加宽部分的地基上,应铺设厚度为 100 mm 的压实碎石层或砂砾层。

浇筑混凝土前应将原基础凿毛或刷洗干净,并隔一定高度插入钢筋或角钢。

(4) 当既有建筑物需要增层或基础需要加固,而地基不能满足变形和强度要求时,可采用坑式托换法增大基础的埋置深度,使基础支承在较好的土层上。

坑式托换施工可按下列步骤进行:

① 在贴近被托换的基础前侧各开挖一个竖坑,竖坑底面可比基础底面深 1.5 m。

② 将竖坑横向扩展到基础底面下,并自基底向下开挖到要求的持力层标高。

③ 采用现浇混凝土浇筑基础下的坑体,在距基础底面 80 mm 处停止浇筑,养护 1 d 后用干稠水泥砂浆填入上述空隙内,并用锤敲击短木,充分挤实填入的砂浆。可采用早强水泥以加快施工速度。

④ 挖坑和浇筑混凝土宜分批分段进行。

(5) 当对地基或基础进行局部或单独加固不能满足要求时,可将原单独或条形基础连成整体式的片筏基础,或将原片筏基础改成具有较大刚度的箱形基础,也可设置结构连接体构成组合结构,以增加结构刚度,克服不均匀沉降。

基础加固除了以上方法外,还有托换法、预压法、压密注浆等方法,由于篇幅限制在此不作介绍。

项目 3　脚手架和垂直运输

3.1　脚手架施工

脚手架是施工现场为安全防护、工人操作和解决楼层水平运输而搭设的支架,是施工临时设施。脚手架使用量大,技术复杂,对施工人员的操作安全、工程质量、施工进度、工程成本以及邻近建筑物和场地都有很大影响。

3.1.1　脚手架的使用要求及分类

1. 脚手架的使用要求

(1) 满足施工使用要求。脚手架的宽度应满足工人操作、材料堆放及运输的要求。脚手架的宽度一般为 1.5 m 左右。脚手架的高度应与楼层作业面的高度相适应。

(2) 满足安全、可靠的要求。脚手架应有足够的强度、刚度及稳定性。在施工期间,脚手架应不变形、不摇晃、不倾斜。脚手架所用材料的规格、质量应符合有关规定;脚手架的构造应符合规定,搭设要牢固,有可靠的安全防护措施。

(3) 满足经济、适用的要求。脚手架系施工临时设施,应搭拆简单,搬运方便,能多次周转使用。

2. 脚手架的分类

脚手架的种类很多,按功能分有结构脚手架、装修脚手架和支撑脚手架等;按搭设位置分有外脚手架和里脚手架;按使用材料分有木、竹和金属脚手架;按构造形式分有扣件式、门式、碗扣式、桥式、插口式、悬挑式、吊式及附着升降式脚手架。

3.1.2　外脚手架

外脚手架是在建筑物的外侧(沿建筑物周边)搭设的一种脚手架,既可用于外墙砌筑,又可用于外装修施工。常用的有多立杆式脚手架、门式脚手架、桥式脚手架等。本节重点讨论多立杆式脚手架。

外脚手架按立杆的根数分为双排脚手架和单排脚手架,如图 3.1 所示。双排脚手架靠墙面有里外两排立杆;单排脚手架仅有外面一排立杆,其小横杆的一端与大横杆(或立杆)相连,另一端搁在墙上。

双排脚手架在脚手架的里外侧均设有立杆,稳定性较好,但较单排脚手架费工费料。单排脚手架较双排脚手架节约材料,但由于稳定性较差,且需在墙上留置架眼,故其搭设高度和使用范围受到一定限制。

搭设单排脚手架应注意的问题:

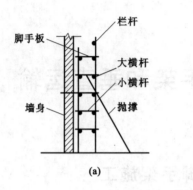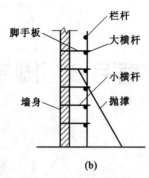

图 3.1　外脚手架

(a) 侧面（双排）；(b) 侧面（单排）

（1）搭设高度：单排木脚手架不宜超过 20 m，单排扣件式或螺栓连接的钢管脚手架不宜超过 24 m，竹脚手架一般不宜搭单排。

（2）小横杆在墙上的搁置长度不应小于 24 cm。

（3）不宜用于半砖墙、18 墙、土坯墙、轻质空心砖墙等墙体砌筑，因为在这些墙体内留置架眼往往影响砌体强度和质量。在空斗墙上留置架眼时，小横杆下必须实砌两皮砖。

（4）不得在下列墙体或部位设置脚手眼：

① 120 mm 厚墙、料石清水墙和独立柱；

② 过梁上与过梁成 60°角的三角形范围内及过梁净跨度 1/2 的高度范围内；

③ 宽度小于 1 m 的窗间墙；

④ 砌体门窗洞口两侧 200 mm（石砌体为 300 mm）和转角处 450 mm（石砌体为 600 mm）范围内；

⑤ 梁或梁垫下及其左右 500 mm 范围内；

⑥ 设计不允许设置脚手眼的部位。

3.1.2.1　多立杆式脚手架的形式

多立杆式脚手架有敞开式、全封闭式、半封闭式和局部封闭式等。

（1）敞开式　仅设有作业层栏杆和挡脚板，无其他遮挡设施的脚手架。

（2）全封闭式　沿脚手架外侧全长和全高封闭的脚手架。

（3）半封闭式　遮挡面积占 30%～70% 的脚手架。

（4）局部封闭式　遮挡面积小于 30% 的脚手架。

多立杆式脚手架所用的材料一般有木材、毛竹和钢管。本节主要讨论扣件式钢管脚手架。

3.1.2.2　多立杆扣件式钢管脚手架

扣件式钢管脚手架由钢管和扣件组成。其特点是：装拆方便，搭设灵活，能适应建筑物平立面的变化；承载力大，能搭设较大高度，坚固耐用。

扣件式钢管脚手架目前得到广泛的应用，虽然其一次投资较大，但其周转次数多，摊销费用低。

1. 扣件式钢管脚手架的材料要求

（1）钢管

应优先采用外径 48 mm、壁厚 3.5 mm 的焊接钢管，缺乏这种钢管时也可采用同样规格的无缝钢管或用外径 50～51 mm、壁厚 3～4 mm 的焊接钢管。用于立杆、大横杆和斜杆的钢管长度以 4～6.5 m 为宜,这样的长度一般重 25 kg 以下,适合人工操作;用于小横杆的钢管长度以 2.1～2.3 m 为宜,以适应脚手架的宽度。钢管上严禁打孔。

（2）扣件

扣件是钢管与钢管之间的连接件,依靠扣件与钢管表面间的摩擦力来传递荷载。

扣件用可锻铸铁铸造。螺栓用 A3 钢制成,并做镀锌处理,以防锈蚀。

扣件有图 3.2 所示的三种基本形式:① 直角扣件,也叫十字扣件,用于连接扣紧两根垂直相交的钢管;② 回转扣件,也叫旋转扣件,用于连接扣紧两根呈任意角度相交的钢管;③ 对接扣件,也叫一字扣件,用于钢管的对接接长。

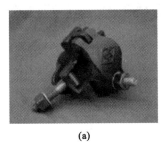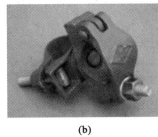

（a）　　　　　　　　　　（b）　　　　　　　　　　（c）

图 3.2　扣件式钢管脚手架的扣件形式

（a）直角扣件;（b）回转扣件;（c）对接扣件

（3）底座

底座用于承受脚手架立柱传递下来的荷载,一般采用厚 8 mm、边长 150～200 mm 的钢板作底板,上焊 150～200mm 高的钢管。底座形式有内插式和外套式两种（图 3.3）,内插式的外径 D_1 比立杆内径小 2 mm,外套式的内径 D_2 比立杆外径大 2 mm。

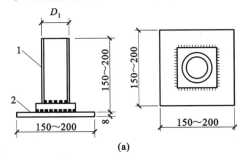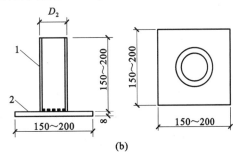

（a）　　　　　　　　　　　　　　　（b）

图 3.3　扣件式钢管脚手架底座

（a）内插式底座;（b）外套式底座

1—承插钢管;2—钢板底座

2. 扣件式钢管脚手架的构造组成

扣件式钢管脚手架由立杆、大横杆、小横杆、斜撑、剪刀撑、抛撑等组成。其各杆件的部位及名称见图 3.1 和图 3.4。

（1）立杆（又叫立柱、冲天、竖杆、站杆）

立杆搭设应符合下列规定:

① 严禁将外径 48 mm 与 51 mm 的钢管混合使用。

② 立杆的接长必须用扣件接长,对接扣件不得在同一高度内。立杆上的对接扣件应交错

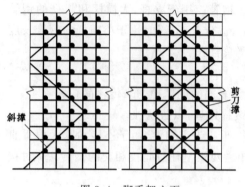

图 3.4 脚手架立面

布置;两根相邻立杆的接头不应设置在同步内,同步内隔一根立杆的两个相隔接头在高度方向错开的距离不宜小于 500 mm;各接头中心至主节点的距离不宜大于步距的 1/3。

③ 开始搭设立杆时,应注意立杆垂直,竖立第一节立柱时,每 6 跨应暂设一根抛撑(垂直于大横杆,一端支承在地面上),直至固定件架设好后方可根据情况拆除。

④ 当搭至有连墙件的构造点时,在搭设完该处的立杆、纵向水平杆、横向水平杆后,应立即设置连墙件。

⑤ 立杆应安放在底座上,或立杆下垫以木板或垫块。

(2) 大横杆(又叫牵杠、顺水杆、纵向水平杆)

大横杆安放于小横杆之下,在立柱的内侧,用直角扣件与立柱扣紧,其长度大于 3 跨,不小于 6 m,同一步大横杆四周要交圈。

大横杆采用对接扣件连接,其接头交错布置,不在同步、同跨内。相邻接头水平距离不小于 50 cm,各接头距立柱的距离不大于 50 cm。

用于大横杆对接的扣件开口,应朝架子内侧,螺栓向上,避免开口朝上,以防雨水进入导致扣件锈蚀。安装直角扣件时必须开口朝上,以防杆件向下坠落。

(3) 小横杆(又叫横楞、横担、楞木、排木、横向水平杆、六尺杆)

每一立杆与横杆相交处,都必须设置一根小横杆,并采用直角扣件扣紧,安放在大横杆上。小横杆间距应与立杆柱间距相同,且根据作业层脚手板搭设的需要,可在两立柱之间等间距增设小横杆。小横杆伸出外排大横杆边缘距离不小于 10 cm。

(4) 纵横向扫地杆

脚手架必须设置纵横向扫地杆。纵向扫地杆采用直角扣件固定在距底座下皮 20 cm 处的立柱上,横向扫地杆则用直角扣件固定在紧靠纵向扫地杆下方的立柱上。

(5) 剪刀撑

剪刀撑用通长钢管沿架高连续布置,用旋转扣件固定在与之相交的小横杆的伸出端或立杆上,旋转扣件中心线距主节点的距离不应大于 150 mm。

每 6 步 4 跨设置一道剪刀撑,斜杆与地面的夹角在 45°~60°之间。斜杆相交点处于同一条直线上,并沿架高连续布置。剪刀撑的一根斜杆扣在立柱上,另一根斜杆扣在小横杆伸出的端头上,两端分别用旋转扣件固定,在其中间增加 2~4 个扣节点。所有固定点距主节点距离不大于 15 cm。最下部的斜杆与立杆的连接点距地面的高度控制在 30 cm 内。

剪刀撑的杆件连接采用搭接,其搭接长度不小于 100 cm,并用不少于 2 个旋转扣件固定,端部扣件盖板的边缘至杆端的距离不小于 10 cm。

(6) 连墙杆

连墙杆应采用刚性连接,垂直间距为 3.6 m,水平间距为 4.5 m,可采用 $\phi 48 \times 3.5$ 的钢管,它与脚手架和建筑物的连接采用直角扣件连接。

连墙杆布置应横竖向顺序排列,均匀布置,与架体和结构立面垂直,并尽量靠近主节点(距主节点的距离不大于 30 cm)。连墙杆伸出扣件的距离应大于 10 cm。从底部第一根大横杆就开始布置连墙杆,靠近主体的小横杆可直接作连墙杆用。

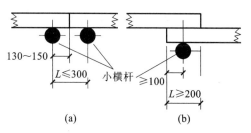

图 3.5　脚手板对接、搭接构造
（a）脚手板对接；（b）脚手板搭接

（7）脚手板

脚手板的设置应符合下列规定:

① 作业层脚手板应铺满、铺稳,离开墙面 120～150 mm。

② 当采用冲压钢脚手板、木脚手板、竹串片脚手板时,脚手板应设置在三根横向水平杆上。当脚手板长度小于 2 m 时,可采用两根横向水平杆支承,但应将脚手板两端与其可靠固定,严防倾翻。此三种脚手板的铺设可采用对接平铺,亦可采用搭接铺设。脚手板对接平铺时,接头处必须设两根横向水平杆,脚手板外伸长度应取 130～150 mm,两块脚手板外伸长度的和不应大于 300 mm[图 3.5(a)];脚手板搭接铺设时,接头必须支承在横向水平杆上,搭接长度应大于 200 mm,其伸出横向水平杆的长度不应小于 100 mm[图 3.5(b)]。

③ 竹串片脚手板应按其主竹筋垂直于纵向水平杆方向铺设,且采用对接平铺,四个角应用直径 1.2 mm 的镀锌钢丝固定在纵向水平杆上。

④ 作业层端部脚手板探头长度应取 150 mm,其板长两端均应与支承杆可靠地固定。

3. 扣件式钢管脚手架的搭设施工工艺

脚手架搭设的工艺流程为:场地平整、夯实→立杆定位→摆放扫地杆→竖立杆并与扫地杆扣紧→装扫地小横杆,并与立杆和扫地杆扣紧→装第一步大横杆并与各立杆扣紧→安第一步小横杆→安第二步大横杆→安第二步小横杆→加设临时斜撑杆,上端与第二步大横杆扣紧(装设与柱连接杆后拆除)→安第三、四步大横杆和小横杆→安装二层与柱拉杆→接立杆→加设剪刀撑→铺设脚手板,绑扎防护及挡脚板,立挂安全网。

定距定位:根据构造要求在建筑物四周用尺量出外立杆离墙的距离,并做好标记。垫板、底座应准确地放在定位线上,垫板必须铺设平稳,不得悬空。

在搭设首层脚手架的过程中,沿四周每层格内设一道抛撑,拐角处双向增设,待该部位脚手架与主体结构的连墙杆可靠连接后方可拆除。当脚手架操作层高出连墙杆两步时,应采取临时稳定措施,直到连墙杆搭设完毕后方可拆除。

双排架宜先立里排立杆,后立外排立杆。每排立杆宜先立两头的,再立中间的一根,互相看齐后,立中间部分各立杆。双排架内外排两立杆(外排立杆和里排立杆)的连线要与墙面垂直。立杆接长时,宜先立外排,后立内排。(其余组件的搭设要求参见构造要求。)

过门洞的处理:过门洞,双排脚手架可挑空 1～2 根立杆,即在第一步大横杆处断开。悬空的立杆处用斜杆撑顶,逐根连接三步以上的大横杆,以使荷载分布在两侧立杆上,斜杆下端与地面的夹角要成 60°左右,凡斜杆与立杆、大横杆相交处均应扣接。

4. 扣件式钢管脚手架的拆除施工

扣件式钢管脚手架的拆除顺序应遵守由上到下、先搭后拆的原则,即先拆拉杆、脚手板、剪刀撑、斜撑,而后拆小横杆、大横杆、立杆等。一般的拆除顺序为:安全网→栏杆→脚手板→剪刀撑→小横杆→大横杆→立杆。

扣件式钢管脚手架拆除要求拆除作业必须由上而下逐层进行,严禁分立面拆除或在上下两步同时进行拆架。做到一步一清,一杆一清。

拆立杆要先抱住立杆后拆最后两个扣。

拆除大横杆、斜撑、剪刀撑应先拆中间扣件,然后托住中间,再解端头扣。

拆连墙杆必须随脚手架逐层拆除,严禁先将连墙杆整层或数层拆除后再拆脚手架,分段拆除高差不应大于2步,如大于2步应增设连墙杆加固;当脚手架拆至下部最后一根长立杆的高度时,应先在适当位置搭设临时抛撑加固后,再拆除连墙杆;当脚手架分段、分立面拆除时,对不拆除的脚手架两端,应按照规范要求设置连墙杆和横向斜撑加固。

各构配件严禁抛掷至地面。

拆除后架体的稳定性不能被破坏;连墙杆被拆除后,如有必要,应加设临时支撑以防止变形,拆除各标准节时,应防止架体失稳。

3.1.2.3 门式钢管脚手架

门式钢管脚手架又称多功能门型脚手架,是一种由工厂生产、现场搭设的脚手架,是目前应用较普遍的脚手架之一。

1. 构造要求

门型脚手架由门式框架、剪刀撑和水平梁架或脚手板等构成基本单元,如图3.6(a)所示。将基本单元连接起来即构成整片脚手架,如图3.6(b)所示。

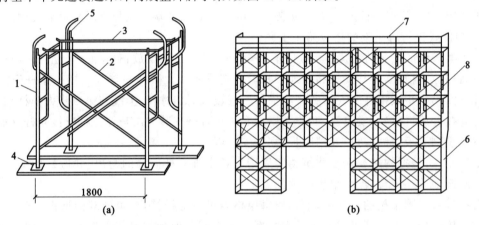

图 3.6 门式钢管脚手架

(a)基本单元;(b)门式外脚手架

1—门式框架;2—剪刀撑;3—水平梁架;4—螺旋基脚;5—连接器;6—梯子;7—栏杆;8—脚手板

门型脚手架的主要部件如图3.7所示。

门型脚手架的主要部件之间的连接形式有制动片式。

2. 门型脚手架的搭设与拆除

门型脚手架一般按以下程序搭设:铺放垫木(板)→拉线、放底座→自一端起立门架并随即装剪刀撑→装水平梁架(或脚手板)→装梯子→需要时,装设通长的纵向水平杆→装设连墙杆→照上述步骤,逐层向上安装→装加强整体刚度的长剪刀撑→装设顶部栏杆。

搭设门型脚手架时,基底必须先平整夯实。

外墙脚手架必须通过扣墙管与墙体拉结,并用扣件把钢管和处于相交方向的门架连接起来。

整片脚手架必须适量放置水平加固杆(纵向水平杆),前三层要每层设置,三层以上则每隔三层设一道。

在架子外侧面设置长剪刀撑。使用连墙管或连墙器将脚手架与建筑物连接。高层脚手架

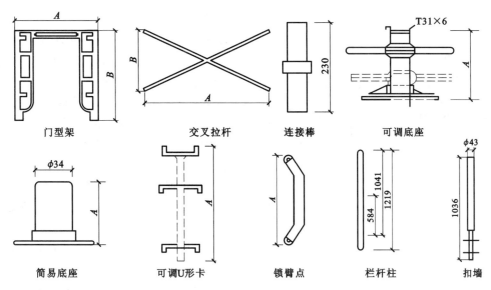

图 3.7 门式钢管脚手架主要部件

应增加连墙点布设密度。

拆除架子时应自上而下进行,部件拆除顺序与安装顺序相反。

门型脚手架架设超过 10 层时,应加设辅助支撑,一般在高 8~11 层门式框架之间,宽在 5 个门式框架之间,加设一组,使部分荷载由墙体承受(图 3.8)。

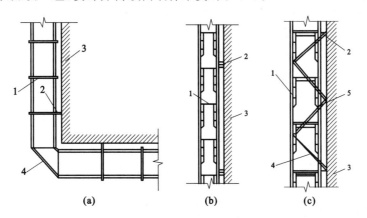

图 3.8 门式钢管脚手架的加固处理

(a)转角用钢管扣紧;(b)用附墙管与墙体锚固;(c)用钢管与墙撑紧

1—门式脚手架;2—附墙管;3—墙体;4—钢管;5—混凝土板

3.1.2.4 碗扣式钢管脚手架

1. 基本构造

碗扣式钢管脚手架是一种多功能脚手架,其杆件节点处采用碗扣连接,由于碗扣是固定在钢管上的,构件全部轴向连接,力学性能好,其连接可靠,组成的脚手架整体性好,不存在扣件丢失问题。

碗扣式钢管脚手架由钢管立杆、横杆、碗扣接头等组成。其基本构造和搭设要求与扣件式钢管脚手架类似,不同之处主要在于碗扣接头。

碗扣接头是该脚手架系统的核心部件,它由上碗扣、下碗扣、横杆接头和上碗扣的限位销

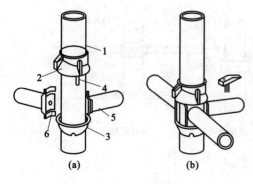

图 3.9　碗扣接头

(a) 连接前;(b) 连接后

1—立杆;2—上碗扣;3—下碗扣;

4—限位销;5—横杆;6—横杆接头

等组成,如图 3.9 所示。

上碗扣、下碗扣和限位销按 60 cm 间距设置在钢管立杆之上,其中下碗扣和限位销则直接焊在立杆上。组装时,将上碗扣的缺口对准限位销后,把横杆接头插入下碗扣内,压紧和旋转上碗扣,利用限位销固定上碗扣。碗扣接头可同时连接 4 根横杆,可以互相垂直或偏转一定角度。

2. 搭设要求

碗扣式钢管脚手架立柱横距为 1.2 m,纵距根据脚手架荷载可为 1.2 m、1.5 m、1.8 m 或 2.4 m,步距为 1.8 m 或 2.4 m。搭设时立杆的接长缝应错开,第一层立杆应用长 1.8 m 和 3.0 m 的立杆错开布置,往上均用 3.0 m 长杆,至顶层再用1.8 m 和 3.0 m 两种长度找平。高 30 m 以下脚手架垂直度应在 1/200 以内,高 30 m 以上脚手架垂直度应控制在 1/400～1/600,总高垂直度偏差应不大于 100 mm。

3.1.2.5　三种钢管脚手架的比较

扣件式钢管脚手架、碗扣式钢管脚手架和门式钢管脚手架都是多功能脚手架,但扣件式钢管脚手架是依其构架的灵活适应性来实现其多功能的,但其功能少一些;其他两种脚手架的功能较多,但需依靠增加功能配件来解决。三种脚手架的受力特点显著不同,尽管在许多功能上是相同的,但其承载能力和构架特点上有显著的差异。

三种钢管脚手架的优缺点如表 3.1 所示。

表 3.1　三种钢管脚手架的比较

	扣件式钢管脚手架	碗扣式钢管脚手架	门式钢管脚手架
优点	① 杆配件数量少(仅 6 种:短横杆、长横杆、3 种扣件和底座); ② 长杆的长度任意,接长的接头容易错开; ③ 扣件可在杆件的任意位置设置,构架尺寸可任意选定和调整; ④ 采用较长杆件,接长接头的数量较少; ⑤ 斜杆和剪刀撑的角度可任意调整; ⑥ 可使用任何种类的脚手板或架面铺板,可对接平铺,亦可搭接铺设; ⑦ 可根据防(围)护要求任意设置杆件; ⑧ 价格较低	① 杆件轴心连接、节点构造无偏心; ② 碗扣焊于立杆上,插片焊于横杆上,不会丢失,易损耗件仅为 U 形销一种; ③ 定型杆件规格可满足一般构架需要; ④ 可构造承载力很大的多种截面支撑柱; ⑤ 可构造平面为曲线形的脚手架; ⑥ 整架承载力提高,约比同等情况的扣件式钢管脚手架提高 15% 以上; ⑦ 可使用任何种类的脚手板或架面铺板,可对接平铺,亦可搭接铺设; ⑧ 具有横杆托撑等配件,可构造横杆受力的支撑架; ⑨ 功能多; ⑩ 安装速度快,安装 1 个十字交叉带点的杆件不到 10 秒钟	① 门架所在平面的刚度大; ② 由两榀门架组成的构架单元是合理的静定结构; ③ 构配件齐全、组装方便; ④ 功能配件多; ⑤ 用材较省,约比扣件式钢管脚手架节省 10%; ⑥ 可方便地构造各种抬架和模板支撑架; ⑦ 杆件轴心受力; ⑧ 有定型的梯段供人上下

	扣件式钢管脚手架	碗扣式钢管脚手架	门式钢管脚手架
缺点	① 扣件(特别是它的螺杆)容易丢失; ② 节点处的杆件为偏心连接,靠抗滑力传递荷载和内力,因而降低了其承载能力; ③ 扣件节点的连接质量受扣件本身质量和工人操作的影响显著	① 横杆为集中尺寸的定型杆,立杆上碗口节点按 0.6 m 间距设置,使构架尺寸受到限制; ② U 形连接销容易丢失; ③ 价格较贵	① 构架尺寸无任何灵活性,构架尺寸的任何改变都要换用另一种型号的门架及其配件; ② 交叉支撑易在铰点处折断; ③ 定型脚手板较重; ④ 价格较贵
应用范围	① 构筑各种形式的脚手架、模板和其他支撑架; ② 组装井字架; ③ 搭设坡道、工棚、看台及其他临时构筑物; ④ 作其他两种脚手架的辅助加强杆件	① 构筑各种形式的脚手架、模板和其他支撑架; ② 组装井字架; ③ 搭设坡道、工棚、看台及其他临时构筑物; ④ 构造强力组合支撑柱; ⑤ 构筑承受横向作用力的支撑架	① 构造定型脚手架; ② 作梁、板构架的支撑架(承受竖向荷载); ③ 构造活动工作台

3.1.2.6 附墙升降式脚手架

它是仅需搭设一定高度并附着于工程结构上,依靠自身的升降设备和装置,可随工程结构施工逐层爬升,具有防倾覆、防坠落装置,并能实现下降作业的外脚手架。

这是近年来在我国出现的、使用效果较好的高层和超高层建筑施工脚手架,主要有两种形式:

(1)自滑升式 脚手架由固定架和滑动架(活动架、套管架)等两套连墙架构成,其滑动的立杆套于固定架的立杆上,在升降时交替固定和松开,利用附墙固定的架子提升松开附墙联结的架子。

(2)相邻架段交替升降式 采用两种型号(甲型和乙型)并间隔布置的架段,互为支撑基点交替升降,即松开乙型架段后用甲型架段提升乙型架段;随后固定乙型架段,再松开甲型架段,用乙型架段提升甲型架段。

自滑升式附墙升降脚手架一般有 4 个作业层面,即设于固定架上的 3 个和设于活动架上的 1 个(居于第三作业层);相邻架段交替提升式附墙脚手架一般为 4~6 个作业层。架段的长度为 3~5 m(采用脚手杆搭设时以不大于 4 m 为宜),均采用手扳葫芦提升。

3.1.2.7 整体提升脚手架

即搭设一个 4 层楼高的脚手架,使用多台提升设备同步整体提升。在主体施工阶段,每次提升一层楼高;在装修阶段,每下降一次可完成三层外装修作业。特别适合于塔式超高层建筑的施工。

该整体提升脚手架由三个部分组成:

(1)脚手架部分 为适应各式框剪架构和有无挑篷、凹凸外形高层建筑施工的需要,设计有 1700、1500 和 1300 三个系列。用钢管和扣件搭设的双排脚手架装在承力架上,用拉固螺栓与建筑物连接,可以承受 12 级台风,脚手架里侧设有导向滑轮,利于沿外墙升降。

(2)提升部分 提升机具采用小型特慢卷扬机,电机 0.75 kW、两级涡轮减速,提升速度为 50 mm/min,每提升一层高约耗时 1.5 h。

（3）控制部分　为配套生产的控制台,最多能控制 24 台提升机,其同步提升高度差不大于 50 mm。信号部分直接与脚手架相联,脚手架上升时发生信号,经控制台处理后控制各台提升机同步运转。

3.1.2.8　悬挑式脚手架

悬挑式脚手架是利用建筑结构边缘向外伸出的悬挑结构来支承外脚手架,将脚手架的荷载全部或部分传递给建筑结构。悬挑式脚手架的关键是悬挑支承结构必须有足够的强度、稳定性和刚度,并能将脚手架的荷载传递给建筑结构。

架体可用扣件式钢管脚手架、碗扣式钢管脚手架或门式钢管脚手架搭设,一般为双排脚手架,架体高度可依据施工要求、结构承载力和塔吊的提升能力确定,最高可搭设至 12 步架,约 20 m 高,可同时进行 2~3 层施工。

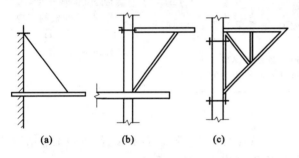

图 3.10　挑梁(架)形式

(a)悬挂式挑梁;(b)下撑式挑梁;(c)桁架式挑梁

悬挑式脚手架的支撑结构形式有三种:

（1）悬挂式挑梁[图 3.10(a)]　型钢挑梁一端固定在结构上,另一端用拉杆或拉绳拉结到结构的可靠部位上。拉杆(绳)应有收紧措施,以便在收紧以后承担脚手架荷载。悬挂式挑梁与结构的连接做法见图 3.11。

（2）下撑式挑梁[图 3.10(b)]　其挑梁受拉,与结构的连接方法见图 3.12。

（3）桁架式挑梁[图 3.10(c)]　通常采用型钢制作,其上弦杆受拉,与结构连接采用受拉构造;下弦杆受压,与结构连接采用支顶构造。桁架式梁与结构墙体之间还可以采用螺栓连接做法,如图 3.13 所示。螺栓穿在刚性墙体的预留孔洞或预埋套管中,可以方便地拆除和重复使用。

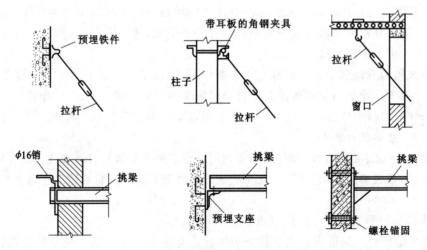

图 3.11　悬挂式挑梁与结构的连接做法

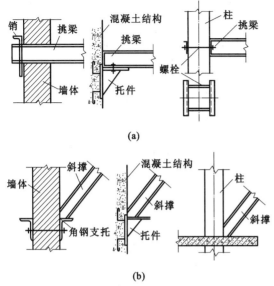

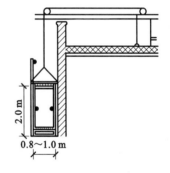

图 3.12　下撑式挑梁与结构的连接方法　　　图 3.13　桁架式挑梁与墙体间的螺栓连接

(a)挑梁抗拉节点构造;(b)斜撑杆底部支点构造

3.1.2.9　悬吊式脚手架

悬吊式脚手架是通过特设的支承点,利用吊索悬吊吊架或吊篮进行砌筑或装修工程操作的一种脚手架。其主要组成部分为吊架(包括桁架式工作台)或吊篮、支承设施(包括支承挑架和挑梁)、吊索(包括钢丝绳、铁链、钢筋)及升降装置等,如图 3.14 所示。对于高层建筑的外装修作业和平时的维修保养,都是一种极为方便、经济的脚手架形式。

图 3.14　小型吊篮的构造组成

3.1.3　里脚手架

里脚手架是搭设在建筑物内部的一种脚手架,主要用于楼层上的砌筑、装修等。里脚手架装拆较频繁,要求轻便灵活、装拆方便。其结构形式有折叠式、支柱式和门架式。

1. 折叠式

折叠式里脚手架适用于民用建筑的内墙砌筑和内粉刷。根据材料不同,分为角钢、钢管和钢筋折叠式里脚手架。角钢折叠式里脚手架的架设间距,砌墙时不超过 2 m,粉刷时不超过2.5 m。可以搭设两步脚手架,第一步高约 1 m,第二步高约 1.65 m。钢管和钢筋折叠式里脚手架的架设间距,砌墙时不超过 1.8 m,粉刷时不超过 2.2 m。折叠式里脚手架如图 3.15所示。

2. 支柱式

支柱式里脚手架由若干支柱和横杆组成,适用于砌墙和内粉刷。其搭设间距,砌墙时不超过 2 m,粉刷时不超过 2.5 m。支柱式里脚手架的支柱有套管式和承插式两种形式。套管式支柱(图 3.16)是将插管插入立管中,以销孔间距调节高度,在插管顶端的凹形支托内搁置方木横杆,横杆上铺设脚手架。架设高度为 1.5～2.1 m。

3. 门架式

门架式里脚手架由两片 A 形支架与门架组成(图 3.17),适用于砌墙和粉刷。支架间距,砌墙时不超过 2.2 m,粉刷时不超过 2.5 m,其架设高度为 1.5～2.4 m。

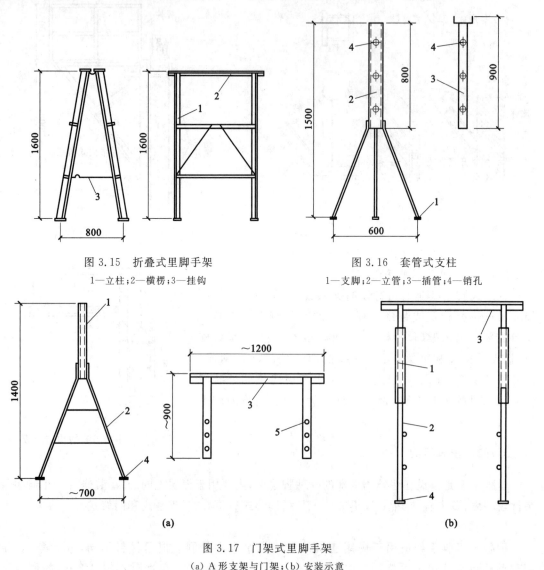

图 3.15 折叠式里脚手架

1—立柱;2—横楞;3—挂钩

图 3.16 套管式支柱

1—支脚;2—立管;3—插管;4—销孔

(a)

(b)

图 3.17 门架式里脚手架

(a) A 形支架与门架;(b) 安装示意

1—立管;2—支脚;3—门架;4—垫板;5—销孔

3.1.4 脚手架安全使用要求

3.1.4.1 脚手架材质及其使用的安全技术措施

(1) 扣件的紧固程度要求有 40～50 N·m,对接扣件的抗拉承载力要求有 3 kN。扣件上螺栓保持适当的拧紧程度。

对接扣件安装时,其开口应向内,以防止雨水进入;直角扣件安装时开口不得向下,以保证安全。

（2）各杆件端头伸出扣件盖板边缘的长度不应小于 100 m。

（3）禁止使用有严重锈蚀、压扁或裂纹的钢管。禁止使用有脆裂、变形、滑丝等现象的扣件。

3.1.4.2 脚手架搭设的安全技术措施

（1）脚手架的基础必须经过硬化处理并能满足承载力要求，做到不积水、不沉陷。

（2）搭设过程中划出工作标志区，禁止行人进入，统一指挥、上下呼应、动作协调，严禁在无人指挥下作业。

（3）开始搭设立杆时，应每隔 6 跨设置一根抛撑，直至连墙杆安装稳定后，方可根据情况拆除。

（4）脚手架及时与结构拉结或采用临时支顶，以保证搭设过程安全，未完成脚手架在每日收工之前一定要确保架子稳定。

（5）脚手架必须配合施工进度搭设，一次搭设高度不得超过相邻连墙杆以上两步。

（6）在搭设过程中应由安全员、架子工班长等进行检查、验收和签证。每两步验收一次，达到设计施工要求后挂合格牌一块。

3.1.4.3 脚手架上施工作业的安全技术措施

（1）结构外脚手架每支搭一层完毕后，应经安全员验收合格后方可使用。任何人员未经同意不得任意拆除脚手架部件。

（2）严格控制施工荷载，脚手板上不得集中堆料而增加荷载。

（3）结构施工时不允许多层同时作业，装修施工时同时作业层数不超过两层。

（4）各作业层之间设置可靠的防护栅栏，防止坠落物体伤人。

（5）定期检查脚手架，发现问题和隐患，在施工作业前及时维修加固，以达到坚固稳定，确保施工安全。

3.1.4.4 脚手架拆除的安全技术措施

（1）拆架时必须察看施工现场环境，划分作业区，周围设绳绑围栏或竖立警戒标志，地面应设专人指挥，禁止非作业人员进入。

（2）拆除时要统一指挥，步调一致，当解开与另一个人有关的扣件时必须告知对方，得到允许方可作业，以防坠落伤人。

（3）每天拆架下班时，不应留下隐患部位。

（4）拆架时严禁碰撞脚手架附近电源线，以防触电事故。

（5）所有杆件和扣件在拆除时应分离，不准在杆件上附着扣件或两杆连着送到地面。

（6）所有的脚手板应自外向里竖立搬运，以防脚手板和垃圾从高处坠落伤人。

（7）拆下的零配件要装入容器内，用吊篮吊下，拆下的钢管要绑扎牢固，双点起吊，严禁从高空抛掷。

3.1.5 脚手架搭设专项方案示例

3.1.5.1 工程概况

××工程位于××市××路与××路交叉口。工程南侧为商场，北侧为城市主干道，东、西两侧均为居民区的通道。建筑物共六层，总高为 25.95 m，框架结构。外地坪为新填筑的素土。施工现场"三通一平"工作已基本完成。

3.1.5.2　脚手架方案选择

根据本工程结构形式及施工现场的特点,采用建筑物四周均搭设全高全封闭的扣件式双排钢管脚手架。此架为一架三用,既用于结构施工和装修施工,同时兼作安全防护。

3.1.5.3　脚手架的构造要求

(1)采用 $\phi48\times3.5$ 双排钢管脚手架搭设,立杆横距 $b=1.05$ m,主杆纵距 $l=1.5$ m,内立杆距墙 0.3 m。脚手架步距 $h=1.8$ m。从外地坪开始,每 1.8 m 设一道(满铺)脚手板。脚手架与建筑物主体结构连接点的位置,其竖向间距 $H_1=2h=2\times1.8=3.6$ m,水平间距 $L_1=3l=3\times1.5=4.5$ m。根据规定,均布荷载 $Q_k=2.0$ kN/m²。

(2)小横杆、大横杆和立杆是传递垂直荷载的主要构件,剪刀撑、斜撑和连墙杆是保证脚手架整体刚度和稳定性的主要构件,扣件是架子组成整体的连接件和传力件。

3.1.5.4　脚手架的材料要求

1. 对钢管的要求

(1)钢管宜采用力学性能适中的 Q235A(3 号)钢,其力学性能应符合国家标准《碳素结构钢》(GB/T 700—2006)中 Q235A 钢的规定。每批钢材进场时,应有材质检验合格证。钢管有弯曲、压扁、裂纹或严重锈蚀的,禁止使用于本工程。

(2)钢管选用外径 48 mm,壁厚 3.5 mm 的焊接钢管。立杆、大横杆和斜杆的最大长度为 6.5 m,小横杆长度为 1.5 m。

2. 对扣件的要求

(1)根据《可锻铸铁分类及技术条件》(GB 978—67)的规定,扣件采用机械性能不低于 KTH330—08 的可锻铸铁制造。铸件不得有裂纹、气孔,不宜有缩松、砂眼、浇冒口残余披缝,毛刺、氧化皮等清除干净。

(2)扣件与钢管的贴合面必须严格整形,应保证与钢管扣紧时接触良好。当扣件夹紧钢管时,开口处的最小距离应不小于 5 mm。

(3)扣件活动部位应能灵活转动,旋转扣件的两旋转面间隙应小于 1 mm。

(4)扣件表面应进行防锈处理。

(5)扣件有脆裂、变形、滑丝现象者禁止使用于本工程。

3. 对脚手板的要求

脚手板选用杉木制作,厚度不小于 50 mm,宽度 200 mm 左右,长度为 4~6 m,其材质应符合国家标准《木结构设计规定》(GB 50005—2003)中对Ⅱ级木材的规定,不得有开裂、腐杇。脚手板的两端用直径为 4 mm 的镀锌钢丝各设两道箍。

4. 对安全网的要求

(1)安全网的技术要求必须符合《安全网》(GB 5725—2009)的规定方准进场使用。工程使用的安全网必须由公司认定的厂家供货。大孔安全网用作平网和兜网;绿色密目安全网 1.8 m×6.0 m,用作内挂立网。绿色密目安全网使用由国家认证的生产厂家供货,安全网进场要做防火试验。

(2)安全网在存放和使用中,不得受有机化学物质污染或与其他可能引起磨损的物品相混,当发现污染应进行冲洗,洗后自然干燥,使用中要防止电焊火花掉在网上。

(3)安全网拆除后要洗净捆好,放在通风、遮光、隔热的地方,禁止使用钩子搬运。

5. 外架钢管采用金黄色,栏杆采用红白相间色,扣件刷暗红色防锈漆。

3.1.5.5 地基处理

（1）地基用机械夯实，以保证地基在搭设脚手架后不变形。

（2）立杆支承在 20 cm×20 cm×0.8 cm 的钢垫板上。

（3）场地平整，不得积水。

3.1.5.6 搭设技术措施

1. 立杆搭设的技术措施

（1）立杆垂直度偏差不得大于架高的 1/200。

（2）立杆接头除在顶层可采用搭接外，其余各接头必须采取对接扣件。对接扣件的布置要求是：立杆上的对接扣件应交错布置，两相邻立杆接头不应设在同步同跨内，两相邻立杆接头在高度方向错开的距离不应小于 500 mm，各接头中心距主节点的距离不应大于步距的 1/3，同一步内不允许有两个接头。

（3）立杆顶端应高出建筑物屋顶 1.5 m。

2. 横杆搭设的技术措施

（1）脚手架底部必须设置纵、横向扫地杆。纵向扫地杆应用直角扣件固定在距垫铁块表面不大于 200 mm 处的立杆上，横向扫地杆应用直角扣件固定在紧靠纵向扫地杆下方的立杆上。

（2）大横杆设于小横杆之下，在立杆内侧，采用直角扣件与立杆扣紧，大横杆长度不宜小于 3 跨，且不小于 6 m。

（3）大横杆对接扣件连接，对接应符合以下要求：对接接头应交错布置，不应设在同步、同跨内，相邻接头水平距离不应小于 500 mm，并应避免设在纵向水平跨的跨中。

（4）架子四周大横杆的纵向水平高差不超过 500 mm，同一排大横杆的水平偏差不得大于 1/300。

（5）小横杆两端应采用直角扣件固定在立杆上。

（6）每一主节点（即立杆、大横杆交汇处）必须设置一小横杆，并采用直角扣件扣紧在大横杆上，该杆轴线偏离主节点的距离不应大于 150 mm，靠墙一侧的外伸长度不应大于 250 mm，外架立面外伸长度以 100 mm 为宜。操作层上非主节点处的横向水平杆宜根据支承脚手板的需要等间距设置，最大间距不应大于立杆间距的 1/2，施工层小横杆间距为 1 m。

（7）用于大横杆对接的扣件开口应朝架子内侧，螺栓向上，避免开口朝上，以防雨水进入导致扣件锈蚀、锈腐后强度减弱，直角扣件不得朝上。

3. 剪刀撑搭设的技术措施

（1）脚手架外立面的两端各设置一道剪刀撑，由底至顶连续设置；中间每道剪刀撑的净距不应大于 15 m。

（2）剪刀撑的接头除顶层可以采用搭接外，其余各接头均必须采用对接扣件连接。

（3）剪刀撑应用旋转扣件固定在与之相交的小横杆的伸出端或立杆上，旋转扣件中心线距主节点的距离不应大于150 mm。

（4）剪刀撑是在脚手架外侧交叉成十字形的双杆互相交叉，并与地面成 45°～60°的夹角。其作用是把脚手架连成整体，增加脚手架的整体稳定性。

4. 脚手板搭设的技术措施

外架施工层应满铺脚手板，脚手板一般应设置在三根以上小横杆上。当脚手板长度小于

2 m 时,可采用两根小横杆,并应将脚手板两端与其可靠固定,以防倾翻。脚手板平铺,应铺满铺稳,靠墙一侧离墙面距离不应大于 150 mm,拐角要交圈,不得有探头板。

5.连墙杆搭设的技术措施

(1)连墙件采用刚性连接,搭设中每隔一层外架要及时与结构进行牢固拉结。垂直间距为 3.6 m,水平间距为 4.5 m。连墙杆选用 $\phi48\times3.5$ 的钢管,用直角扣件使连墙件与脚手架和建筑物相连接,并适度拧紧扣件。

(2)连墙件按横竖向顺序排列,均匀布置,与架体和结构立面垂直,并尽量靠近主节点(距主节点的距离不大于30 cm)。连墙杆伸出扣件的距离应大于 10 cm。底部第一根大横杆就开始布置连墙杆,靠近框架柱的小横杆可直接作连墙杆用。

6.安全网搭设的技术措施

(1)脚手架要满挂全封闭式的密目安全网。安全网采用 1.8 m×6.0 m 的规格,用网绳绑扎在大横杆外立杆里侧。作业层网应高于平台 1.2 m,并在作业层下部架处设一道水平兜网。在架内高度 3.6 m 处设首层平网,往上每隔 5 步距设隔层封闭平网,防止杂物跌落。

(2)通道口及靠近商场的露天作业场地要搭设安全挡板,通道口挡板需向两侧各伸出 1 m,向外伸出 3 m。

7.斜道搭设的技术措施

(1)在外脚手架的南侧设置上下走人斜道。斜道附着搭设在脚手架的外侧,不得悬挑。斜道的设置应为来回上折形,坡度不大于 1∶3,宽度不小于 1 m,转角处平台面积不小于 3 m²。斜道立杆应单独设置,不得借用脚手架立杆,并应在垂直方向和水平方向每隔一步或一个纵距设一连接。

(2)斜道两侧及转角平台外围均应设 1.2 m 高防护栏杆和 30 cm 高踢脚杆,并用合格的密目式安全网封闭。

(3)斜道侧面及平台外侧应设置剪刀撑。

(4)斜道脚手片应采用横铺,每隔 20~30 cm 设一防滑条,防滑条宜采用 40 mm×60 mm 方木,并用多道铅丝绑扎牢固。

8.脚手架遇门洞时的处理

双排脚手架可挑空 1~2 根立杆,即在第一步大横杆处断开。悬空的立杆处用斜杆撑顶,逐根连接三步以上的大横杆,以使荷载分布在两侧立杆上,斜杆下端与地面的夹角要成 60°左右,凡斜杆与立杆、大横杆相交处均应扣接。

3.1.5.7 架子搭设工艺流程

立杆定位,安放垫板→摆放扫地杆→竖立杆并与扫地杆扣紧→装扫地小横杆,并与立杆和扫地杆扣紧→装第一步大横杆并与各立杆扣紧→安第一步小横杆→安第二步大横杆→安第二步小横杆→加设临时斜撑杆,上端与第二步大横杆扣紧(装设与柱连接杆后拆除)→安第三、四步大横杆和小横杆→安装二层与柱拉杆→接立杆→加设剪刀撑→铺设脚手板,绑扎防护及挡脚板,立挂安全网。

3.1.5.8 架子的验收、使用及管理

1.架子的验收、使用及管理

(1)把好验收关。搭设过程中的架子,每搭设一个施工层高度必须由项目技术负责人组织技术、安全与搭设班组、工长进行检查,符合要求后方可上人使用。架子未经检查、验收,除

架子工外,严禁其他人员攀登。验收合格的架子任何人不得擅自拆改,需局部拆改时,要经设计负责人同意,由架子工操作。

(2)工程的施工负责人,必须按架子搭设方案的要求向班组进行安全技术交底,班组必须严格按操作要求和安全技术交底施工。

(3)基础、卸荷措施和架子分段完成后,应分层由制订架子方案及安全、技术、施工、使用等有关人员按项目进行验收,并填写验收单,合格后方可继续搭设使用。

(4)施工荷载使用按 3 kN/m² 考虑,因此架子上不准堆放成批材料,零星材料可适当堆放。

(5)架子搭好后要派专人管理,未经安全员同意,不得改动,不得任意卸除架子与柱连接的拉杆和扣件。

(6)架子上不准有任何活动材料,如扣件、活动钢管、钢筋,一旦发现应及时清除。

(7)雨后要检查架子的下沉情况,发现地基沉降或立杆悬空要马上用木板将立杆揿紧。

(8)在六级以上大风、大雾和大雨天气下不得进行脚手架作业,雨后上架前要有防滑措施。

(9)作业层上的施工荷载应符合设计要求,不得超载,不得将模板、泵送混凝土输送管等支撑固定在脚手架上,严禁任意悬挂起重设备。

2. 人员素质要求

(1)高处作业人员必须年满 18 岁,两眼视力均不低于 1.0,无色盲,无听觉障碍,无高血压、心脏病、癫痫、眩晕和突发性昏厥等疾病,无妨害登高架设作业的其他疾病和生理缺陷。

(2)责任心强,工作认真负责,熟悉本作业的安全技术操作规程。严禁酒后作业和作业中玩笑嬉闹。

(3)明确使用个人防护用品和采取安全防护措施。进入施工现场,必须戴好安全帽,在无可靠防护 2 m 以上处作业必须系好安全带,使用工具要放在工具套内。

(4)操作工必须经过培训教育,考试、体检合格,持证上岗,任何人不得安排未经培训的无证人员上岗作业。

(5)作业所用材料要堆放平稳,高处作业地面环境要整洁,不能杂乱无章、乱摆乱放,所用工具要全部清点回收,防止遗留在作业现场掉落伤人。

3.1.5.9　脚手架搭设和拆除的安全技术措施

1. 架子搭设安全技术措施

(1)凡是高血压、心脏病、癫痫病、晕高或视力不够等不适合做高处作业的人员,均不得从事架子作业。配备架子工的徒工,在培训以前必须经过医务部门体检合格,操作时必须有技工带领、指导,由低到高逐步增加,不得任意单独上架子操作。要经常进行安全技术教育。

(2)脚手架支搭以前,必须制订施工方案,并向所有参加作业的人员进行书面安全技术交底。

(3)操作小组接受任务后,必须根据任务特点和交底要求进行认真讨论,确定支搭方法,明确分工。在开始操作前,组长和安全员应对施工环境及所需防护用具做一次检查,消除隐患后方可开始操作。

(4)架子工在高处(距地高度 2 m 以上)作业时,必须佩挂安全带。所用的杆子应拴 2 m 长的杆子绳。安全带必须与已绑好的立、横杆挂牢,不得挂在铅丝扣或其他不牢固的地方,不得

"走过档"(即在一根顺水杆上不扶任何支点行走),也不得跳跃架子。在架子上操作应精力集中,禁止打闹和玩笑,休息时应下架子。严禁酒后作业。

(5)遇有恶劣气候(如风力五级以上,高温、雨天等)影响安全施工时应停止高处作业。

(6)大横杆应绑在立杆里边,绑第一步大横杆时,必须检查立杆是否立正,绑至第四步时必须绑临时小横杆和临时十字盖。绑大横杆时,必须2～3人配合操作,由中间一人结杆、放平,按顺序绑扎。

(7)递杆、拉杆时,上下左右操作人员应密切配合,协调一致。拉杆人员应注意不碰撞上方人员和已绑好的杆子,下方递杆人员应在上方人员接住杆子后方可松手,并躲离其垂直操作距离3 m以外。使用人力吊料,大绳必须坚固,严禁在垂直下方3 m以内拉大绳吊料。使用机械吊运,应设天地轮,天地轮必须加固,应遵守机械吊装安全操作规程。吊运杉板、钢管等物应绑扎牢固,接料平台外侧不准站人,接料人员应等起重机械停车后再接料、解绑绳。

(8)未搭完的一层脚手架,非架子工一律不准上架。架子搭完后由施工人员会同架子组长以及使用工种、技术、安全等有关人员共同进行验收,认为合格,办理交接验收手续后方可使用。使用中的架子必须保持完整,禁止随意拆、改脚手架或挪用脚手板;必须拆改时,应经施工负责人批准,由架子工负责操作。

(9)所有的架子,经过大风、大雨后,要进行检查,如发现倾斜下沉及松扣、崩扣等要及时修理。

2.架子拆除安全技术交底

(1)外架拆除前,安全员要向拆架施工人员进行书面安全交底工作。交底由接手人签字。

(2)拆除前,班组要学习安全技术操作规程。班组必须对拆架人员进行安全交底,交底要有记录,交底内容要有针对性,拆架子的注意事项必须讲清楚。

(3)拆外架前要在地上用绳子或铁丝先拉好围栏,没有监护人和安全员在场,不准拆除外架。

(4)架子拆除程序应由上而下,按层按步拆除。先清理架上杂物,如脚手板上的混凝土、砂浆块、U型卡、活动杆子及材料。按拆架原则先拆后搭的杆子。剪刀撑、拉杆不准一次性全部拆除,要求杆拆到哪一层,剪刀撑、拉杆拆到哪一层。

(5)拆除工艺流程:拆护栏→拆脚手板→拆小横杆→拆大横杆→拆剪刀撑→拆立杆→拉杆传递至地面→清除扣件→按规格堆码。

(6)拆杆和放杆时必须由2～3人协同操作,拆大横杆时应由站在中间的人员将杆顺下传递,下方人员接到杆拿稳牢后,上方人员才准松手,严禁往下乱扔脚手料具。

(7)拆架人员必须系安全带,拆除过程中应指派一个责任心强、技术水平高的工人担任指挥,负责拆除工作的全部安全作业。

(8)拆架时有管线阻碍不得任意割移,同时要注意扣件是否崩扣,避免踩在滑动的杆件上操作。

(9)拆架时螺丝扣必须从钢管上拆除,不准螺丝扣留置在被拆下的钢管上。

(10)拆架人员应配备工具套,手上拿钢管时,不准同时拿拆架工具,工具用后必须放在工具套内。

（11）拆架休息时不准坐在架子上或不安全的地方，严禁在拆架时嬉戏打闹。

（12）拆架人员要穿戴好个人劳保用品，不准穿胶底易滑鞋上架作业，衣服要轻便。

（13）拆除中途不得换人，如更换人员必须重新进行安全技术交底。

（14）拆下来的脚手杆要随拆、随清、随运，分类、分堆、分规格码放整齐，要有防水措施，以防雨后生锈。扣件要分型号装箱保管。

（15）拆下来的钢管要定期重新外刷一道防锈漆，刷一道调和漆。弯管要调直，扣件要上油润滑。

（16）严禁架子工在夜间进行架子搭拆工作。未尽事宜工长在安全技术交底中做详细的交底，施工中存在问题的地方应及时与技术部门联系，以便及时纠正。

3.2　垂直运输设施

垂直运输设施是指担负垂直输送材料和施工人员上下的机械设备和设施。在砌筑施工过程中，各种材料（砖、砂浆）、工具（脚手架、脚手板）及各层楼板安装时，都需要用垂直运输机具来完成。目前，砌筑工程中常用的垂直运输设施有井架、龙门架、施工升降机等。

3.2.1　井架

井架是砌筑工程垂直运输的常用设备之一。井架带有起重臂和内盘，起重臂的起重能力为 $5 \sim 20$ kN。

井架的特点是：稳定性好，运输量大，可以搭设较大的高度。近几年来各地对井架的搭设和使用有许多新发展，除用型钢或钢管加工的定型井架（图 3.18）外，还有用脚手架材料搭设而成的井架。井架多为单孔井架，但也可构成两孔或多孔井架。

有的工地在单孔井架使用中，除了设置内吊盘外，还在井架两侧增设一个或两个外吊盘，分别用两台或三台卷扬机提升，同时运行，大大增加了运输量。

3.2.2　龙门架

龙门架是由两根立杆及天轮梁（横梁）构成的门式架。立柱是由若干个格构柱用螺栓拼装而成，而格构柱是用角钢及钢管焊接而成或直接用厚壁钢管构成门架。在龙门架上装设滑轮（天轮及地轮）、导轨、吊盘（上料平台）、安全装置以及起重索、缆风绳等即构成一个完整的垂直运输体系。龙门架构造如图 3.19 所示。

龙门架构造简单，制作容易，用材少，装拆方便，适用于中小工程。但由于立杆刚度和稳定性较差，一般常用于低、多层建筑。如果分节架设，逐步增高，并与建筑物加强连接，也可以架设较大的高度。

按照龙门架的立杆组成来分，目前常用的有组合立杆龙门架、钢管龙门架、木龙门架等。组合立杆龙门架的立杆是由钢管、角钢和圆钢互相组合焊接而成的，具有强度高、刚度好、小材大用等优点。钢管龙门架和木龙门架是以单根杆件作为立杆而构成的，制作安装均较简便，但稳定性较组合立杆差，在低层建筑中使用较为适合。

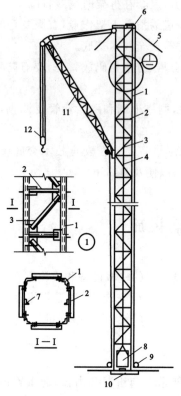

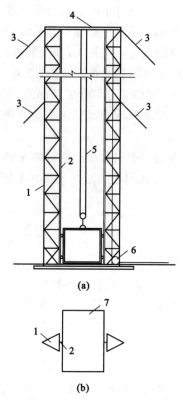

图 3.18　角钢井架

1—立柱;2—平撑;3—斜撑;4—钢丝绳;
5—缆风绳;6—天轮;7—导轨;8—吊盘;
9—地轮;10—垫木;11—摆臂拽杆;12—滑轮组

图 3.19　龙门架的基本构造形式

（a）立面;(b)平面

1—立杆;2—导轨;3—缆风绳;4—天轮;
5—起重索;6—地轮;7—吊盘

3.2.3　施工升降机

施工升降机又称为施工外用电梯,是一种采用齿轮齿条啮合传动或钢丝绳提升方式使吊笼作垂直运动的机械。施工升降机的吊笼装在井架外侧,沿齿条式轨道升降,附着在外墙或其他建筑物结构上,可载重货物 1.0～1.2 t,亦可容纳 12～15 人。其高度随着建筑物主体结构施工而接高,可达 100 m。它特别适用于高层建筑施工中运送施工人员上下及运输料具。

项目4 砌体工程

砌体工程是指由块体材料和砂浆砌筑而成的砖砌体、砌块砌体和石砌体的施工。常见的砖混结构的砖砌筑、框剪结构的填充墙砌筑都属于砌体工程，小区围墙的砌筑也属于砌体工程。

4.1 砖混结构施工测量放线

为了保证各层墙身轴线的重合和施工方便，在弹墙身线时，应根据龙门板或控制桩将轴线引测到房屋的外墙基上，二层以上各层墙的轴线可用经纬仪或垂球引测到楼层墙体上，并用钢尺根据图纸对轴线尺寸进行校核。

4.1.1 砖混结构首层平面施工测量放线

主体结构施工，首层平面施工测量放线的准确性最为重要，它将影响全楼各层的准确性。其测量放线的程序和要点如下：

1. 将龙门板轴线引测到外墙基上

基础砌完之后，先用经纬仪将龙门板轴线引测到外墙基上，并用墨线弹出各墙轴线，标出轴线号或"中"字形式。再用水准仪在基础露出自然地坪的墙身上抄出并用墨线弹出−0.15 m标高的水平线（根据具体情况决定），作为上部墙体砌筑时控制标高的依据，如图4.1所示。

（1）全面复查基础的墙体、轴线、开间尺寸，避免出现上部墙体砌筑时上下轴线偏移的情形，如图4.2所示。

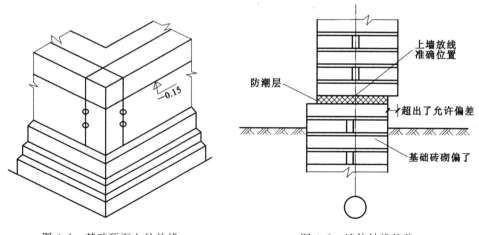

图4.1 基础顶面上的放线   图4.2 墙体轴线偏移

（2）在基础墙检查合格之后，在防潮层面上及基础墙外侧标出门窗口位置、尺寸及型号。平面上用交叉的斜线以示洞口，在墙的侧立面上用箭头表示其洞口的位置及宽度尺寸，如图4.3所示。

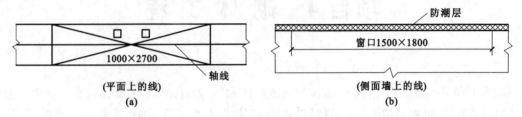

图 4.3　墙上的洞口位置标注

（3）如果上部墙体的厚度小于基础墙体的厚度，还应将上部墙体的边线弹出。

4.1.2　砖混结构楼层平面施工测量放线

楼层楼板施工完毕后，即可进行楼层平面施工测量放线，作为楼层墙体施工的依据。由于楼层的墙体高度远大于基础的高度，这样楼层墙体所产生的垂直偏差相比基础会大很多。当外墙向外或向内偏斜时，会使整个房屋的长度和宽度增长或缩短。如果仍然以四边外墙的主轴线作垂直放线的依据，会由于累计误差使墙体到一定高度时，其累计误差值超出允许偏差而导致事故。

因此，在楼层放线时，应采用取中间轴线放线的方法进行放线。即在建筑物的纵、横两个方向的中间各取一条轴线，在楼层平面上组成一对直角坐标，以此为基础对楼层其他轴线放线和控制建筑物两端的尺寸，防止可能发生的最大误差。具体操作方法如下：

（1）在各横墙的轴线中，选取中间部位的某道轴线，如图4.4中取④轴线，作为横墙中的主轴线。同样，在山墙上选取纵墙中部的某道轴线，如图4.4中的©轴线，作为纵墙中的主轴线。以后每层均以④轴和©轴作为垂直放线的主轴线。

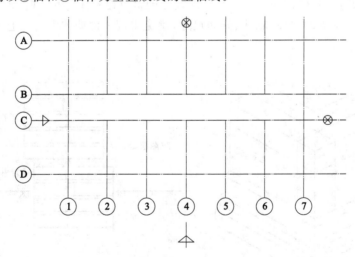

图 4.4　在轴网上确定测量主轴线示意图

（2）两条主轴线选定之后，将经纬仪安设在选定的主轴线的延长线上，离墙10 m左右，调平后对准主轴线的标志点，竖向转动望远镜把下层主轴线传递到上层楼面板边并做好标志，如

图 4.5 所示。用此方法标出建筑物纵、横墙上的四个标志点。

如果没有经纬仪,也可采用吊垂球的方法测出建筑物纵、横墙上的四个标志点(图 4.6)。

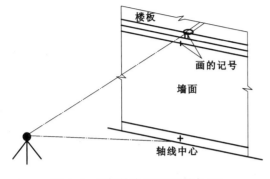

图 4.5　楼层轴线引测(经纬仪法)

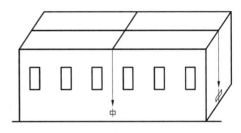

图 4.6　楼层轴线引测(垂球法)

(3)根据楼层上已有的四个标志点,就可弹出楼层上互相垂直的一对主轴线,即在楼层平面上形成一对直角坐标。根据轴线两端点长度的不同,通常采用以下两种方法弹出这对互相垂直的轴线。

第一种情况,这对轴线的两端点距离如不超过 30 m,只要用细线将两端的两点拉通、拽紧,使细线平直,随后在细线通过的地方隔 10 m 左右点一铅笔痕,用墨线弹出两点间的距离,使形成一对主轴线。

第二种情况,当轴线两端点的距离超过 30 m,就不宜采用细线拉通的办法,因为细线过长容易产生误差。而应采用经纬仪测设,测设的方法是将经纬仪支设在所测轴线的中间,并使仪器的中心位置处于这两点的连线上。然后观测者先正镜观测前方 a 点,再倒镜反过来观测 b 点,如果正、倒镜对这两点的观测都正好在十字丝中心,那么经纬仪的视准轴的投影和这条轴线重合,这时利用经纬仪就可以定出这条轴线上的点,再用墨线连成通长的轴线。如果正、倒镜的观测不能重合,就要向左或向右移动经纬仪,直到照准时正、倒镜能重合为止。如图 4.7 所示。

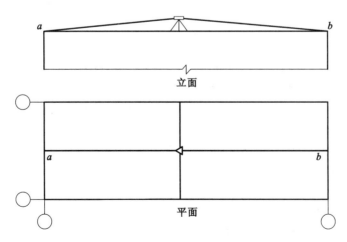

图 4.7　楼层平面轴线引测

(4)在楼层上定出了互相垂直的一对主轴线后,其他各道墙的轴线就可以根据图纸的尺寸,以主轴线为基准线,利用钢尺及细线在楼层上进行放线。

4.2 砖砌体施工

4.2.1 施工准备

4.2.1.1 材料准备

1. 砖

砖的种类主要有烧结普通砖、蒸压灰砂砖、粉煤灰砖、烧结空心砖。烧结空心砖的多孔砖可以用作砌筑承重的砖墙,而大孔砖则主要用来砌框架的填充墙、隔断墙等非承重墙。烧结普通砖的强度等级通常以其抗压强度为主,同时应满足一定的抗折强度。砖按抗压强度分为MU10、MU15、MU20、MU25、MU30 五个等级。常用的等级为MU10和MU15。

用于冬季室外计算温度在－10 ℃以下的地区,还要求吸水饱和的砖在－15 ℃时的条件下,经过 15 次冻融循环后,其质量损失不超过 2%,抗压强度降低不超过 25%,方为合格。

砖在砌筑前应视天气情况对砖提前浇水湿润。一般来说,普通砖、空心砖的含水率以10%～15%为宜。灰砂砖、粉煤灰砖的含水率以 5%～8%为宜。严禁砖砌筑前临时浇水,因过湿的砖表面存有水膜,会影响砌体的质量。

施工现场抽查砖的含水率的简易方法是现场断砖,砖截面四周融水深度为 15～20 mm 视为符合要求。

2. 砌筑砂浆

将砖、石及砌块粘结成为砌体的砂浆称为砌筑砂浆。它起着粘结砖、石及砌块构成砌体,传递荷载,并使应力的分布较为均匀,协调变形的作用。

(1) 砂浆的种类

砂浆用在墙体砌筑中,按所用的配合材料不同而分为不同的种类。

① 水泥砂浆　由水泥、砂和水按一定质量的比例搅拌而成,水泥砂浆的流动性和保水性较差,但能够在潮湿环境中硬化,一般多用于含水量较大的地基土中的地下砌体或有防水要求的砌体砌筑。

② 混合砂浆　由水泥、砂、石灰膏和水按一定质量的比例搅拌而成,有的加少量的微沫剂以节省石灰膏。主要用于地面以上墙体的砌筑。

③ 石灰砂浆　由砂、石灰膏和水按一定质量的比例搅拌而成。它的和易性好,但强度较低。多用于临时性墙体的砌筑。

④ 防水砂浆　是在 1∶3(体积比)水泥砂浆中,掺入水泥质量 3%～5%的防水粉或防水剂搅拌而成的。主要用于建筑物的防潮层。

⑤ 勾缝砂浆　是由水泥和细砂以 1∶1(体积比)拌制而成。主要用于清水墙面的勾缝。

(2) 原材料的要求

① 水泥:品种与标号应根据砌体部位及所处环境选择。水泥砂浆采用的水泥强度等级不宜大于 42.5 级,混合砂浆采用的水泥强度等级不宜大于 52.5 级。在配制砂浆时要尽量选用低标号水泥和砌筑水泥。因为石灰膏等掺合料的加入会降低砂浆强度,因此,规定了混合砂浆可采用强度等级为 52.5 级的水泥。如遇水泥标号不明或出厂日期超过三个月等情况,应经试

验鉴定后方可使用；不同品种的水泥不得混合使用。

② 砂：宜采用中砂并应过筛。采用中砂拌制砂浆，既能满足和易性要求，又能节约水泥，因此，应优先选用。砂中不得含有草根等杂物，含泥量应符合有关要求（水泥砂浆及强度等级大于或等于 M5 的混合砂浆含泥量不应超过 5％；强度等级小于 M5 的混合砂浆含泥量不应超过 10％）。

③ 水：宜采用饮用水。

④ 塑化剂（掺合料）：包括石灰膏、黏土膏、电石膏、生石灰粉和微沫剂等，常用石灰膏或生石灰粉，用块状生石灰熟化成石灰膏时应筛网过滤并要求其充分熟化，熟化时间不少于 7 d，如采用磨细生石灰粉，熟化时间不少于 2 d。

（3）砂浆搅拌的要求

砂浆应采用机械搅拌，自投料完算起，搅拌时间应符合下列规定：

① 水泥砂浆和水泥混合砂浆不得少于 2 min；

② 水泥粉煤灰砂浆和掺用外加剂的砂浆不得少于 3 min；

③ 掺用有机塑化剂的砂浆应为 3～5 min。

（4）砂浆使用的要求

砂浆应随拌随用，水泥砂浆和水泥混合砂浆应分别在 3 h 和 4 h 内使用完毕；当施工期间最高气温超过 30 ℃时，应分别在拌成后 2 h 和 3 h 内使用完毕（对掺用缓凝剂的砂浆，其使用时间可根据具体情况延长）。

（5）砂浆试块的要求

应抽样检查砂浆的强度等级。要求每一楼层（基础按一层计）或 250 m³ 砌体中各种强度等级的砂浆，每台搅拌机至少检查一次，每次至少制作一组试块（每组 6 块）。试块标准养护 28 d 后试压的结果将作为砂浆强度的依据。

砌筑砂浆试块强度验收时其强度合格标准必须符合以下规定：同一验收批砂浆试块抗压强度平均值必须大于或等于设计强度等级所对应的立方体抗压强度；同一验收批砂浆试块抗压强度的最小一组平均值必须大于或等于设计强度等级所对应的立方体抗压强度的 0.75 倍。

（6）砂浆的强度等级

砌筑砂浆强度划分为 M2.5、M5、M7.5、M10、M15、M20 六个等级。

（7）砂浆配合比的计算及确定

① 计算砂浆配制强度

$$f_{m,0} = f_2 + 0.645\sigma$$

式中　$f_{m,0}$——砂浆的试配强度，精确至 0.1 MPa；

　　　f_2——砂浆设计强度（即砂浆抗压强度平均值），MPa；

　　　σ——砂浆现场强度标准差，精确至 0.01 MPa。

砌筑砂浆现场强度标准差 σ 的确定应符合下列规定：

a. 当有统计资料时应按下式计算：

$$\sigma = \sqrt{\frac{\sum_{i=1}^{N} f_{m,i}^2 - N \cdot \mu_{f_m}^2}{N-1}}$$

式中　$f_{m,i}$——统计周期内同一品种砂浆第 i 组试件的强度，MPa；

$\mu_{f_{\mathrm{m}}}$——统计周期内同一品种砂浆 N 组试件强度的平均值,MPa;

N——统计周期内同一品种砂浆试件的总组数,$N \geqslant 25$。

b. 当不具有近期统计资料时,σ 可按表 4.1 取值。

表 4.1　砌筑砂浆现场强度标准差 σ 的选用值　　　　　（单位:MPa）

砂浆强度等值 施工水平	M2.5	M5	M7.5	M10	M15	M20
优良	0.50	1.00	1.50	2.00	3.00	4.00
一般	0.62	1.25	1.88	2.50	3.75	5.00
较差	0.75	1.50	2.25	3.00	4.50	6.00

② 计算每立方米砂浆中的水泥用量 Q_{C}

$$Q_{\mathrm{C}} = \frac{1000(f_{\mathrm{m},0} - B)}{A f_{\mathrm{ce}}}$$

式中　Q_{C}——每立方米砂浆中的水泥用量,精确至 1 kg,当计算出的水泥用量不足 200 kg/m³ 时,应按 $Q_{\mathrm{C}} = 200$ kg/m³ 计算;

$f_{\mathrm{m},0}$——砂浆的试配强度,精确至 0.1 MPa;

f_{ce}——水泥的实测强度,精确至 0.1 MPa;

A,B——砂浆的特征系数,取 $A = -3.03$,$B = -15.09$。

③ 计算每立方米砂浆中的石灰膏用量 Q_{D}

$$Q_{\mathrm{D}} = Q_{\mathrm{A}} - Q_{\mathrm{C}}$$

式中　Q_{D}——每立方米砂浆中的石灰膏用量;

Q_{C}——每立方米砂浆中的水泥用量;

Q_{A}——砂浆技术要求规定的胶结材料和掺合料的总量。

为了保证砂浆有良好的流动性和保水性,每立方米砂浆中胶结材料和掺合料的总量 Q_{A} 应在 300~350 kg/m³ 之间。其中石灰膏的稠度以 120 mm 为准,当不足 120 mm 时均要进行折减,折减换算系数见表4.2。

表 4.2　石灰膏不同稠度时的换算系数

石灰膏稠度(mm)	120	110	100	90	80	70	60	50	40	30
换算系数	1.00	0.99	0.97	0.95	0.93	0.92	0.90	0.88	0.87	0.86

④ 计算每立方米砂浆中砂的用量

砂浆中的水、胶结料和掺合料是用来填充砂子中的空隙的,因此,1m³ 砂浆含有 1m³ 堆积体积的砂子,所以每立方米砂浆中砂的用量应以干燥状态(含水率小于 0.5%)的堆积密度值作为计算值,计量单位为 kg/m³。

⑤ 按砂浆稠度选用每立方米砂浆用水量

砂浆中用水量的多少对其强度等性能的影响不是很大,可根据经验以满足施工所需的稠度为准,也可按表 4.3 选用。砂浆的用水量应扣除砂中含水量,但不扣除石灰膏中的含水量。

表 4.3　每立方米砂浆的用水量的选用值

砂浆品种	混合砂浆	水泥砂浆
用水量（kg/m³）	260～300	270～330

⑥ 试拌调整,确定配合比

理论计算出的试配配合比是不能直接用于施工中的,还要在实验室经过试配,不断测定稠度、分层度后对用水量和掺合料进行调整,直到符合要求为止。经调整后符合要求的配合比确定为砂浆的基准配合比。试配时采用三个不同配合比,其中一个为试配得出的基准配合比,另外两个分别使水泥用量增减 10%,并在保证稠度、分层度合格的条件下,调整相应的用水量和掺合料用量。

以上述三个配合比配制的砂浆制作试件,并测定砂浆强度等级,选择强度满足要求且水泥用量较少的配合比为所需的砂浆配合比,供施工中应用。

（8）砂浆配合比计算实例

【例 4.1】 某学生宿舍,为砖混结构。试计算砌筑砖墙的混合砂浆的配合比。

相关的技术资料如下:混合砂浆的设计强度等级为 M5.0,稠度要求 50～70 mm。采用普通硅酸盐水泥,水泥强度等级为 32.5 级;使用中砂,堆积密度为 1450 kg/m³,含水率为 2%;石灰膏的稠度为 90 mm。施工单位不具有近期砂浆试块的统计资料,施工水平一般。

① 计算砂浆配制强度

查表 4.1 知:$\sigma = 1.25$

$$f_{m,0} = f_2 + 0.645\sigma = 5 + 0.645 \times 1.25 = 5.8\text{MPa}$$

② 计算每立方米砂浆中的水泥用量 Q_C

$$Q_C = \frac{1000(f_{m,0} - B)}{Af_{ce}} = \frac{1000 \times (5.8 + 15.09)}{3.03 \times 32.5} = 212\text{kg/m}^3$$

水泥用量大于 200 kg/m³,按 $Q_C = 212$ kg/m³ 计算。

③ 计算每立方米砂浆中的石灰膏用量 Q_D

取 $Q_A = 300$ kg/m³,则

$$Q_D = Q_A - Q_C = 300 - 212 = 88\text{kg/m}^3$$

由于石灰膏的稠度为 90 mm,查表 4.2 知换算系数为 0.95,则取 $Q_D = 88 \times 0.95 = 84\text{kg/m}^3$。

④ 计算每立方米砂浆中砂的用量

考虑砂的含水率为 2%,则砂的实际用量为

$$1450 \times (1 + 2\%) = 1479\text{kg/m}^3$$

⑤ 确定每立方米砂浆用水量

参照表 4.3 结合经验可选每立方米砂浆用水量为 280 kg/m³（已考虑砂 2% 的含水率）,则砂浆的理论配合比为

$$水泥:石灰膏:砂:水 = 212:84:1479:280$$

或

$$水泥:石灰膏:砂:水 = 1:0.396:6.98:1.32$$

4.2.1.2　施工现场准备

（1）已办完地基、基础等隐蔽工程验收手续。

（2）已完成室外及房心回填土,安装好沟盖板。

（3）按标高抹好水泥砂浆防潮层。

（4）弹好轴线、墙身线，根据进场砖的实际规格尺寸弹出门窗洞口位置线，经验线符合设计要求，办完预检手续。

（5）按设计标高要求立好皮数杆，皮数杆的间距以 15～20 m 为宜。

（6）砂浆由实验室做好试配，施工现场准备好砂浆试模（6 块为一组）。

4.2.1.3　机具准备

按施工组织设计要求组织垂直和水平运输机械，砂浆搅拌机进场安装就位，并应备有砌筑常用的工具，如大铲、瓦刀、托线板、线坠、小白线、卷尺、铁水平尺、皮数杆、小水桶、灰槽、砖夹、扫帚等。

4.2.2　砖砌体施工

4.2.2.1　组砌形式及组砌要求

1. 砌体中砖和灰缝的名称

一块砖有三个面两两相等，最大的面叫大面，长条的面叫条面，短的一面叫丁面（也叫顶面）。

砌筑时，条面朝操作者的称为顺砖；丁面朝操作者的称为丁砖。

水平方向的灰缝称为水平缝；竖向的缝称为竖缝或立缝或头缝。

在砌筑时有时要砍砖，按砍砖后留下部分的尺寸不同分为"七分头"（砍去 1/4 砖，留下3/4 砖）、"半砖"、"二寸条"和"二寸头"，见图 4.8。

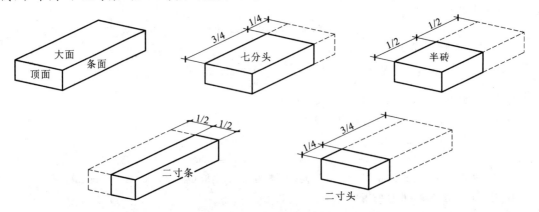

图 4.8　按砍砖后留下部分的尺寸分类示意图

2. 砖基础的组砌形式及组砌要求

砖基础根据其不同形式，有条形基础和独立基础。条形基础一般设在砖墙下，独立基础一般设在砖柱下。

砖基础由基础墙与大放脚组成，基础墙与墙身同厚（或略厚），基础墙下部扩大部分称为大放脚。大放脚下是基础垫层，垫层可用 C10 混凝土或 3：7 灰土做成；垫层的厚度：当采用混凝土垫层时一般不宜小于 100 mm，采用灰土垫层时不宜小于 300 mm。

砖基础依其大放脚收皮不同，分为等高式和不等高式两种。

等高式大放脚是每砌两皮砖收 1/4 砖，即大放脚台阶的宽高比为 1/2，如图 4.9 所示。

不等高式大放脚是二皮一收与一皮一收相间隔，两边各收进 1/4 砖长，但最底下为两皮砖，这种构造方法在保证刚性角的前提下，可以减少用砖量，如图 4.10 所示。

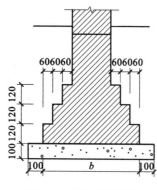

图 4.9 等高式大放脚

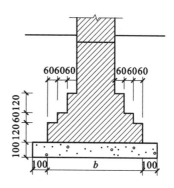

图 4.10 不等高式大放脚

大放脚一般采用一顺一丁砌法,上下皮垂直灰缝相互错开 60 mm。

砖基础的转角处、交接处,为错缝需要应加砌配砖(3/4 砖、半砖或 1/4 砖)。在这些交接处,纵横墙要隔皮砌通;大放脚的最下一皮及每层的最上一皮应以丁砌为主。

砖砌大放脚连续放级时,可以是一级、二级、三级或四级等,应视砖墙的厚度、荷载的大小和地基的承载力而定。各层大放脚的宽度应为 1/2 砖宽的整数倍。大放脚顶面应低于地面不小于 150 mm。

为防止地基土中水分沿砖块毛细管上升而对墙体的侵蚀,应设防潮层。当设计无具体要求时,可用 1∶2.5 水泥砂浆加适量防水剂铺设在离室内地面下一皮砖处(60 mm),其厚度一般为 20 mm。

3. 砖墙的组砌形式及组砌要求

用普通砖砌筑的砖墙,依其墙面组砌形式不同,常用以下几种:一顺一丁、三顺一丁、梅花丁。

(1) 一顺一丁(又叫满丁满条)砌法

由一皮顺砖与一皮丁砖相互交替砌筑而成,上下皮间的竖缝相互错开 1/4 砖长[图 4.11(a)]。

特点:这种砌法各皮间错缝搭接牢靠,墙体整体性较好,工人操作程序相对固定,操作易于掌握。砌筑时容易控制墙面的平直,但墙面的竖缝不易对齐。在墙的转角、丁字接头、门窗洞口等处都要砍砖,因此砌筑效率受到一定限制。在砌二四墙时,丁砖层的砖两个丁面都露出墙面,故对砖的质量要求较高。

一顺一丁的墙面形式有两种:一种是顺砖层上下对齐,称十字缝;一种是顺砖层上下相错半砖,称骑马缝。采用骑马缝形式时,可用"内七分头"或"外七分头",调整错缝搭接,但以"外七分头"较为常见。

(2) 三顺一丁砌法

由三皮顺砖与一皮丁砖相互交替叠砌而成。上下皮顺砖的竖缝错开 1/2 砖长,顺砖皮与丁砖皮的上下竖缝错开 1/4 砖长[图 4.11(b)]。

特点:这种砌法出面砖较少,并且在墙的转角、丁字与十字接头、门窗洞口处较少砍砖,故砌筑工效较高。但由于顺砖层较多,反面墙的平整度不易控制。当砖较湿或砂浆较稀时,顺砖层不易砌平且容易向外挤出,砌体质量受到影响。采用三顺一丁形式砌筑的墙体,其抗压强度值接近一顺一丁法,但受拉受剪力学性能均较一顺一丁砌法强。

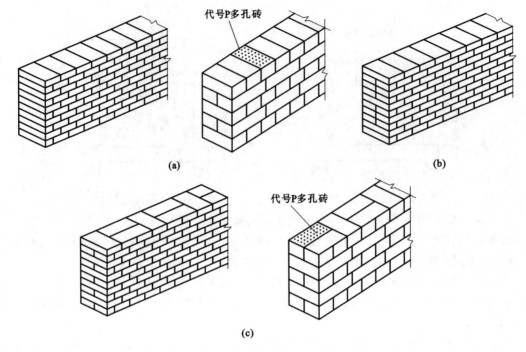

图 4.11　硅墙的组砌形式

(a) 一顺一丁式；(b) 三顺一丁式；(c) 梅花丁式

（3）梅花丁（又叫沙包式）砌法

由在同一皮砖层内一块顺砖和一块丁砖间隔砌筑而成（转角处不受此限）。上下两皮间竖缝错开 1/4 砖长，丁砖必须在顺砖的中间[图 4.11(c)]。

特点：这种砌法每皮砖的内外竖缝都能错开，故砌体抗压整体性较好。墙面容易控制平整，竖缝易于对齐，特别是当砖长、宽比例出现差异时，竖缝易控制。因同一皮砖层丁、顺砖交替砌筑，初学者操作时容易出错，工效相对较低。抗拉强度不如三顺一丁砌法。因外形整齐美观，多用于清水墙面砌筑。

梅花丁砌法在转角处用"七分头"调整错缝搭接时，必须采用"外七分头"。

（4）全顺砌法（条砌法）

每皮砖全部用顺砖砌筑，两皮间竖缝搭接 1/2 砖长。此种砌法仅用于半砖墙砌筑。

（5）全丁砌法

每皮全部用丁砖砌筑，两皮间竖缝搭接为 1/4 砖长。此种砌法一般多用于圆形建筑物，如水塔、烟囱、水池、圆仓等。

（6）两平一侧砌法

两皮平砌的顺砖或丁砖旁砌一皮侧砖，每砌两皮砖后，则将平砌砖和侧砌砖里外互换，即可砌成一八墙或三零墙（一八墙的实际墙厚为 178 mm，三零墙的实际墙厚为 303 mm）。两平砌顺砖层间竖缝应错开 1/2 砖长，两平砌丁砖层间竖缝应错开 1/4 砖长，平砌层与侧砌层间竖缝可错 1/4 或 1/2 砖长。此种砌法比较费工，墙体的抗震性能也较差，但能节约用砖量。

（7）空斗墙砌法

空斗墙分为有眠空斗墙和无眠空斗墙。

有眠空斗墙是将砖侧砌(称斗)与平砌(称眠)相互交替叠砌而成,形式有一斗一眠和多斗一眠两种形式。多用于填充墙,比实心墙可减轻自重。但填充墙与柱的拉结筋处要砌筑成实心墙。当作承重墙时,在墙的转角交接处,基础、地坪及楼面以上三皮砖,楼板、圈梁下三皮砖,门窗洞口的两侧 24 cm 范围内也要砌筑成实心墙。

无眠空斗墙是由两块砖侧砌的平行壁体及互相间用侧砖丁砌横向连接而成。

4. 砖柱的组砌形式及组砌要求

(1)砖柱应选用整砖砌筑。组砌时,应使柱面上下皮的竖缝相互错开 1/2 砖长或 1/4 砖长,在柱心无通天缝,少砍砖,并尽量利用二分头砖(即 1/4 砖),严禁采用包心组砌法,如图 4.12 所示。

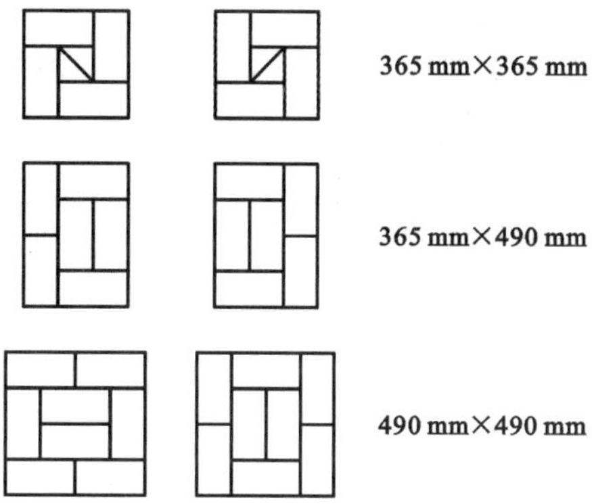

(2)砖柱断面宜为方形或矩形,最小断面尺寸为240 mm×365 mm。

(3)砖柱的水平灰缝厚度和垂直灰缝宽度宜为10 mm,但不应小于 8 mm,也不应大于 12 mm。

(4)砖柱水平灰缝的砂浆饱满度不得小于80%。

(5)成排同断面尺寸的砖柱,宜先砌两端的砖柱,以此为准,拉准线砌中间部分砖柱,这样可保证各砖柱皮数相同,水平灰缝厚度相同。

(6)砖柱中不得留脚手眼。

(7)砖柱每日砌筑高度不超过 1.8 m。

365 mm×365 mm

365 mm×490 mm

490 mm×490 mm

图 4.12　砖柱的组砌形式

4.2.2.2　砖砌体的施工工艺

砌筑砖墙通常包括抄平、放线、摆砖样、立皮数杆、盘角、挂准线、砌筑、勾缝等工序。

1. 抄平

砌墙前应在基础防潮层或楼面上定出各层标高,并用 M7.5 水泥砂浆或 C10 细石混凝土找平,使各段砖墙底部标高符合设计要求。找平时,应使上下两层外墙之间不致出现明显的接缝。

2. 放线

根据龙门板上给定的轴线及图纸上标注的墙体尺寸,在基础顶面上用墨线弹出墙的轴线和墙的宽度线,并定出门洞口位置线。在楼层上,墙的轴线可以用经纬仪或锤球将轴线引上,并弹出各墙的宽度线,画出门洞口位置线。

3. 摆砖样

摆砖样也称摆底,是在弹好线的基面上按选定的组砌方式先用干砖试摆,以便核对砖在门窗洞口、墙垛等处是否符合模数,可以通过调整灰缝,使砖的排列和灰缝宽度均匀合理。摆砖时,一般要求在山墙方向摆成丁砖,在外纵墙方向摆成顺砖,又称"山丁檐跑"。

摆砖结束后,用砂浆把干摆的砖砌好,并注意砖在平面位置不要错位。

4. 立皮数杆

(1)立皮数杆的定义:皮数杆是指在其上画有每皮砖和灰缝厚度,以及标有门窗、楼板、圈梁、过梁等构件位置,建筑物各种预留洞口和加筋高度的木制标杆。

(2)立皮数杆的作用:控制墙体的竖向尺寸。

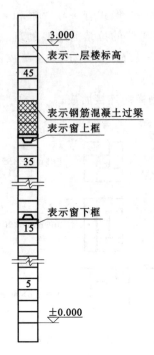

图 4.13　皮数杆

（3）画皮数杆的方法：画皮数杆时应从±0.000开始。从基础垫层面起到±0.000止，为基础部分皮数杆，±0.000以上为墙身皮数杆。楼房如每层高度相同时画到二层楼地面标高为止，平房画到前后檐口为止。画完后在杆上以每五皮砖为级数，标上砖的皮数，如5、10、15、…，并标明各种构件和洞口的标高位置及其大致图例，见图4.13。由于实际生产的砖厚度不一，在画皮数杆之前，从进场的各砖堆中抽取十块砖样，量出总厚度，取其平均值，作为画砖厚度的依据。砖厚加上灰缝的厚度，就是皮数杆每皮砖层的厚度。

（4）立皮数杆的位置：在墙上放线之后，根据砌砖的需要在一些部位钉立皮数杆，皮数杆应立在墙的转角处、内外墙交接处、楼梯间及墙面变化较多的部位，见图4.14。

立皮数杆时，使用外脚手架砌砖时皮数杆应立在墙内侧；当采用里脚手架砌砖时，皮数杆则应立在墙的外侧。

（5）立皮数杆的方法：立皮数杆时要用水准仪测定标高，使皮数杆上的±0.000与房屋上的±0.000相吻合。

皮数杆可以钉在预埋好的木桩上，也可以采用工具式皮数杆卡子钉在墙上。

皮数杆位置

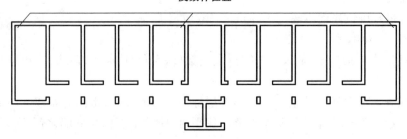

图 4.14　设立皮数杆位置

5. 盘角、挂准线

墙体砌砖时，一般先砌砖墙两端大角，俗称盘角。每次盘角不得超过五皮砖，用皮数杆控制墙角标高，用线坠或托线板使墙角垂直。然后再砌中间墙身。

中间墙身部分主要是依靠准线使其灰缝平直，一般二四墙采用单面挂线，三七墙及以上采用双面挂线。

挂准线时，两端必须将线拉紧。当用砖作坠线时要检查坠重及线的强度，防止线断坠砖落下。并在墙角用别棍（小竹片或22号铅丝）别住，防止线陷入灰缝中。

6. 砌筑

砌砖的操作方法很多。当采用铺浆法砌筑时，铺浆长度不宜超过750 mm；施工期间气温超过30 ℃时，铺浆长度不宜超过500 mm。最常用的是"三一"砌法。

"三一"砌法又叫大铲砌筑法，也叫满铺满挤操作法。即采用一铲灰、一块砖、一挤揉的砌法。其操作顺序是：

（1）铲灰取砖：砌墙时操作者应顺墙斜站，砌筑方向是由前向后退，这样可随时检查已砌好的墙面是否平直。铲灰时,取灰量应根据灰缝厚度,以满足一块砖的需要量为标准。取砖时应随拿随挑选。左手拿砖,右手铲灰,同时进行,以减少弯腰次数,争取砌筑时间。

(2)铺灰:铺灰是砌筑时比较关键的动作,如掌握不好就会影响砖墙砌筑质量。铺灰长度比一块砖长 1~2 cm,宽 8~9 cm,灰口要缩进外墙 2 cm。用大铲砌筑时,所用砂浆稠度为 70~90mm 较适宜。太稠时不易揉砖,竖缝也填不满;太稀时大铲不易铲灰,操作不方便。

(3)揉挤:灰浆铺好后,左手拿砖在离已砌好的砖 3~4 cm 处开始平放并稍稍蹭着灰面,把灰浆刮起一点到砖顶头的竖缝里,然后把砖揉一揉,顺手用大铲把挤出墙面的灰刮起来,甩到竖缝里。揉砖的目的是使砂浆饱满。砂浆铺得薄,要轻揉;砂浆铺得厚,揉时稍用一些劲,并根据铺浆及砖的位置还要前后揉或左右揉,总之揉到下齐砖棱上齐线为适宜。

"三一"砌法的特点:由于铺出的砂浆面积相当一块砖的大小,并且随即就揉砖,因此灰缝容易饱满,粘结力强,能保证砌筑质量。在挤砌时随手刮去挤出墙面的砂浆,使墙面保持清洁。但这种砌法一般都是单人操作,操作过程中取砖、铲灰、铺灰、转身、弯腰的动作较多,劳动强度大,又耗费时间,降低了砌筑效率。

7. 勾缝

勾缝是清水砖墙砌筑的最后一道工序,具有保护墙面和增加墙面美观的作用。内墙面可采用砌筑砂浆随砌随勾缝,称为原浆勾缝;外墙面应采用加浆勾缝,即在砌筑几皮砖以后,先在灰缝处画出 1 cm 深的灰槽,待砌完整个墙体以后,再用细砂拌制 1:1.5 水泥砂浆勾缝。勾缝完成后,应及时清扫墙面。

4.2.2.3 砖砌体的技术要求

1. 接槎的技术要求

砖墙的转角处和交接处一般应同时砌筑,若不能同时砌筑,应将留置的临时间断做成斜槎。斜槎长度不应小于墙高度的 2/3;接槎时必须将接槎处的表面清理干净,浇水湿润,填实砂浆并保持灰缝平直,见图 4.15。

如临时间断处留斜槎确有困难,在非抗震设防及抗震设防烈度为 6 度、7 度地区,除转角处外也可留直槎,但必须做成凸槎,并加设拉结筋。拉结筋的数量为每 12 cm 墙厚放置一根直径 6 mm 的钢筋,间距沿墙高不得超过 500 mm,埋入长度从墙的留槎处算起,每边均不得少于 500 mm;对抗震设防烈度为 6 度、7 度地区,不得小于 1000 mm,末端应有 90°弯钩,见图 4.16。

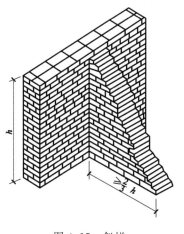

图 4.15 斜槎

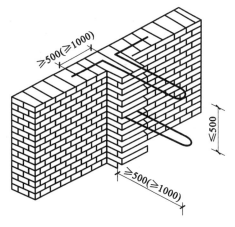

图 4.16 直槎

105

2. 砌筑构造柱的技术要求

设有钢筋混凝土构造柱的墙体,应先绑扎构造柱钢筋,然后砌砖墙,最后支模浇筑混凝土。砖墙应砌成马牙槎(五退五进,先退后进),墙与柱应沿高度方向每 500 mm 设水平拉结筋,每120 mm 厚墙设 1 根,每边伸入墙内不应少于 1 m,如图 4.17 所示。

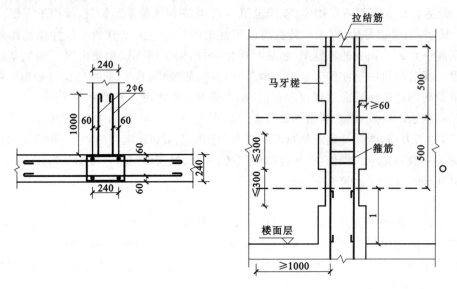

图 4.17　拉结钢筋布置及马牙槎

3. 砌筑砖平拱的技术要求

当窗洞宽度小于 1.8 m,且其上无集中荷载时,可以用砖平拱做窗洞的过梁。

砖平拱应用整砖侧砌,平拱高度不小于砖长(240 mm)。砖平拱的灰缝应砌成楔形。灰缝的宽度,在平拱的底面不应小于 5 mm,在平拱顶面不应大于 15 mm。砖平拱砌筑时,应在其底部支设模板,模板中央应有 1% 的起拱。砖平拱的砖数应为单数。砌筑时应从平拱两端同时向中间进行。砖平拱的拱脚下面应伸入墙内不小于 20 mm,如图 4.18 所示。

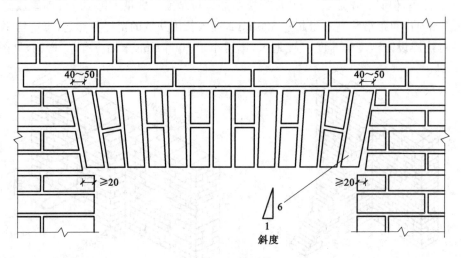

图 4.18　砖平拱

砖平拱底部的模板,应在砂浆强度达到不低于设计强度 50% 时方可拆除。砖平拱截面计算高度内的砂浆强度等级不宜低于 M5。

4. 砌筑钢筋砖过梁的技术要求

当窗洞宽度小于 2 m 时，可以用钢筋砖过梁做窗洞的过梁。

钢筋砖过梁的底面为砂浆层，砂浆层厚度不宜小于 30 mm。砂浆层中应配置钢筋，钢筋直径不应小于 6 mm，其间距不宜大于 120 mm，钢筋两端伸入墙体内的长度不宜小于 250 mm，并有向上的直角弯钩，弯钩处用丁砖卡紧，如图 4.19 所示。

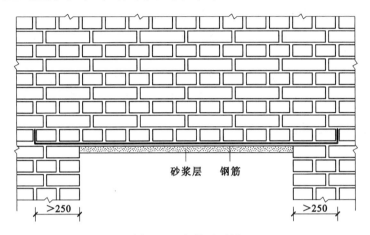

图 4.19　钢筋砖过梁

钢筋砖过梁砌筑前，应先支设模板，模板中央应略有起拱。砌筑时，先铺 15 mm 厚的砂浆层，把钢筋放在砂浆层上，使其弯钩向上，然后再铺 15 mm 砂浆层，使钢筋位于 30 mm 厚的砂浆层中间。之后，按墙体砌筑形式与墙体同时砌砖。

钢筋砖过梁截面计算高度内（7 皮砖高）的砂浆强度不宜低于 M5。

钢筋砖过梁底部的模板，应在砂浆强度达到设计强度 50% 时方可拆除。

5. 设置临时施工洞口的技术要求

在墙上留置的临时施工洞口，其侧边离交接处的墙面不应小于 500 mm，洞口净宽度不应超过 1 m。抗震设防烈度为 9 度的地区建筑物的临时施工洞口位置，应会同设计单位确定。临时施工洞口应做好补砌。

6. 设置脚手架眼的技术要求

在下列墙体或部位中不得设置脚手架眼：

（1）120 mm 厚墙、料石清水墙和独立柱；

（2）过梁上与过梁成 60°角的三角形范围及过梁净跨度 1/2 的高度范围内；

（3）宽度小于 1 m 的窗间墙；

（4）砌体门窗洞口两侧 200 mm（石砌体为 300 mm）和转角处 450 mm（石砌体为 600 mm）范围内；

（5）梁或梁垫下及其左右 500 mm 范围内；

（6）设计不允许设置脚手眼的部位。

7. 每层承重墙最上一皮砖、梁或梁垫下面的砖也应用丁砖砌筑。

8. 砌体相邻工作段的高度差，不得超过一个楼层的高度，也不宜大于 4 m；砌体砌筑的临时间断处的高度差，不得超过一步脚手架的高度（1.2～1.5 m）。

4.2.2.4 砌筑施工质量保证要点

砌筑施工质量保证要点为砌体的"内三度"、"外三度"及接槎。

"内三度"是指砌体的三项内在质量要求。一是砖、石、砌块的强度；二是砌筑砂浆的强度；三是砂浆与砖的粘结饱满程度。如果这三项都能符合验收规范的要求，则砌体的基本质量就得到了保证。

"外三度"是指砌体外观上可以测得的三项技术要求。一是砌体的垂直度，这是保证传力的首要条件；二是砌体的平整度，这是反映组砌整体性能好的一个侧面；三是十皮砖的厚度，这是控制灰缝保持在 10 mm 左右的一项指标。如果这三项都能符合验收规范的要求，则砌体的外观质量就得到了保证。

接槎是房屋砌体能否联结成整体、形成共同作用的关键。接槎若能符合验收规范的要求，不仅使房屋整体刚度好，对地震区的抗震也是极为有利的。

4.2.3 砖砌体的质量要求及检验

4.2.3.1 砖砌体的质量要求

砖砌体的质量应符合《砌体工程施工质量验收规范》的要求，做到横平竖直、灰浆饱满、错缝搭接、接槎可靠。

1. 砌体灰缝横平竖直、灰浆饱满

为了使砌块受力均匀，保证砌体紧密结合，不产生附加剪应力，砖砌体的灰缝应横平竖直，厚薄均匀，并填满砂浆，砖墙不出现游丁走缝（竖向灰缝上下不对齐称游丁走缝），砌体水平灰缝的砂浆饱满度不得小于 80%，不得出现透明缝，砌体的水平灰缝厚度和竖向灰缝厚度一般规定为 10 mm，不小于 8 mm，也不应大于 12 mm。

2. 错缝搭接

为了提高砌体的整体性、稳定性和承载力，砖块排列应遵守上下错缝、内外搭接的原则，不准出现通缝。错缝或搭接长度一般不小于 1/4 砖长（60 mm）。

4.2.3.2 砖砌体质量的检验

砖砌体质量的检验项目主要有主控项目、一般项目两个方面。主控项目有砖强度等级、砂浆强度等级、斜槎留置、直槎拉结钢筋及接槎处理、砂浆饱满度、轴线位移、垂直度。一般项目有组砌方法、水平灰缝厚度、顶（楼）面标高、表面平整度、门窗洞口、窗口偏移、水平灰缝垂直度、清水墙游丁走缝。

1. 砖砌体工程检验批合格均应符合下列规定：

（1）主控项目的质量经抽样检验全部符合要求。

（2）一般项目的质量经抽样检验应有 80% 及以上符合要求或偏差值在允许偏差范围内。

（3）具有完整的施工操作依据、质量检查记录。

2. 砖砌体质量的检验方法

（1）砖和砂浆的强度等级必须符合设计要求。

抽检数量：每一生产厂家的砖到现场后，按烧结砖 15 万块、多孔砖 5 万块、灰砂砖及粉煤灰砖 10 万块各为一验收批，抽检数量为 1 组。

在砂浆搅拌机出料口随机取样制作砂浆试块（同盘砂浆只应制作一组试块）。

砂浆试块每一验收批的规定如下：同一类型、强度等级的砂浆试块应不少于 3 组为一验收批;不超过 250 m³ 砌体的各种类型及强度等级的砌筑砂浆为一验收批;每台搅拌机应至少抽检一次。

检验方法:查砖和砂浆试块试验报告。

砌筑砂浆试块强度验收时,其强度合格标准必须符合以下规定:同一验收批砂浆试块抗压强度平均值必须大于或等于设计强度等级所对应的立方体抗压强度;同一验收批砂浆试块抗压强度的最小一组平均值必须大于或等于设计强度等级所对应的立方体抗压强度的 0.75 倍。当同一验收批只有一组试块时,该组试块抗压强度的平均值必须大于或等于设计强度等级所对应的立方体抗压强度。

砂浆强度应以标准养护、龄期为 28 d 的试块抗压试验结果为准。

(2) 砖砌体水平灰缝的砂浆饱满度不得小于 80%。

检查工具:百格网。

检查方法:用百格网检查砖底面与砂浆的粘结痕迹面积。

检查部位及数量:每检验批检查不应少于 5 处,每步架检查不应少于 3 处。每处检测 3 块砖,取其平均值。

(3) 砌体的转角处和交接处应同时砌筑,严禁无可靠措施的内外墙分砌施工。对不能同时砌筑而又必须留置的临时间断处应砌成斜槎,斜槎水平投影长度不应小于高度的 2/3。

抽检数量:每检验批抽 20% 接槎,且不应少于 5 处。

检验方法:观察检查。

(4) 轴线(位置)偏移检查

检查工具:经纬仪、通线和尺。

检查方法:先用经纬仪将轴线控制桩、引桩上的中心点,导至受检的墙面,并作上记号,再通过引点拉通线,用尺量出各轴线间的距离,该距离与图纸上轴线距离的差值即为偏差值。

检查部位:全部承重墙和柱。

(5) 墙面垂直度检查

① 每层墙面垂直度的检查

检查工具:2 m 托线板(也称靠尺板)和尺。托线板上挂线坠的线不宜过长、过粗,线坠应位于托线板下端开口处,注意不要使线坠的线贴靠在托线板上,要让线坠自由摆动。

检查方法:将托线板一侧垂直靠紧墙面进行检查。这时检查摆动的线坠最后停摆的位置是否与托线板上的竖直墨线(托线板上的竖直墨线与托线板的侧边平行)重合,重合表示墙面垂直;不重合则说明墙身倾斜。用尺可量出其偏差值。

检查部位及数量:内墙按有代表性的自然间抽 10%,但不少于 3 间,每间不应少于 2 处。

② 房屋全高垂直度的检查

检查工具:经纬仪或吊线坠和尺。

检查方法:只介绍吊线坠和尺的检查方法。先在房屋大角顶部两侧 100 mm 范围内,向下垂吊线坠,并用测尺使吊线坠离开墙面一定距离。待吊线坠稳定后,用尺在底部量出吊线坠垂线与墙面的距离,该距离与测尺上读数的差值即为房屋全高垂直度的偏差值。

检查部位及数量:外墙的阳角,不应少于 4 处。

（6）墙面平整度检查

检查工具：2 m靠尺和楔形塞尺。

检查方法：将靠尺的一侧垂直靠紧墙面，在靠尺和墙面的缝隙中塞入楔形塞尺，楔形塞尺上的读数即为墙面平整度的偏差值。

检查部位及数量：内墙按有代表性的自然间抽10%，但不少于3间，每间不应少于3处。

（7）水平灰缝平直度检查

检查工具：10 m线绳和尺。

检查方法：在同一皮砖的灰缝处，以上砖下沿或下砖上沿为准拉紧通线，找出最大偏差点，尺量读数。如为全缝厚应减去皮数杆的标准值，即为水平灰缝平直度的偏差值。

检查部位及数量：按有代表性的自然间抽10%，但不少于3间，每间不应少于3处。

（8）清水墙游丁走缝的检查

检查工具：吊线坠和尺。

检查方法：以底层第一皮砖为准。将线坠由上至下吊到底层砖的边沿，沿垂线量出最大偏差点，其读数即为清水墙游丁走缝的偏差值。

4.3 中小型空心砌块砌体工程

砖砌体在我国有悠久的历史，它取材容易、造价低、施工简单，其缺点是自重大、工人劳动强度高、生产效率低，且烧砖要占用大量农田，难以适应现代建筑工业化的需要，因而采用新型墙体材料、改善砌体施工工艺是砌筑工程改革的重点。

墙体材料的发展方向是逐步限制和淘汰实心黏土砖，大力发展多孔砖、空心砖、废渣砖、各种建筑砌块和建筑板材等各种新型墙体材料。

4.3.1 砌块分类

1. 砌块的种类

砌块可用粉煤灰、煤矸石作为主要原料制作。各地生产的砌块有煤渣及粉煤灰加生石灰和少量石膏振动成型经蒸汽养护制成的粉煤灰硅酸盐砌块，其容重一般为 $14\sim15$ kN/m³；有煤矸石空心砌块；有以磨细的煅烧煤矸石、生石灰和石膏为胶结材料，以破碎的煤矸石为骨料，配制成混凝土，经振捣成型并加热养护而制成的煤矸石混凝土空心砌块；有普通混凝土空心砌块以及加气混凝土砌块或加气硅酸盐砌块。

2. 砌块的规格

砌块外形尺寸可达实心黏土砖的 $6\sim60$ 倍。高度在 $180\sim380$ mm 的块体，一般称为小型砌块；高度在 $380\sim940$ mm 的块体，一般称为中型砌块；大于 940 mm 的块体，称为大型砌块。

砌块的规格、型号与建筑的层高、开间和进深有关。由于建筑的功能要求、平面布置和立面体型各不相同，这就必须选择一组符合统一模数的标准砌块，以适应不同建筑平面变化。

普通混凝土小型空心砌块主规格尺寸为 390 mm×190 mm×190 mm，辅助规格尺寸为 290 mm×190 mm×190 mm、90 mm×190 mm×190 mm。

3. 砌块的等级

普通混凝土小型空心砌块按其强度分为 MU3.5、MU5.0、MU7.5、MU10.0、MU15.0、MU20.0。轻骨料混凝土小型空心砌块按其强度分为 MU2.5、MU3.5、MU5.0、MU7.5、MU10.0。

4.3.2　施工准备

砌块：不得使用刚出厂的"热砌块"，砌块出厂存放时间应符合规范要求，待砌块收缩基本稳定后再使用。砌块应按等级分别堆放，不得混杂，装卸时应避免碰撞摔打，不许翻斗倾卸。雨季施工时，砌块不应贴地堆放。

混凝土空心砌块砌筑前不宜过多浇水，但加气混凝土砌块应在砌筑前1～2 d浇水湿润，按气候情况控制好砌块湿度，砌筑时应保持湿润。

砂浆：小型砌块施工时所用的砂浆，宜选用专用的小砌块砌筑砂浆。这种砂浆可以提高小砌块与砂浆间的粘结力，且施工性能好，有利于保证施工质量。

砂浆不宜采用细砂或含泥量过高的砂配制，稠度一般控制在 5～7 cm，应有良好的和易性、保水性，砂浆应随拌随用，不准使用隔夜砂浆，水泥砂浆应在初凝前用完，混合砂浆应在4 h内用完。

4.3.3　砌块砌体的组砌排列

1. 组砌的排列要求

砌块排列的技术要求是：上下皮砌块错缝搭接长度一般为砌块长度的1/2，或不得小于砌块皮高的1/3，以保证砌块牢固搭接；外墙转角处及纵横墙交接处应用砌块相互搭接，如纵横墙不能互相搭接，则应每两皮设置一道钢筋网片。

砌块在施工前应先绘制砌块排列图，以指导吊装施工和砌块准备，如图4.20所示。

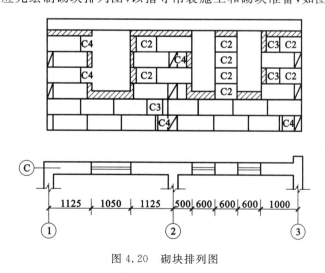

图4.20　砌块排列图

砌块排列图绘制方法：在立面图上用1∶50或1∶30的比例绘制出纵横墙面，然后将过梁、平板、大梁、楼梯、混凝土垫块、管道孔洞等在图上标出；在纵横墙上画水平灰缝线，按砌块错缝搭接的构造要求和竖缝的大小，尽量以主砌块为主、其他各种型号砌块为辅进行排列。需要镶砖时，尽量对称分散布置。

2. 砌块排列时的注意事项

(1) 砌块排列应从基础面或±0.000 面开始,排列时尽可能采用主规格的砌块,砌体中主规格砌块应占总量的 75%～80%。

(2) 砌块排列上下皮应对孔错缝搭接,个别部位不能满足上述要求时,可以错孔砌筑,但其搭接长度不应小于 90 mm,如不能满足时,应在灰缝中设长 600 mm 的 φ4 点焊网片。

(3) 外墙转角及纵横墙交接处,应将砌块分批咬槎,交错搭砌。如果不能咬槎时,按设计要求采取其他构造措施,砌体垂直缝与门窗洞口边线应避开通缝,且不得采用其他类型的砖镶砌。

(4) 砌体灰缝一般应控制在 8～12 mm,大于 30 mm 的垂直灰缝应采用 C20 的细石混凝土灌实。

(5) 砌块排列应尽量不镶砖或少镶砖,必须镶砖时应采用整砖平砌,且尽量分散镶砖。

(6) 砌块砌体布置与结构构件布置矛盾时,应首先满足构件布置要求。

4.3.4 砌块施工

1. 施工工艺

砌块施工工艺流程是:铺灰→砌块就位→校正→灌缝→镶砖。

(1) 铺灰 砌块墙体所采用的砂浆应具有较好的和易性;砂浆稠度宜为 50～80 mm;铺灰应均匀平整,铺灰长度不得超过 800 mm(即两个主规格砌块长度),炎热天气及严寒季节应适当缩短。

(2) 砌块就位 小型空心砌块是人工安放就位的,与砌砖类似。中型砌块吊装就位一般用摩擦式夹具,夹砌块时应避免偏心。砌块就位时,应使夹具中心尽可能与墙身中心线在同一垂直线上,对准位置徐徐下落于砂浆层上,待砌块安放稳定后,方可松开夹具。

砌筑时,砌块应底面朝上(即反砌),应从外墙转角处或定位砌块处开始砌筑。

(3) 校正 砌块吊装就位后,用垂球或托线板检查砌块的垂直度,用拉准线的方法检查砌块的水平度。

(4) 灌缝 每砌一皮砌块,就位校正后,先用砂浆灌竖缝,随后进行水平灰缝的勾缝(原浆勾勒),深度一般为 3～5 mm。竖缝可用夹板置于墙体内外表面将墙夹住后,再灌砂浆,用竹片插捣或用铁棒插捣,使其密实。大于 30 mm 的竖缝应用 C20 细石混凝土灌实。

(5) 镶砖 镶砖工作要紧密配合安装,在砌块校正后进行,不要在安装好一层墙身后才镶砖。

2. 施工要点

(1) 施工时所用的混凝土小型空心砌块的产品龄期不应小于 28 d。

(2) 砌筑小砌块时,应清除表面污物和芯柱及小砌块孔洞底部的毛边,剔除外观质量不合格的小砌块。

(3) 在天气炎热的情况下,可提前洒水湿润小砌块;对轻骨料混凝土小砌块,可提前浇水湿润。小砌块表面有浮水时,不得施工。

(4) 小砌块应底面朝上反砌于墙上。承重墙严禁使用断裂的小砌块。

(5) 小砌块应从转角或定位处开始,内外墙同时砌筑,纵横墙交错搭接。外墙转角处应使小砌块隔皮露端面;T 字交接处应使横墙小砌块隔皮露端面,纵墙在交接处改砌两块辅助规格小砌块(尺寸为 290 mm×190 mm×190 mm,一端开口),所有露端面用水泥砂浆抹平,如图 4.21所示。

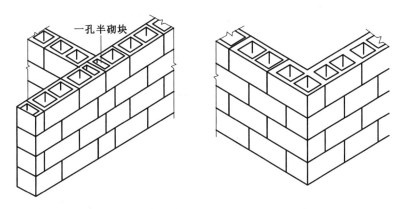

图 4.21　砌体 T 字交接和外墙转角砌筑示意图

(6)小砌块墙体应对孔错缝搭砌,搭接长度不应小于 90 mm。墙体的个别部位不能满足上述要求时,应在灰缝中设置拉结钢筋或钢筋网片,但竖向通缝不能超过两皮小砌块。

(7)小砌块砌体的灰缝应横平竖直,全部灰缝均应铺填砂浆;水平灰缝的砂浆饱满度不得低于 90%;竖向灰缝的砂浆饱满度不得低于 80%;砌筑中不得出现瞎缝、透明缝。水平灰缝厚度和竖向灰缝宽度应控制在 8~12 mm。当缺少辅助规格小砌块时,砌体通缝不应超过两皮砌块。

(8)小砌块砌体临时间断处应砌成斜槎,斜槎长度不应小于其高度的 2/3(一般按一步脚手架高度控制);如留斜槎有困难,除外墙转角处、抗震设防地区及砌体临时间断处不应留直槎外,从砌体面伸出 200 mm 砌成阳槎,并沿砌体高每三皮砌块(600 mm)设拉结筋或钢筋网片,接槎部位宜延至门窗洞口,如图 4.22 所示。

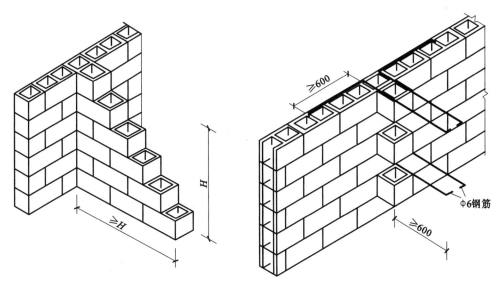

图 4.22　砌块的斜槎和直槎

4.3.5 砌块砌体质量验收

混凝土小型空心砌块砌体的质量验收分为合格和不合格两个等级。

混凝土小型空心砌块砌体的质量合格应符合以下规定：

(1)主控项目应全部符合规范规定的要求。

混凝土小型空心砌块砌体主控项目有：

①施工所用的小砌块和砂浆的强度等级必须符合设计要求。

抽检数量：每一生产厂家，每1万块小砌块至少应抽检一组。用于多层以上建筑基础和底层的小砌块抽检数量应不少于两组。砂浆试块的抽检数量参照砖砌体的有关规定。

检验方法：查小砌块和砂浆试块试验报告。

②施工所用的砂浆宜选用专用的小砌块砌筑砂浆。砌体水平灰缝的砂浆饱满度应按净面积计算不得低于90％；竖向灰缝的砂浆饱满度不得小于80％，竖缝凹槽部位应用砌筑砂浆填实，不得出现瞎缝、透明缝。

抽检数量：每检验批不应少于3处。

检验方法：用专用百格网检测小砌块与砂浆粘结痕迹，每处检测3块小砌块，取其平均值。

(2)一般项目应80％及以上符合规范规定的要求或偏差值在规范规定的允许偏差范围内。

4.4　砌筑工程的冬期施工

当室外日平均气温连续5 d都低于5 ℃时，砌体工程应采取冬期施工措施。

砖石砌体工程的冬期施工以采用掺盐砂浆法为主，对保温绝缘、装饰等方面有特殊要求的工程，可采用冻结法或其他施工方法。

4.4.1　掺盐砂浆法

掺入盐类的水泥砂浆、水泥混合砂浆或微沫砂浆称为掺盐砂浆。采用这种砂浆砌筑的方法称为掺盐砂浆法。

1. 掺盐砂浆法的原理和适应范围

掺盐砂浆法就是在砌筑砂浆内掺入一定数量的抗冻化学剂来降低水溶液的冰点，以保证砂浆中有液态水存在，使水化反应在一定负温下不间断进行，使砂浆在负温下强度能够继续缓慢增长。同时，由于降低了砂浆中水的冰点，砖石砌体的表面不会立即结冰而形成冰膜，故砂浆和砖石砌体能较好地粘结。

掺盐砂浆中的抗冻化学剂，目前主要是氯化钠和氯化钙，其他还有亚硝酸钠、碳酸钾和硝酸钙等。

采用掺盐砂浆法具有施工简便、施工费用低、货源易于解决等优点，所以在我国砖石砌体冬期施工中普遍采用掺盐砂浆法。

由于氯盐砂浆吸湿性大，使结构保温性能下降，并有析盐现象等。对下列工程严禁采用掺盐砂浆法施工：对装饰有特殊要求的建筑物，使用湿度大于80％的建筑物，接近高压电路的建筑物,配筋、预埋件无可靠的防腐处理措施的砌体,处于地下水位变化范围内以及水下未设防水层的结构。

2. 掺盐砂浆法的施工工艺

冬期施工所用的材料要求:砖石在砌筑前,应清除冰霜,拌制砂浆所用的砂中不得含有冰块和直径大于 10 mm 的冻结块;石灰膏、电石膏等应防止受冻,如遭冻结,应经融化后使用;砌体用砖或其他块材不得遭水浸冻。水泥应选用普通硅酸盐水泥;拌制砂浆时,水的温度不得超过 80 ℃;砂的温度不得超过 40 ℃。

采用掺盐法进行施工时,应按不同负温界限控制掺盐量。如砂浆中氯盐掺量过少,砂浆内会出现大量的冰结晶体,水化反应极其缓慢,导致早期强度降低;如果氯盐掺量大于 10%,砂浆的后期强度就会显著降低,同时导致砌体析盐量过大,增大吸湿性,降低保温性能。

对砌筑承重结构的砂浆强度等级应按常温施工时提高一级。拌和砂浆前要对原材料加热,且应优先对水加热,当仍满足不了温度要求时,再对砂进行加热。当拌合水的温度超过 60 ℃时,要先用热水和砂拌和,再投放水泥。如掺盐砂浆中要掺入微沫剂,则盐溶液和微沫剂在砂浆拌和过程中先后加入。砂浆应采用机械进行拌和,搅拌时间应比常温季节增加一倍。拌和后的砂浆应注意保温。

由于氯盐对钢筋有腐蚀作用,掺盐法用于设有构造配筋的砌体时,钢筋可以涂樟丹 2~3 道或者涂沥青 1~2 道,以防钢筋锈蚀。

掺盐砂浆法砌筑砖砌体时,应采用"三一"砌砖法进行操作。即一铲灰,一块砖,一揉压,使砂浆与砖的接触面能充分结合。砌筑时要求灰浆饱满,灰缝厚度均匀,水平缝和垂直缝的厚度和宽度应控制在 8~10 mm。采用掺盐砂浆法砌筑砌体,砌体转角处和交接处应同时砌筑,对不能同时砌筑而又必须留置的临时间断处,应砌成斜槎。砌体表面不应铺设砂浆层,宜采用保温材料加以覆盖,继续施工前,应先用扫帚扫净砖表面,然后再施工。

4.4.2 冻结法

冻结法是指在室外用热砂浆进行砌筑,在砂浆中不掺外加剂的一种冬期施工方法。

1. 冻结法的原理和适应范围

冻结法的砂浆内不掺任何抗冻化学剂,允许砂浆在铺砌完后受冻。受冻的砂浆可以获得较大的冻结强度,而且冻结的强度随气温降低而增高。当气温转入正温后,水泥水化作用重新进行,砂浆强度可继续增长。

冻结法允许砂浆在砌筑后遭受冻结,且在解冻后其强度仍可继续增长。所以对有保温、绝缘、装饰等特殊要求的工程和受力配筋砌体以及不受地震区条件限制的其他工程,均可采用冻结法施工。

冻结法施工的砂浆,经冻结、融化和硬化三个阶段后,砂浆强度、砂浆与砖石砌体间的粘结力都有不同程度的降低。砌体在融化阶段,由于砂浆强度接近于零,将会增加砌体的变形和沉降。所以对下列结构不宜选用:空斗墙、毛石墙、承受侧压力的砌体、在解冻期间可能受到振动或动荷载的砌体、在解冻期间不允许发生沉降的砌体。

2. 冻结法的施工工艺

采用冻结法施工时,宜采用"三一"砌筑法,要特别注意房屋转角处和内外墙交接处的灰缝是否饱满。组砌形式一般采用一顺一丁。冻结法施工中宜采用水平分段施工,墙体一般应在一个施工段范围内,砌筑至一个施工层的高度,不得间断。每天砌筑高度和临时间断处均不宜大于 1.2 m。不设沉降缝的砌体,其分段处的高差不得大于 4 m。

砌体解冻时,由于砂浆的强度接近于零,所以增加了砌体解冻期间的变形和沉降,其下沉量比常温施工增加 10%～20%。解冻期间,由于砂浆遭冻后强度降低,砂浆与砌体之间的粘结力减弱,所以砌体在解冻期间的稳定性较差。用冻结法砌筑的砌体,在开冻前需进行检查,开冻过程中应组织观测。如发现裂缝、不均匀下沉等情况,应分析原因并立即采取加固措施。

为保证砖砌体在解冻期间能够均匀沉降而不出现裂缝,应遵守下列要求:解冻前应清除房屋中剩余的建筑材料等临时荷载;在开冻前,宜暂停施工;留置在砌体中的洞口和沟槽等,宜在解冻前填砌完毕;跨度大于 0.7 m 的过梁,宜采用预制构件;门窗框上部应留 3～5 mm 的空隙,作为解冻后预留沉降量;在楼板水平面上以及墙的拐角处、交接处和交叉处每半砖设置一根 $\phi6$ 的拉筋。

在解冻期进行观测时,应特别注意多层房屋下层的柱和窗间墙、梁端支承处、墙交接处等地方。此外,还必须观测砌体沉降的大小、方向和均匀性以及砌体灰缝内砂浆的硬化情况。观测一般需 15 d 左右。

解冻时除对正在施工的工程进行强度验算外,还要对已完成的工程进行强度验算。

4.4.3 砌体冬期施工的其他施工方法简介

1. 蓄热法

方法:先加热水和砂,再配制砂浆,然后砌筑,最后用保温材料覆盖。

适用范围:温度为-5～10 ℃,寒冷地区的初冬和初春,地下结构工程施工。

2. 暖棚法

方法:用简易结构或保温材料封闭工作面,使砌体在正温(≥5 ℃)下砌筑和养护。

适用范围:地下室墙、挡土墙、局部性事故工程的砌筑。

3. 快硬砂浆法

方法:用快硬硅酸盐水泥、加热水和砂浆制成的快硬砂浆砌筑。

适用范围:热工要求高,湿度大于 60% 及接触高压输电线路和配筋的砌体。

项目 5 模 板 施 工

5.1 定型组合钢模板拼装

5.1.1 定型组合钢模板概述

定型组合钢模板是一种工具式定型模板,由钢模板和配件组成,配件包括连接件和支承件。

钢模板通过各种连接件和支承件可组合成多种尺寸、结构和几何形状的模板,以适应各种类型建筑物的梁、柱、板、墙、基础和设备等施工的需要,也可用其拼装成大模板、滑模、隧道模和台模等。

施工时可在现场直接组装,亦可预拼装成大块模板或构件模板,用起重机吊运安装。

定型组合钢模板组装灵活,通用性强,拆装方便;每套钢模可重复使用 50~100 次;加工精度高,浇筑混凝土的质量好,成型后的混凝土尺寸准确,棱角整齐,表面光滑,可以节省装修用工。

1. 钢模板

钢模板包括平面模板、阴角模板、阳角模板和连接角模。

钢模板采用模数制设计,宽度模数以 50 mm 进级(共有 100 mm、150 mm、200 mm、250 mm、300 mm、350 mm、400 mm、450 mm、500 mm、550 mm、600 mm 十一种规格),长度以 150 mm 进级(共有 450 mm、600 mm、750 mm、900 mm、1200 mm、1500 mm、1800 mm 七种规格),可以适应横竖拼装成以 50 mm 进级的任何尺寸的模板。

(1)平面模板

平面模板用于基础、墙体、梁、板、柱等各种结构的平面部位,它由面板和肋组成,肋上设有 U 形卡孔和插销孔。用 2.3 mm 或 2.5 mm 厚的钢板冷轧冲压整体成型,肋高 55 mm,中间点焊 2.8 mm 厚中纵肋、横肋而成。在边肋上设有 U 形卡连接孔,端部上设有 L 形插销孔,孔径为 13.8 mm,孔距 150 mm,使纵(竖)横向均能拼接。各种平面模板,可以根据需要拼装成宽度模数以 50 mm、长度以 150 mm 进级的各种尺寸的模板,如将模板横竖混合拼装,则可组成长宽各以 50 mm 为模数的各种尺寸的平面模板。模板规格有:宽度 300 mm、250 mm、200 mm、150 mm、100 mm,长度 1500 mm、1200 mm、900 mm、600 mm、450 mm,肋高均为 55 mm,代号 P,如 P3009 表示规格为 300 mm×900 mm,P1512 表示规格为 150 mm×1200 mm(以下均同),如图 5.1(a)所示。

(2)阳角模板

阳角模板主要用于混凝土构件阳角,规格有:宽度 100 mm×100 mm、50 mm×50 mm,长度和肋高同阴角模板,代号 Y,如图 5.1(b)所示。

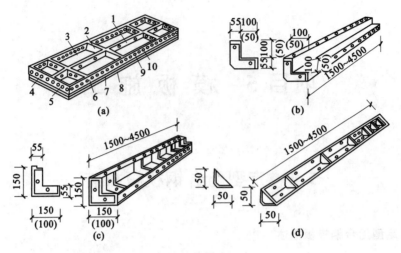

图 5.1　钢模板类型

(a) 平面模板;(b) 阳角模板;(c) 阴角模板;(d) 连接角模

1—中纵肋;2—中横肋;3—面板;4—横肋;5—插销孔;6—纵肋;7—凸棱;8—凸毂;9—U 形卡孔;10—钉子孔

（3）阴角模板

阴角模板用于混凝土构件阴角,如内墙角、水池内角及梁板交接处阴角等,规格有:宽度150 mm×150 mm、100 mm×150 mm,长度 1500 mm、1200 mm、900 mm、600 mm、450 mm,肋高 55 mm,代号 E,如图 5.1(c)所示。

（4）连接角模

角模用于平模板作垂直连接构成阳角,规格有:宽度 50 mm×50 mm,长度与肋高亦同阴角模板,代号 J,如图 5.1(d)所示。

2. 连接件

定型组合钢模板的连接件包括 U 形卡、L 形插销、钩头螺栓、对拉螺栓、紧固螺栓和扣件等,如图 5.2 所示。

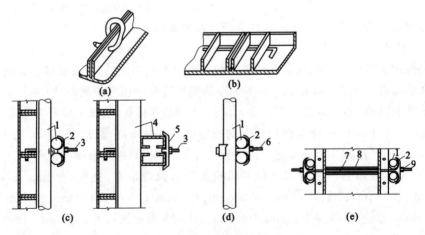

图 5.2　钢模板连接件类型

(a) U 形卡连接;(b) L 形插销连接;(c) 钩头螺栓连接;(d) 紧固螺栓连接;(e) 对拉螺栓连接

1—圆钢管钢楞;2—"3"形扣件;3—钩头螺栓;4—内卷边槽钢楞;5—蝶形扣件;6—紧固螺栓;

7—对拉螺栓;8—塑料套管;9—螺母

（1）U 形卡：模板的主要连接件，用于相邻模板的拼装。

（2）L 形插销：用于插入两块模板纵向连接处的插销孔内，以增强模板纵向接头处的刚度。

（3）钩头螺栓：连接模板与支撑系统的连接件。

（4）紧固螺栓：用于内、外钢楞之间的连接件。

（5）对拉螺栓：又称穿墙螺栓，用于连接墙壁两侧模板，保持墙壁厚度，承受混凝土侧压力及水平荷载，使模板不致变形。

（6）扣件：用于钢楞之间或钢楞与模板之间的扣紧。按钢楞的不同形状，分别采用蝶形扣件和"3"形扣件。

3. 支承件

定型组合钢模板的支承件包括柱箍、钢楞、支架、斜撑及钢桁架等。

（1）钢楞

① 钢楞即模板的横档和竖档，分内钢楞与外钢楞。

② 内钢楞配置方向一般应与钢模板垂直，直接承受钢模板传来的荷载，其间距一般为 700～900 mm。

③ 钢楞一般用圆钢管、矩形钢管、槽钢或内卷边槽钢，而以钢管用得较多。

（2）柱箍

柱模板四角设角钢柱箍。角钢柱箍由两根互相焊成直角的角钢组成，用弯角螺栓及螺母拉紧，如图 5.3 所示。

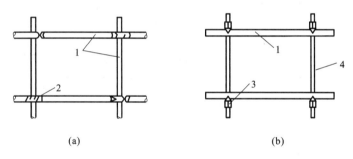

图 5.3　柱箍

1—圆钢管；2—直角扣件；3—"3"形扣件；4—对拉螺栓

（3）钢支架

① 常用钢管支架如图 5.4（a）所示。它由内外两节钢管制成，其高低调节距模数为 100 mm；支架底部除垫板外，均用木楔调整标高，以利于拆卸。

② 另一种钢管支架本身装有调节螺杆，能调节一个孔距的高度，使用方便，但成本略高，如图 5.4（b）所示。

③ 当荷载较大、单根支架承载力不足时，可用组合钢支架或钢管井架，如图 5.4（c）所示。还可用扣件式钢管脚手架、门型脚手架作支架，如图 5.4（d）所示。

（4）斜撑

由组合钢模板拼成的整片墙模或柱模，在吊装就位后，应由斜撑调整和固定其垂直位置，如图 5.5 所示。

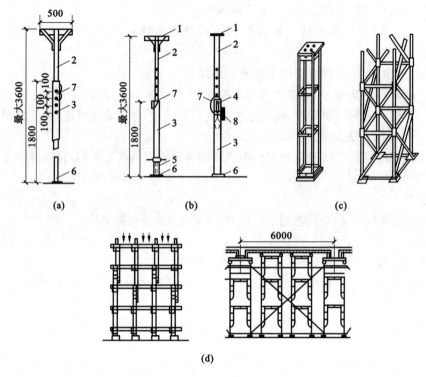

图 5.4　钢支架

（a）钢管支架；（b）调节螺杆钢管支架；（c）组合钢支架和钢管井架；（d）扣件式钢管脚手架和门型脚手架支架

1—顶板；2—插管；3—套管；4—转盘；5—螺杆；6—底板；7—插销；8—转动手柄

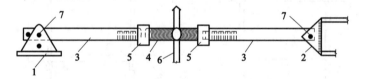

图 5.5　斜撑

1—底座；2—顶撑；3—钢管斜撑；4—花篮螺丝；5—螺母；6—旋杆；7—销钉

（5）钢桁架

如图 5.6 所示，其两端可支承在钢筋托具、墙、梁侧模板的横档以及柱顶梁底横档上，以支承梁或板的模板。

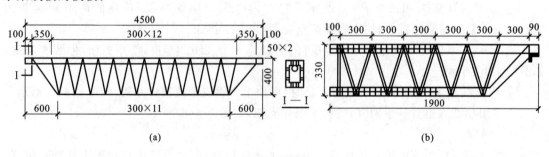

图 5.6　钢桁架

（a）整榀式；（b）组合式

（6）梁卡具

梁卡具又称梁托架，用于固定矩形梁、圈梁等模板的侧模板，可节约斜撑等材料，也可用于侧模板上口的卡固定位，如图5.7所示。

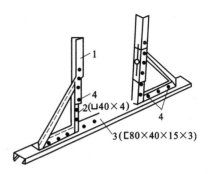

图5.7 梁卡具
1—调节杆；2—三角架；3—底座；4—螺栓

5.1.2 定型组合钢模板的配板设计

5.1.2.1 模板的配板设计内容

（1）画出各构件的模板展开图。

（2）根据模板展开图绘制模板配板图，选用最适合的各种规格的钢模板布置在模板展开图上。

（3）确定支模方案，进行支承工具布置。根据结构类型及空间位置、荷载大小等确定支模方案，根据配板图布置支撑。

5.1.2.2 组合钢模板的配板设计要求

（1）要保证构件的形状、尺寸及相互位置的正确。

（2）要使模板及其支架具有足够的强度、刚度和稳定性，能够承受新浇筑混凝土的重量、侧压力以及各种施工荷载。

（3）力求结构简单、拆装方便、不妨碍钢筋绑扎、保障混凝土浇筑时不漏浆。柱、梁、墙、板的各种模板面的交接部分应采用连接方便、结构牢固的专用模板。

（4）配置的模板应优先采用通用、大块模板，使其种类和块数最少，木模拼接量最小。设置对拉螺栓的模板，可局部改用 55 mm×100 mm 刨光方木代替。或应使钻孔的模板多次周转使用。

（5）相邻钢模板的边肋都应用 U 形卡插卡，U 形卡的间距不应大于 300 mm。端头接缝上的卡孔，也应插上 U 形卡或 L 形插销。

（6）模板长向拼接宜错开布置，以增加模板的整体刚度。

（7）模板的支承系统应根据模板的荷载和部件的刚度进行布置：

① 内钢楞应与钢模板的长度方向相垂直，直接承受钢模板传递的荷载；外钢楞应与内钢楞互相垂直，承受内钢楞传来的荷载，用以加强钢模板结构的整体刚度，其规格不得小于内钢楞。

② 内钢楞悬挑部分的端部挠度应与跨中挠度大致相同，悬挑长度不宜大于 400 mm，支柱应着力在外钢楞上。

③ 一般柱、梁模板宜采用柱箍和梁卡具作支承件。断面较大的柱、梁宜用对拉螺栓、钢楞及拉杆。

④ 模板端缝齐平布置时，一般每块钢模板应有两处钢楞支承。错开布置时，其间距可不受端缝位置的限制。

⑤ 在同一工程中可多次使用的预组装模板，宜采用模板与支承系统连成整体的模架。

⑥ 支承系统应经过设计计算，保证具有足够的强度和稳定性。当支柱或其节间的长细比大于 110 时，应按临界荷载进行核算，安全系数可取 3～3.5。

⑦ 对于连续形式或排架形式的支柱，应适当配置水平撑与剪刀撑，以保证其稳定性。

（8）模板的配板设计应绘制配板图，标出钢模板的位置、规格、型号和数量。预组装大模板，应标绘出其分界线。预埋件和预留孔洞的位置,应在配板图上标明,并注明固定方法。

5.2 基础模板施工

5.2.1 独立基础模板施工

独立基础为各自分开的基础,有的带地梁,有的不带地梁,多数为台阶式,其模板布置与单阶基础基本相同。但是,上阶模板应搁置在下阶模板上,各阶模板的相对位置要固定牢固,以免浇筑混凝土时模板位移。

阶形基础可分次支模。当基础大放脚不厚时,可采用斜撑;当基础大放脚较厚时,应按计算设置对拉螺栓,上部模板可用工具式梁卡固定,亦可用钢管吊架固定。

模板采用小钢模或木模,利用架子管或木方加固。锥形基础坡度大于 30°时,采用斜模板支护,利用螺栓与底板钢筋拉紧,防止上浮,模板上部设透气及振捣孔。坡度小于或等于 30°时,利用钢丝网(间距 30 cm)防止混凝土下坠,上口设井字木控制钢筋位置。不得用重物冲击模板,不准在吊帮的模板上搭设脚手架,保证模板的牢固和严密。图 5.8 为独立基础模板制作安装示意图。

图 5.8 独立基础模板制作安装示意图

5.2.2 地下室模板施工

工艺流程:模板定位、垂直度调整→模板加固→验收→混凝土浇筑→拆模。

混凝土底板外模及±0.000 以下地下室外墙、柱梁板模板、主楼底板基础外围(包括基础地梁和独立承台)模板,采用 M5.0 砂浆砌 240 mm 厚 MU10 砖模,内侧抹 1:3 水泥砂浆,并且每间隔 1.5 m 砌筑 240 mm×360 mm 砖垛避免地梁、承台边回填土夯实时破坏砖模。浇筑混凝土时,砖模背面间隔 1 m 增加水平支撑。外墙模板采用组合钢模板,不符合模数时采用同模板厚的木方刨光,再用螺杆连接牢固。外墙设带止水环的对拉螺杆,螺杆采用 $\phi12$ 的圆钢制作,止水片为 4 mm 厚的钢板 50 mm×50 mm,止水片满焊,螺杆上用 2 cm 长 $\phi8$ 的钢筋焊好墙厚控制杆。底板周边采用组合钢模板,钢管、木方加固,立面横管分三层加固,竖管间距600 mm,外侧设双排地锚管,用于上口斜撑和下口顶撑。

5.2.3　基础模板拆除

（1）拆除时应有专人指挥和切实的安全措施,并在下面标出工作区。严禁非操作人员进入作业区。

（2）应先检查基槽土壁的情况,发现有松软龟裂等不安全因素,必须在采取防范措施后,方可下人作业,拆下的模板和支撑件不得在基槽上1 m内堆放,并随拆随运。

5.2.4　质量检查与验收

1. 预埋件和预留孔洞的允许偏差

固定在模板上的预埋件和预留孔洞的位置、标高、尺寸应复核;预埋固定方法应可靠,防止位移,安装必须牢固,位置准确。其允许偏差符合表5.1的规定。

表5.1　预埋件和预留孔洞的允许偏差

项　　目			质量要求
一般项目	预埋件、预留孔洞允许偏差	预埋钢板中心线位置	3 mm
		预埋管、预留孔中心位置	3 mm
		插筋　　中心线位置	5 mm
		插筋　　外露长度	+10,0 mm
		预埋螺栓　中心线位置	2 mm
		预埋螺栓　外露长度	+10,0 mm
		预留洞　中心线位置	10 mm
		预留洞　尺寸	+10,0 mm

注:检查中心线位置时,应沿纵、横两个方向量测,并取其中的较大值。

2. 现浇结构模板安装的偏差应符合表5.2的规定。

表5.2　现浇结构模板安装的允许偏差及检查方法

项　　目		允许偏差(mm)	检查方法
轴线位置		5	钢尺检查
底模上表面标高		±5	水准仪或拉线、钢尺检查
截面内部尺寸	基础	±10	钢尺检查
	柱、墙、梁	+4,−5	经纬仪或吊线、钢尺检查
层高垂直度	全高≤5 m	6	经纬仪或吊线、钢尺检查
	全高>5 m	8	钢尺检查
相邻两板表面高差		2	钢尺检查
表面平整度(2 m长度上)		5	2 m靠尺和塞尺检查

注:检查中心线位置时,应沿纵、横两个方向量测,并取其中的较大值。

5.3 柱模板施工

5.3.1 钢筋混凝土柱模板制作安装

1. 模板设计

柱模板的施工设计,首先应按单位工程中不同断面尺寸和长度的柱,所需配制模板的数量作出统计,并编号、列表。然后,再进行每一种规格的柱模板的施工设计。其具体步骤如下:

(1) 依照断面尺寸选用宽度方向的模板规格组配方案,并选用长(高)度方向的模板规格进行组配;

(2) 根据施工条件,确定浇筑混凝土的最大侧压力;

(3) 通过计算,选用柱箍、背楞的规格和间距;

(4) 按结构构造配置柱间水平撑和斜撑。

2. 柱模板安装工艺

搭设安装架子→第一层模板安装就位→检查对角线、垂直度和位置→安装柱箍→第二、三层柱模板及柱箍安装→安有梁口的柱模板→全面检查校正→群体固定。

5.3.2 柱模板施工

柱模板由内拼板夹在两块外拼板之内组成,亦可用短横板代替外拼板钉在内拼板上。如图 5.9 所示。

(1) 先将柱子第一层上面模板就位组拼好,每面带一阴角模或连接角模,用 U 形卡反正交替连接。使模板四面按给定柱截面线就位,并使之垂直,对角线相等。

(2) 以第一层模板为基准,以同样方法组拼第二、三层,直到带梁口柱模板。用 U 形卡对竖向、水平接缝反正交替连接。在适当高度进行支撑和拉结,以防倾倒。

(3) 对模板的轴线位移、垂直偏差、对角线、扭向等全面校正,并安装定型斜撑。检查安装质量,最后进行群体的水平拉(支)杆及剪力支杆的固定。最后将柱根模板内清理干净,封闭清理口。

(4) 矩形柱的模板由四面侧板、柱箍、支撑组成。侧板为 18 mm 厚九夹板,立档采用 50 mm×100 mm 方木,间距 300～500 mm。沿柱高度间隔不超过 800 mm 设柱箍,柱箍采用 (50～80)mm×100 mm 方木或槽钢横档加 φ12～16 mm 对拉螺栓,对拉螺栓横向间距一般不超过 500 mm。

(5) 柱模四面侧板每边设两根斜撑,可适当设置一些铁丝缆风绳,用来校正柱模的垂直度,保证柱模的稳定性。

5.3.3 模板拆除施工工艺

(1) 侧模拆除:在混凝土强度能保证其表面及棱角不因拆除模板而受损后,方可拆除。

(2) 底模及冬季施工模板的拆除,必须执行《混凝土结构工程施工质量验收规范》(GB 50204—2011)的有关条款。作业班组必须进行拆模申请,经技术部门批准后方可拆除。

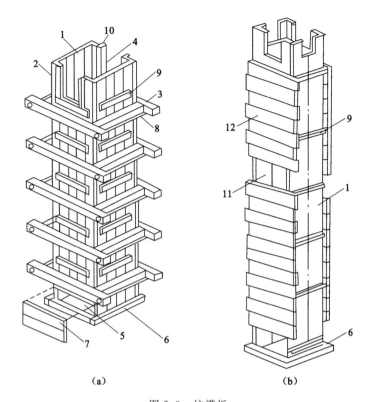

图 5.9　柱模板

（a）拼板柱模板；（b）短横板柱模板

1—内拼板；2—外拼板；3—柱箍；4—梁缺口；5—清理孔；6—木框；7—盖板；

8—拉紧螺栓；9—拼条；10—三角木条；11—浇筑孔；12—短横板

（3）拆装模板的顺序和方法，应按照配板设计的规定进行。若无设计规定时，应遵循先支后拆，后支先拆；先拆不承重的模板，后拆承重部分的模板；自上而下，支架先拆侧向支撑，后拆竖向支撑的原则。

（4）拆除支架部分水平拉杆和剪刀撑，以便作业。然后拆除梁与楼板模板的连接角模及梁侧模板，以使两相邻模板断边。下调支柱顶翼托螺杆后，先拆钩头螺栓，以使钢框竹胶板平模与钢楞脱开。然后拆下 U 形卡和 L 形插销，再用钢钎轻轻撬动钢框竹胶模板，或用木槌轻击，拆下第一块，然后逐块拆除。

（5）拆除柱模时，应采取自上而下分层拆除。拆除第一层模板时，用木槌或带橡皮垫的锤向外侧轻击模板的上口，使之松动，脱离混凝土柱。依次拆除下一层模板时，要轻击模边肋，切不可用撬从柱角撬离。

（6）拆除 4 m 以上模板时，应搭设脚手架或操作平台，并设防护栏杆。

（7）严禁在同一垂直面上操作。

（8）拆除时应逐块拆卸，不得成片松动、撬落和拉倒。

（9）拆除平台楼层的底模，应设临时支撑，防止大片模板坠落，尤其是拆支柱时，操作人员应站在门窗外拆拉，更应严防模板突然全部掉落伤人。

（10）严禁站在悬臂结构上面敲拆底模。

5.4 梁模板施工

梁的特点是跨度大而宽度不大,梁底一般是架空的。梁模板主要由侧板、底板、夹木、托木、梁箍、支撑等组成。侧板用厚 18 mm 的木夹板条(裁割),底板用厚 18 mm 木夹长条板,均加木档拼制,或用整块板。在梁板下每隔一定间距用顶撑支设。夹木用松木板设在梁模两侧板下方,将梁侧板与底板夹紧,并钉牢在支柱顶撑上。次梁模板还应根据支设楼板模板的搁栅的标高,在两侧板外面钉上托木(横档)。在主梁与次梁交接处应在主梁侧板上留窗口,并钉上衬口档,次梁的侧板和底板钉在衬口档上。

支承梁模的顶撑(又称琵琶撑、支柱),其立柱为直径 120 mm 的原木。帽木用断面(50～100)mm×100 mm 的圆木,长度根据梁高决定。为了确保梁模支设的坚实,应在楼地面上立柱底垫厚度不小于 20 mm、宽度不小于 200 mm 的通长垫板,用木楔调整标高。

顶撑的间距要根据梁的断面大小而定。梁高小于或等于 700 mm 时,间距为 800 mm;梁高大于700 mm时,间距为 500 mm。

当梁的高度大于 500 mm 且小于 700 mm 时,应在侧板外面另加斜撑,斜撑上端钉在托木上,下端钉在顶撑的帽木上,独立梁的侧板上口用搭头木互相卡住。

当梁高在 700 mm 以上,其混凝土侧压力随梁高的增大而加大,单用斜撑及夹条用圆钉钉住,不易撑牢。因此,在梁的中部用铁丝穿过横档对拉,或用螺栓将两侧模板拉紧(对拉螺栓),防止模板下口向外爆裂及中部鼓胀。其他按一般梁支模方法进行。为了方便深梁的绑扎,在梁底模与一侧模板撑好后绑扎梁的钢筋,后装另一侧模板。更深的梁模板,可参照混凝土墙模板进行侧模的安装,对拉螺栓或对拉铁丝均在钢筋入模后安装。

次梁模板的安装,要待主梁的模板安装并校正后才能进行。梁模板安装后,要拉中线进行检查,复核各梁模中心位置是否对正。待平板模板安装后,检查并调整标高,将木帮钉牢在垫板上。各顶撑之间要设水平撑或剪刀撑,以保持顶撑的稳固,如图 5.10 所示。

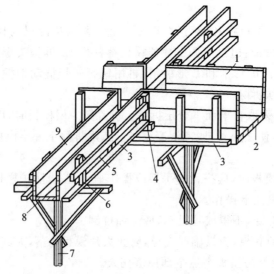

图 5.10 梁模板安装示意图

1—主梁侧板;2—主梁底板;3—夹木;4—衬口档;5—托木;6—垫块;7—顶撑;8—次梁底板;9—次梁侧板

当梁的跨度在 4 m 或 4 m 以上时,在梁模的跨中要起拱,起拱高度为梁跨度的 2‰~3‰。

5.5 楼板模板施工

5.5.1 楼板模板的特点

(1)楼板的特点是面积大而厚度比较薄,侧向压力小。

(2)楼板模板及其支架系统主要承受钢筋、混凝土的自重及其施工荷载,保证模板不变形。图 5.11 所示为梁及楼板模板。

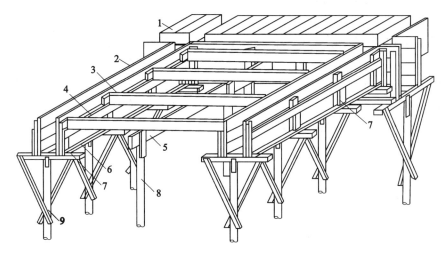

图 5.11 梁及楼板模板

1—楼板模板;2—梁侧模板;3—楞木;4—托木;5—杠木;6—夹木;7—短撑;8—杠木撑;9—琵琶撑

5.5.2 配板设计

配板设计可在编号后对每一平面进行设计。其步骤如下:

(1)可沿长边配板或沿短边配板,然后计算模板块数及拼镶木模的面积,通过比较作出选择。

(2)确定模板的荷载,选用钢楞。

(3)计算选用钢楞。

(4)计算确定立柱规格、型号,并作出水平支撑和剪刀撑的布置。

5.5.3 楼板模板施工

楼板模板一般采用散支散拆或预拼装两种方法。

1.模板支设步骤

(1)梁板垂直支撑选用 $\phi 48 \times 3.5$ 扣件式钢管脚手架,立杆间距横向不大于 1200 mm,纵向不大于 1000 mm。主梁垂直支撑,立杆间距纵横向均不大于 1000 mm。搭设时应设 3 道水平拉杆和剪刀撑,并应留出检查通道。

（2）在柱子上弹出轴线、梁位置线和水平线，钉柱头模板。

（3）按设计标高调整支柱的标高，然后安装梁底模板，并拉线找平。当梁底板跨度大于或等于 4.0 m 时，跨中梁底处应按梁跨度的 2‰ 起拱。主、次梁交接时，先主梁起拱，后次梁起拱。

（4）根据墨线安装梁模板、压脚板、斜撑等。

（5）主梁模板用 ϕ12 螺栓加固，2000 mm 高以上主梁用两道 ϕ14 螺栓加固，次梁模板用夹具在梁底模处夹紧，夹具用木枋螺栓制作，间距 1000 mm，夹管用新脚手架钢管。使用旧钢管时，应认真挑选，不得使用弯曲的钢管。梁模板上口胀力主要依靠板底模支撑，每根木托方钉 2 根 2 寸的铁钉即可。

（6）为便于梁侧模和板底模尽早拆除，所有梁底模均采用保留支撑法立模，待混凝土达到设计强度并满足拆模要求后拆除。

2. 梁板模板容易产生的问题

梁板模板常见问题有：梁身不平直，梁底不平直，梁侧面鼓出，梁上口尺寸加大，板中部下挠。防止办法是，梁板模板应通过设计决定出纵横龙骨的尺寸及间距、支柱的尺寸及间距，使模板支撑系统有足够的强度和刚度，防止浇筑混凝土时模板变形。模板支柱的底部应支在坚实地面上，一般情况下垫通长脚手板，防止支柱下沉，使梁板下面产生下挠。

梁板模板应按设计要求起拱，防止挠度过大。梁模板上口应有锁口杆拉紧，防止上口变形。

项目 6　钢　筋　工　程

6.1　钢筋下料长度计算

钢筋加工生产流程:钢筋配料计算→钢筋调直→切断→弯曲成型→加工检验批质量验收。

6.1.1　钢筋配料

钢筋配料是根据构件的配筋图计算构件各钢筋的直线下料长度、根数及重量,然后编制钢筋配料单,作为钢筋备料加工的依据。

构件配筋图中注明的尺寸一般是钢筋外轮廓尺寸,即从钢筋外皮到外皮量得的尺寸,称为外包尺寸。在钢筋加工时,一般也是按外包尺寸进行验收。钢筋加工前直线下料,如果下料长度按钢筋外包尺寸的总和来计算,则加工后的钢筋尺寸将大于设计要求的外包尺寸或者弯钩平直段太长造成材料的浪费。这是由于钢筋弯曲时外皮伸长,内皮缩短,只有中轴线长度不变。按外包尺寸总和下料是不准确的,只有按钢筋轴线长度尺寸下料加工,才能使加工后的钢筋形状、尺寸符合设计要求。

所以在施工现场施工时,要对钢筋的下料长度进行计算,这一计算过程在工程中称为钢筋翻样。钢筋翻样的内容有:

(1) 将设计图纸上钢材明细表中的钢筋尺寸改为施工时的适用尺寸;

(2) 根据施工图纸计算钢筋的下料长度;

(3) 填写钢筋配料单。

6.1.2　钢筋量度差值的确定

钢筋弯曲或弯折后,弯曲处外皮延伸,内皮收缩,轴线长度不变。钢筋的外包尺寸和轴线长度之间存在一个差值,称为"量度差值"。钢筋的直线段外包尺寸等于轴线长度,二者无量度差值;而钢筋弯曲段外包尺寸大于轴线长度,二者之间存在量度差值。

1. 钢筋中部弯曲处的量度差值

钢筋中部弯曲处的量度差值与钢筋弯心直径及弯曲角度有关。

【例 6.1】 计算图 6.1 所示 90°弯折量度差值。

中间弯折处的量度差值=弯折处的外包尺寸-弯折处的轴线长

① 弯折处的外包尺寸为

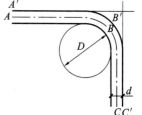

图 6.1　90°弯折钢筋

$$A'B' + B'C' = 2A'B' = 2\left(\frac{D}{2} + d\right)\tan\frac{\alpha}{2}$$

② 弯折处的轴线弧长为

$$ABC = \left(\frac{D}{2} + \frac{d}{2}\right) \cdot \frac{\alpha \cdot \pi}{180} = (D + d) \cdot \frac{\alpha \cdot \pi}{360}$$

③ 根据规范规定，$D \geqslant 5\,d$，若取 $D = 5d$，则量度差值为：

$$2 \times (3.5\,d)\tan\frac{\alpha}{2} - (6d)\frac{\alpha\pi}{360} = 7d\tan\frac{\alpha}{2} - \frac{\alpha\pi d}{60}$$

2. 弯曲调整值实用取值

在进行钢筋加工前，由于钢筋式样繁多，不可能逐根按每个弯曲点作弯曲调整值计算，而且也不必要这样做。理论计算与实际操作的效果多少会有一些差距，主要是由于弯曲处圆弧的不准确性所引起：计算时按"圆弧"考虑，实际上却不是纯圆弧，而是不规则的弯弧。之所以产生这种情况，其原因与成型工具和习惯操作方法有密切关系，例如手工成型的弯弧不但与钢筋直径和要求的弯曲程度有关，还与扳子的尺寸以及搭扳子的位置有关。如果扳头离扳柱的距离大，即扳距大，则弯弧长；反之，扳距小，则弯弧短。又如用机械成型时，所选用的弯曲直径并不能准确地按规定的最小 D 值取，有时为了减少更换，会取偏大值，个别情况也可能取偏小值。

因此，由于操作条件不同，成型结果也不一样，不能绝对地定出弯曲调整值是多少，而通常是要根据施工单位的经验资料，预先确定符合自己实际需要的、实用的弯曲调整值表备用。

工程中，钢筋弯曲角度的量度差值的取值如表 6.1 所示。

表 6.1　钢筋弯曲角度的量度差值

钢筋弯曲角度	30°	45°	60°	90°	135°
量度差值	$0.3d$	$0.5d$	d	$2d$	$3d$

6.1.3　混凝土保护层厚度

混凝土保护层厚度涉及混凝土结构的耐久性，应根据表 6.2 的环境类别和设计使用年限进行设计。

表 6.2　混凝土结构的环境类别

环境类别		条　件
一		室内正常环境
二	a	室内潮湿环境、非严寒和非寒冷地区的露天环境、与无侵蚀性的水或土壤直接接触的环境
	b	严寒和寒冷地区的露天环境、与无侵蚀性的水或土壤直接接触的环境
三		使用除冰盐的环境、严寒和寒冷地区冬季水位变动的环境、滨海室外环境
四		海水环境
五		受人为或自然的侵蚀性物质影响的环境

混凝土保护层是指受力钢筋外缘至混凝土构件表面的距离，其作用是保护钢筋在混凝土结构中不受锈蚀。

纵向受力钢筋的混凝土保护层最小厚度（mm），有设计要求时应按设计要求；无设计要求时应符合表 6.3 的规定。

表 6.3　混凝土保护层最小厚度（mm）

环境类别		板、墙、壳			梁			柱		
		≤C20	C20～C45	≥C50	≤C20	C25～C45	≥C50	≤C20	C25～C45	≥C50
一		20	15	15	30	25	25	30	30	30
二	a	—	20	20	—	30	30	—	30	30
	b	—	25	20	—	35	30	—	35	30
三		—	30	25	—	40	35	—	40	35

注：基础中纵向受力钢筋的混凝土保护层厚度不应小于 40 mm；当无垫层时不应小于 70 mm。

6.1.4　受力钢筋末端弯钩或弯折时增长值

HPB300 钢筋的末端需要做 180°弯钩，其圆弧内弯心直径（D）不应小于钢筋直径（d）的 2.5 倍；平直部分的长度不宜小于钢筋直径（d）的 3 倍。每一个 180°弯钩的增长值为 6.25d，如表 6.4 所示。

表 6.4　受力钢筋端部弯钩增长值

钢筋级别	弯钩角度	最小弯心直径	平直段长度	增加尺寸
Ⅰ	180°	2.5d	3d	6.25d
Ⅱ	90° 135°	4d	按设计	d＋平直段长 3d＋平直段长
Ⅲ	90° 135°	5d	按设计	d＋平直段长 3.5d＋平直段长

6.1.5　箍筋弯钩增长值

除焊接封闭环式箍筋外，箍筋的末端应做弯钩，弯钩形式应符合设计要求。当无具体要求时，应符合下列要求：

（1）箍筋弯钩的弯弧内直径应大于受力钢筋直径，且不小于箍筋直径的 2.5 倍。

（2）箍筋弯钩的弯折角度：对一般结构不应小于 90°；对于有抗震等要求的结构应为 135°。

（3）箍筋弯后平直部分长度：对一般结构不宜小于箍筋直径的 5 倍；对于有抗震等要求的结构，不应小于箍筋直径的 10 倍。

箍筋的三种基本形式，如图 6.2 所示。

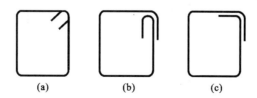

图 6.2　箍筋三种基本形式图

(a) 135°/135°；(b) 90°/180°；(c) 90°/90°

为了箍筋计算方便，一般将箍筋弯钩增长值和量度差值两项合并成一项，即箍筋调整值，见表 6.5。

131

表 6.5　箍筋调整值

箍筋量度方法	箍筋直径(mm)			
	4～5	6	8	10～12
量外包尺寸	40	50	60	70
量内包尺寸	80	100	120	150～170

6.1.6　钢筋下料长度的计算

1. 钢筋下料长度的计算公式

　　直钢筋下料长度＝直构件长度－保护层厚度＋弯钩增加长度

　　弯起钢筋下料长度＝直段长度＋斜段长度－弯折量度差值＋弯钩增加长度

　　箍筋下料长度＝箍筋外包(内包)周长＋箍筋外包(内包)调整值

2. 钢筋下料计算注意事项

(1) 在设计图纸中,钢筋配置的细节问题没有注明时,一般按构造要求处理。

(2) 配料计算时,要考虑钢筋的形状和尺寸,在满足设计要求的前提下,要有利于加工。

(3) 配料时,还要考虑施工需要的附加钢筋。

6.1.7　编制钢筋配料单的方法

(1) 熟悉图纸,将结构施工图中钢筋的品种、规格列成钢筋明细表,并读出钢筋设计尺寸。

(2) 计算钢筋的下料长度。

(3) 根据钢筋下料长度填入钢筋配料单,汇总编制钢筋配料单(在配料单中,要反映出工程名称,钢筋编号,钢筋简图和尺寸,钢筋直径、数量、下料长度、质量等),如表 6.6 所示。

表 6.6　钢筋配料单

构件名称	钢筋编号	简图	钢号	直径(mm)	下料长度(mm)	单根根数	合计根数	质量(kg)
L1 梁 (共 10 根)	①	200　6190	Φ	25	6802	2	20	523.75
	②	6190	φ	12	6340	2	20	112.60
	③	765　636 3760	Φ	25	6824	1	10	262.72
	④	265　636　4760	Φ	25	6824	1	10	262.72
	⑤	162　462	φ	6	1298	32	320	91.78
合计:φ6:91.78 kg　　φ12:112.60 kg　　Φ25:1049.19 kg								

（4）根据钢筋配料单填写钢筋料牌,将每一编号的钢筋制作一块料牌,作为钢筋加工的依据,如图 6.3 所示。

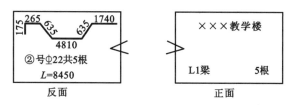

图 6.3　钢筋料牌

6.1.8　钢筋下料长度计算实例

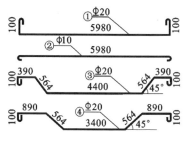

图 6.4　例 6.2 图

【**例 6.2**】　完成图 6.4 所示钢筋下料长度计算。

【**解**】　①号钢筋下料长度:

$$L_1 = 5980 + 2 \times 100 + 2 \times 6.25 \times 20 - 2 \times 2 \times 20$$
$$= 6350 \text{ mm}$$

②号钢筋下料长度:

$$L_2 = 5980 + 2 \times 6.25 \times 10 = 6105 \text{ mm}$$

③号钢筋下料长度:

$$L_3 = 2 \times 390 + 2 \times 100 + 2 \times 564 + 4400 + 2 \times 6.25 \times 20 - 2 \times 2 \times 20 - 4 \times 0.5 \times 20$$
$$= 6638 \text{ mm}$$

④号钢筋下料长度:

$$L_4 = 2 \times 890 + 2 \times 100 + 2 \times 564 + 3400 + 2 \times 6.25 \times 20 - 2 \times 2 \times 20 - 4 \times 0.5 \times 20$$
$$= 6638 \text{ mm}$$

【**例 6.3**】　某建筑物简支梁配筋如图 6.5 所示,试计算钢筋下料长度,并填写钢筋配料单。
钢筋保护层厚度取 25 mm。（梁编号为 L1 共 10 根）

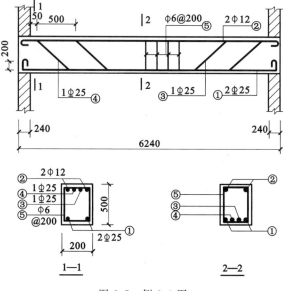

图 6.5　例 6.3 图

133

【解】 (1) 计算钢筋下料长度

①号钢筋下料长度为：

$$(6240+2\times200-2\times25)-2\times2\times25+2\times6.25\times25=6802\text{ mm}$$

②号钢筋下料长度为：

$$6240-2\times25+2\times6.25\times12=6340\text{ mm}$$

③号弯起钢筋为：

上直段钢筋长度为　$240+50+500-25=765$ mm

斜段钢筋长度为　$(500-2\times25)\times1.414=636$ mm

中间直段长度为　$6240-2\times(240+50+500+450)=3760$ mm

下料长度为　$(765+636)\times2+3760-4\times0.5\times25+2\times6.25\times25=6824$ mm

④号钢筋下料长度计算为 6824 mm。

⑤号箍筋：

宽度为　　　$200-2\times25+2\times6=162$ mm

高度为　　　$500-2\times25+2\times6=462$ mm

下料长度为　$(162+462)\times2+50=1298$ mm

(2)绘出各种钢筋简图,填写配料单(见表 6.6)

6.2 钢筋加工

钢筋加工工艺流程:原材料→调直(除锈)→切断→接长→冷拉→弯曲→骨架。

6.2.1 钢筋冷加工

钢筋的冷加工包括冷拉和冷拔。在常温下,对钢筋进行冷拉或冷拔可提高钢筋的屈服点,从而提高钢筋的强度,达到节省钢材的目的。钢筋经过冷加工后,强度提高,塑性降低,在工程上可节省钢材。

6.2.1.1 钢筋的冷拉

钢筋的冷拉就是在常温下拉伸钢筋,使钢筋的应力超过屈服点,钢筋产生塑性变形,强度提高。

1. 冷拉的目的

对于普通钢筋混凝土结构的钢筋,冷拉仅是调直、除锈的手段(拉伸过程中钢筋表面锈皮会脱落),与钢筋的力学性能没什么关系。当采用冷拉方法仅是调直钢筋时,HPB300 钢筋的冷拉率不宜大于 4%,HRB335、HRB400 钢筋的冷拉率不宜大于 1%。冷拉的另一个目的是提高强度,但在冷拉过程中,也同时完成了调直、除锈工作,此时钢筋的冷拉率为 4%~10%,强度可提高 30%左右,主要用于预应力筋。

2. 冷拉原理

图 6.6 中曲线 $OABCDEF$ 为热轧钢筋拉伸曲线,纵坐标表示应力,横坐标表示应变,D 点为屈服点。拉伸钢筋使其应力超过屈服点 D 达到某一点 G 后卸荷。由于钢筋产生塑性变形,卸荷过程中应力-应变曲线并不是沿原来的路线 $GDCBAO$ 变化,而是沿着 GO_1 变化,应力降至零时,应变为 OO_1,为残余变形。此时如立即重新拉伸钢筋,应力-应变曲线以 O_1 为原点沿

O_1GEF 变化,并在 G 点附近出现新的屈服点。这个屈服点明显地高于冷拉前的屈服点 D。G 为新屈服点,D 为老屈服点。新屈服点 G 的强度比老屈服点 D 的强度高 25%～30%。

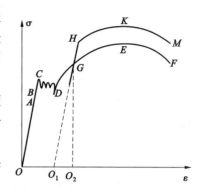

图 6.6　钢筋的拉伸曲线

钢筋经过冷拉,强度提高、塑性降低的现象称为变形硬化。这是由于钢筋应力超过屈服点以后,钢筋内部晶格沿结晶面滑移,晶格扭曲变形,使钢筋内部组织发生变化。由于这种塑性变形使钢筋的机械性能改变,强度提高、塑性降低,钢筋的弹性模量也降低。

刚刚冷拉后的钢筋,由于内部晶格扭曲变形,有内应力存在,促使钢筋内部晶体组织自行调整,经过调整,钢筋获得一个稳定的屈服点,强度进一步提高,塑性再次降低。钢筋晶体组织调整过程称为"时效"。冷拉时效后,钢筋内应力消除,钢筋获得新的稳定的屈服点,强度进一步提高,塑性再次降低。冷拉时效后,钢筋应力-应变曲线变为 O_1GHKM。H 为时效后的屈服点,比 G 点又提高了。

钢筋时效过程(内应力消除的过程)进行的快慢与温度有关。HPB300、HRB335 钢筋的时效过程,在常温下要经过 15～28 d 才能完成,这个时效过程称为自然时效。为加速时效过程,可对钢筋加温,称为人工时效。HPB300、HRB335 钢筋在 100 ℃蒸汽或热水中,2 h 即可完成时效过程。HRB400、RRB400 钢筋在自然条件下难以完成时效过程,必须进行人工时效,一般采用通电把钢筋加热至 150～300 ℃,经 20 min 即可完成时效过程。

3. 冷拉率和弹性回缩率

钢筋的冷拉率是钢筋冷拉时由于弹性和塑性变形的总伸长值(称为冷拉的拉长值)与钢筋原长之比,以百分数表示。

钢筋的弹性回缩率是指钢筋冷拉时塑性变形的伸长值(钢筋冷拉回缩后的长度)与钢筋原长之比,以百分数表示。

4. 钢筋冷拉工艺

(1) 钢筋冷拉参数

钢筋的冷拉应力和冷拉率是钢筋冷拉的两个主要参数。在一定的限度内,冷拉应力或冷拉率越大,钢筋强度提高越多,但塑性降低也越多。钢筋冷拉后仍应有一定的塑性,同时屈服点与抗拉强度之间也应保持一定的比例(称屈强比),使钢筋有一定的强度储备。因此,规范对冷拉应力和冷拉率有一定的限制,见表 6.7。

表 6.7　冷拉控制应力及最大冷拉率

项次	钢筋级别		冷拉控制应力（MPa）	最大冷拉率（%）
1	HPB300	$d \leqslant 12$ mm	280	10
2	HRB335	$d \leqslant 25$ mm	450	5.5
		$d = 28 \sim 40$ mm	430	5.5
3	HRB400	$d = 8 \sim 40$ mm	500	5
4	RRB400	$d = 10 \sim 28$ mm	700	4

（2）冷拉控制方法

钢筋的冷拉方法可采用控制冷拉率和控制应力两种方法。

① 控制冷拉率法

以冷拉率来控制钢筋的冷拉的方法，叫做控制冷拉率法。冷拉率必须由试验确定，试件数量不少于4个。在将要冷拉的一批钢筋中切取试件，进行拉力试验，测定当其应力达到表6.7中规定的应力值时的冷拉率。取四个试件冷拉率的平均值作为该批钢筋实际采用的冷拉率，并应符合表6.7的规定。也就是说，实测的四个试件冷拉率的平均值必须低于表6.7规定的最大冷拉率。

冷拉多根连接的钢筋，冷拉率可按总长计，但冷拉后每根钢筋的冷拉率应符合表6.7的规定。

表6.8为测定冷拉率时钢筋的冷拉应力。

表 6.8 测定冷拉率时钢筋的冷拉应力

项次	钢筋级别		冷拉应力（MPa）
1	HPB300 $d \leqslant 12$ mm		310
2	HRB335	$d \leqslant 25$ mm	480
		$d = 28 \sim 40$ mm	460
3	HRB400 $d = 8 \sim 40$ mm		530
4	RRB400 $d = 10 \sim 28$ mm		730

若四个试件的平均冷拉率小于1%，考虑到该批钢筋的抗拉强度必定较高，冷拉至1%不会影响钢筋材质，仍按1%采用。

冷拉率确定后，根据钢筋长度，求出拉长值，作为冷拉时的依据。冷拉拉长值 ΔL 按下式计算：

$$\Delta L = \delta L$$

式中　δ——冷拉率（由试验确定）；

　　　L——钢筋冷拉前的长度。

控制冷拉率法施工操作简单，但当钢筋材质不匀时，用经试验确定的冷拉率进行冷拉，钢筋实际达到的冷拉应力并不能完全符合表6.8的要求，其分散性很大，不能保证冷拉钢筋的质量。对不能分清炉批号的钢筋，不应采取控制冷拉率法。这种方法也有优点，就是冷拉后钢筋长度整齐划一，便于下料。

② 控制应力法

这种方法以控制钢筋冷拉应力为主，冷拉应力按表6.7中相应级别钢筋的控制应力选用。冷拉时应检查钢筋的冷拉率，不得超过表6.7中的最大冷拉率。钢筋冷拉时，如果钢筋已达到规定的控制应力，而冷拉率未超过表6.7中的最大冷拉率，则认为合格。如钢筋已达到规定的最大冷拉率而应力还小于控制应力（即钢筋应力达到冷拉控制应力时，钢筋冷拉率已超过规定的最大冷拉率），则认为不合格，应进行机械性能试验，按其实际级别使用。

冷拉时首先计算出冷拉力 N 和冷拉拉长值 ΔL。然后按上述控制应力与最大冷拉率的关系确定其是否合格。

如冷拉一根直径为 16 mm 的 20 Mn SiV 长 30 m 的钢筋,求钢筋的冷拉力和冷拉伸长值。

查表可知 20MnSiV 为 HRB400 钢筋,冷拉控制应力为 500 N/mm²,最大冷拉率 5%。

冷拉此钢筋时冷拉力

$$N = 500 \times 3.14 \times 8 \times 8 = 100480 \text{ N}$$

理论伸长值

$$\Delta L = 0.05 \times 30 = 1.5 \text{ m}$$

若实际伸长值小于或等于理论伸长值 ΔL,则合格。

若实际伸长值大于理论伸长值 ΔL,则不合格。

(3)冷拉时应注意的问题

① 拉长值"零点"应从拉力 $N = 10\%$ 的控制应力时开始,因在此之前钢筋没有拉直无法量测。

② 先焊后拉。因钢筋施焊后,性能变脆,为确保质量,必须先焊后拉。

③ 冷拉速度不宜过快,一般取 0.5~1.0 m/s,为使钢筋充分变形。

④ 当拉至控制应力时,停 2~3 min,放松,目的是为了减少回缩。

5. 冷拉钢筋的质量检验

(1)分批组织验收,每批由不大于 20 t 的同级别、同直径冷拉钢筋组成。

(2)钢筋表面不得有裂纹和局部缩颈。当用做预应力筋时,应逐根检查。

(3)从每批冷拉钢筋中抽取两根钢筋,每根取两个试样分别进行拉力和冷弯试验。如有一项试验结果不符合表 6.9 的规定时,应另取两倍数量的试样,重做各项试验。如仍有一个试样不合格,则该批冷拉钢筋为不合格。

(4)计算冷拉钢筋的屈服点和抗拉强度,应采用冷拉前的截面积。

(5)拉力试验包括屈服点、抗拉强度和伸长率三个指标。

表 6.9　冷拉钢筋机械性能

钢筋级别	直径 (mm)	屈服点 (MPa)	抗拉强度 (MPa)	伸长率 (%)	冷　弯	
					弯心直径	弯曲角度
		不小于				
冷拉 HPB300	≤ 12	280	370	11	3d	180°
冷拉 HRB335	≤25	450	510	10	3d	90°
	28~40	430	490		4d	90°
冷拉 HRB400	8~40	500	570	8	5d	90°
冷拉 RRB400	10~28	700	835	6	5d	90°

6. 冷拉设备

冷拉设备有两种:一种是采用卷扬机带动滑轮组的冷拉装置系统进行冷拉,另一种是采用长行程(1500 mm 以上)的专用液压千斤顶配合台座机构进行冷拉。

6.2.1.2　钢筋冷拔

钢筋冷拔就是把 HPB300 光圆钢筋在常温下强力拉拔,使其通过特制的钨合金拔丝模孔,使钢筋变细,产生较大塑性变形,提高强度。钢筋冷拔工艺比较复杂,钢筋冷拔并非一次拔成,而要反复多次,所以只有在加工厂才对钢筋进行冷拔。

1. 冷拔原理

钢筋冷拔是将 φ6~φ8 的 HPB300 光圆钢筋在常温下强力拉拔使其通过特制的钨合金拔丝模孔,钢筋轴向被拉伸,径向被压缩,钢筋产生较大的塑性变形,其抗拉强度提高50%~90%,塑性降低,硬度提高。经过多次强力拉拔的钢筋,称为冷拔低碳钢丝。甲级冷拔钢丝主要用于中、小型预应力构件中的预应力筋,乙级冷拔钢丝可用于焊接网、焊接骨架或用做构造钢筋等。

2. 冷拔工艺

钢筋的冷拔工艺过程为:轧头→剥壳→拔丝。轧头是在钢筋轧头机上进行,将钢筋端头压细,以便通过拔丝模孔。剥壳是通过具有 2、3 个槽轮的剥壳装置,除去钢筋表面坚硬的氧化铁锈。拔丝是用强力使钢筋通过润滑剂进入拔丝模孔,通过强力拉拔使大直径的钢筋变为小直径的钢丝,以提高钢筋的强度。拔丝模孔有各种规格,根据钢丝每次拔丝后压缩的直径选用。

3. 操作工序及要点

钢筋冷拔的操作是:除锈剥皮→钢筋轧头→拔丝→外观检查→力学试验→成品验收。

其操作要点是:

(1)将盘圆钢筋通过拔丝机上的槽轮组(剥皮机)除锈。

(2)把除锈后的钢筋端头放入轧头机的压辊中压细。并随之转动钢筋,使轧头均匀,保持平整。

(3)将经过轧头的钢筋穿入拔丝模孔后,卡紧夹具,进行拔丝。

4. 影响冷拔丝强度的主要因素

影响冷拔丝强度的主要因素有原材料的强度和总压缩率。

(1)原材料要求:优先采用 HPB300 热轧光圆钢筋盘条拔制。只有同钢厂、同钢号、同直径的钢材才能对焊后拔丝。

(2)扁圆、带刺、潮湿的钢筋不能勉强拔制。

(3)冷拔总压缩率即由盘条拔制成品钢丝的横截面总压缩率。冷拔总压缩率越大,钢丝的抗拉强度越高,但塑性也越差。

(4)冷拔次数:冷拔次数对冷拔钢丝的强度影响不大,但冷拔次数越多,则塑性越低。因此冷拔次数不宜过多,但冷拔次数过少,每道压缩量过大,也易发生断丝和设备安全事故。

6.2.2　钢筋制作

6.2.2.1　钢筋加工准备

1. 材料准备

(1)钢筋的品种、规格需符合设计要求,应具有产品合格证、出厂检验报告和进场按规定抽样复试报告。

(2)当钢筋的品种、规格需作变更时,应办理设计变更文件。

(3)当加工过程中发现钢筋脆断、焊接性能不良或力学性能显著不正常时,应对该批钢筋进行化学成分检验或其他专项检验。

2. 机具准备

应配备足够的机具,如钢筋切断机、弯曲机、操作台等。

3. 作业条件

(1) 操作场地应干燥、通风,操作人员应有上岗证。

(2) 机具设备齐全。

(3) 应做好料表、料牌(料牌应标明钢号、规格尺寸、形状、数量)。

4. 钢筋制作

(1) 钢筋除锈

使用钢筋前均应清除钢筋表面的铁锈、油污和锤打能剥落的浮皮。除锈可通过钢筋冷拉或钢筋调直过程完成。少量的钢筋除锈,可采用电动除锈机或喷砂方法除锈。钢筋局部除锈可采取人工用钢丝刷或砂轮等方法进行。

(2) 钢筋调直

对局部曲折、弯曲或成盘的钢筋应加以调直。$\phi 10$ mm 以内钢筋一般使用卷扬机拉直和调直机调直,$\phi 10$ mm 以上应采用弯曲机、平直锤或人工锤击矫正的方法调直。

(3) 钢筋切断

钢筋弯曲成型前,应根据配料表要求长度分别截断,通常宜用钢筋切断机进行。

对机械连接钢筋、电渣焊钢筋、梯子筋横棍、顶模棍钢筋不能使用切断机,应使用切割机械,使钢筋的切口平,与竖向方向垂直。

钢筋切断时,应将同规格钢筋不同长度长短搭配,统筹排料。一般先断长料,后断短料,以减少断头和损耗。

(4) 钢筋弯曲成型

钢筋的弯曲成型多采用弯曲机进行,在缺乏设备或少量钢筋加工时,可用手工弯曲成型。

钢筋弯曲时应将各弯曲点位置画出,画线尺寸应根据不同弯曲角度和钢筋直径扣除钢筋弯曲调整值。钢筋端部带半圆弯钩时,该段长度画线时增加 $0.5d$。

6.3　钢　筋　绑　扎

6.3.1　施工准备

1. 材料准备

成型钢筋、20～22 号镀锌铁丝、钢筋马凳(钢筋支架)、固定墙双排筋的间距支筋(梯子筋)、保护层垫块(水泥砂浆垫块或成品塑料垫块)。

2. 机具准备

钢筋钩子、撬棍、钢筋扳子、钢筋剪子、绑扎架、钢丝刷子、粉笔、墨斗、钢卷尺等。

3. 作业条件

(1) 熟悉图纸,确定钢筋的穿插就位顺序,并与有关工种做好配合工作,如支模、管线、防水施工与绑扎钢筋的关系,确定施工方法,做好技术交底工作。

(2) 核对实物钢筋的级别、型号、形状、尺寸及数量是否与设计图纸和加工料单、料牌的吻合。

（3）钢筋绑扎地点已清理干净，施工缝处理已符合设计、规范要求。

（4）抄平、放线工作（即标明墙、柱、梁板、楼梯等部位的水平标高和详细尺寸线）已完成。

（5）基础钢筋绑扎如遇到地下水时，必须有降水、排水措施。

（6）已将成品、半成品钢筋按施工图运至绑扎部位。

6.3.2 施工工艺

1. 工艺流程

（1）基础钢筋

基础垫层上弹底板钢筋位置线→按线布放钢筋→绑扎底板下部及地梁钢筋→（水电预埋）→设置垫块→放置马凳→绑扎底板上部钢筋→设置插筋定位框→插墙、柱预埋钢筋→基础底板钢筋验收。

（2）柱钢筋

弹柱子线→修整底层伸出的柱预留钢筋（含偏位钢筋）→套柱箍筋→竖柱子立筋并接头连接→在柱顶绑定距框→在柱子竖筋上标识箍筋间距→绑扎箍筋→固定保护层垫块。

（3）剪力墙钢筋

弹剪力墙线→修整预留的连接筋→绑暗柱钢筋→绑立筋→绑扎水平筋→绑拉筋或支撑筋→固定保护层垫块。

（4）梁钢筋

① 模内绑扎：画主次梁箍筋间距→放主梁、次梁钢筋→穿主梁底层纵筋及弯起筋→穿次梁底层纵筋并与箍筋固定→穿主梁上层纵向架立筋→按箍筋间距绑扎→穿次梁上层纵筋→按箍筋间距绑扎。

② 模外绑扎（先在梁模板上口绑扎成型后再入模内）：画箍筋间距→在主次梁模板上口铺横杆数根→在横杆上面放箍筋→穿主梁下层纵筋→穿次梁下层钢筋→穿主梁上层钢筋→按箍筋间距绑扎→穿次梁上层纵筋→按箍筋间距绑扎→抽出横杆落骨架于模板内。

（5）板钢筋

清理模板→模板上画线→绑扎下层钢筋→（水电预埋）→设置马凳→绑负弯矩钢筋或上层钢筋→垫保护层垫块→钢筋验收。

（6）楼梯钢筋

画位置线→绑扎钢筋→垫保护层垫块。

2. 操作工艺

（1）基础钢筋绑扎

① 底板钢筋绑扎时，如有基础梁可先分段绑扎成型，或根据梁位弹线就地绑扎成型。

② 弹好钢筋位置分格标志线，布放基础钢筋。

③ 绑扎钢筋。四周两行钢筋交叉点应每点绑牢，中间部分交叉点可相隔交错扎牢，但必须保证受力钢筋不位移。双向主筋的钢筋网，则需全部钢筋相交点扎牢，相邻绑扎点的扎丝扣成八字形，以免网片歪斜变形。

④ 基础底板采用双层钢筋网时，在底层钢筋网上应设置钢筋马凳或钢筋支架后才可绑上层钢筋的纵横两个方向定位钢筋，并在定位钢筋上划分标志，摆放纵横钢筋，绑扎方法同下层钢筋。

钢筋马凳或钢筋支架间距 1 m 左右设置一个。

⑤ 底板上下钢筋有接头时,应按规范要求错开,其位置及搭接长度均应符合设计、规范要求。

⑥ 墙、柱主筋插筋伸入基础时可采用 $\phi 10$ 钢筋焊牢于底板面筋或基础梁的箍筋上作为定位线,与墙、柱伸入基础的插筋绑扎牢固,插筋入基础深度要符合设计及规范锚固长度要求。甩出长度和甩头错开应符合设计及规范规定,其上端应采取措施保证甩筋垂直,不倾倒、变位。

⑦ 基础钢筋的保护层应按设计要求严格控制。若设计无规定,对有混凝土垫层的基础,其底板纵向受力钢筋保护层不应小于 40 mm,当无混凝土垫层时不应小于 70 mm。

(2) 柱钢筋绑扎

① 套柱箍筋:按图纸要求间距计算好每根柱箍筋数量,先将箍筋套在伸出基础或底板顶面、楼板面的竖向钢筋上,然后立柱子钢筋。

② 柱竖向受力筋绑扎:柱竖向受力筋绑扎接头时,在绑扎接头搭接长度内,绑扣不少于 3个,绑扎要向柱中心移动。绑扎接头的搭接长度及接头面积百分率应符合设计、规范要求。如果柱子采用光圆钢筋搭接时,角部弯钩应与模板成 45°,中间钢筋的弯钩应与模板成 90°。

③ 箍筋绑扎:在立好的柱子竖向钢筋上,按图纸要求画箍筋间距线,然后将箍筋向上移动,由上而下采用缠扣绑扎。箍筋与主筋要垂直,箍筋转角处与主筋均要绑扎。箍筋弯钩叠合处应沿柱竖筋交错布置,并绑扎牢固。有抗震要求的部位,箍筋端头应弯成 135°,平直部分不少于 $10d(d$ 为箍筋直径)。如箍筋采用 90°搭接时,应予以焊接。焊缝长度,单面焊不小于 $10d$。

④ 柱基、柱顶、梁柱交接处箍筋间距应按设计要求加密。柱上下两端箍筋应加密,加密区长度及加密区箍筋间距应符合设计要求。柱的纵向受力钢筋搭接长度范围内的箍筋配筋应符合设计或规范要求。如要求箍筋设拉筋时,拉筋应钩住箍筋,拉筋弯钩应呈 135°。

⑤ 柱筋保护层厚度应符合规范要求,垫块(或塑料卡)应绑在柱竖筋外皮上,以保证主筋保护层厚度准确。

⑥ 当柱截面尺寸有变化时,柱应在板内弯折或在下层搭接错位,弯后的尺寸要符合设计和规范要求。

3. 墙钢筋绑扎

① 墙钢筋绑扎顺序是先绑暗柱再绑墙。

② 根据弹好的线,调整竖向钢筋保护层、间距,接着先立暗柱主筋(无暗柱时,立 2～4 根竖筋),与下层伸出的连接筋绑扎,在主筋上画出水平筋分格标志,在下部及齐胸处绑两根横筋定位,并在横筋上画出主筋分格标志,接着绑其余主筋。最后绑其余横筋,横筋放置于主筋的里或外应符合设计要求。

③ 墙钢筋应逐点绑扎,双排钢筋之间应绑拉筋或支撑筋,其纵横间距不大于 600 mm。钢筋外边绑扎垫块(或成品塑料卡)也可用梯子筋来保证钢筋保护层厚度。

④ 剪力墙与框架柱连接处,剪力墙的水平横筋应锚固到框架柱内,其锚固长度要符合设计要求。如先浇筑柱混凝土后绑扎剪力墙筋时,柱内要预留连接筋或预埋铁件,待柱拆模绑墙筋时作为连接用。其预留长度应符合设计或规范的规定。

⑤ 墙的水平筋在两端头、转角、十字节点、丁字节点、L 节点梁等部位的锚固长度以及洞口周围加固筋等,均应符合抗震设计要求。

⑥ 合模后对伸出的竖向钢筋的间距及保护层进行调整,宜在楼层标高处绑一道横筋定位。浇筑混凝土时应有专人看管,随时调整,以保证钢筋位置的准确。

4. 梁钢筋绑扎

(1) 模内绑扎时

① 在梁侧模上画好箍筋间距或在已摆放的主筋上画出箍筋间距。

② 先穿主梁的下部纵向受力钢筋及弯起钢筋,将箍筋按已画好的间距逐一分开;后穿次梁的下部纵向钢筋及弯起钢筋并套好箍筋;放主次梁的架立筋;隔一定间距将架立筋与箍筋绑扎牢固;调整好箍筋间距;绑架立筋,再绑主筋,主次梁同时配合进行。

③ 框架梁上部纵向钢筋应贯穿中间节点,梁下部纵向钢筋伸入中间节点锚固长度及伸过中心线的长度要符合设计要求。框架梁纵向钢筋在端节点内的锚固长度也要符合设计要求。

④ 绑梁上部纵向钢筋的箍筋宜采用套扣绑扎。

⑤ 箍筋在叠合处的弯钩,在梁中应交错绑扎,箍筋弯钩为 135°,平直部分长度为 10d。

⑥ 梁端第一个箍筋应设置在距离柱节点边缘 50 mm。梁端与柱交接处箍筋加密要符合设计要求,在梁纵向受力钢筋搭接长度范围内应按设计要求配筋;当设计无具体要求时,应符合规范要求。

⑦ 在主、次梁受力筋下均应垫垫块(或成品塑料卡),保证保护层厚度。受力筋为双排时,可用短钢筋垫在两层钢筋之间,钢筋排距应符合设计要求。

⑧ 梁筋的绑扎连接:梁的受力钢筋直径小于 22 mm 时,可采用绑扎接头,搭接长度要符合规范的规定。接头末端与钢筋弯起点的距离不得小于钢筋直径的 10 倍。接头宜位于受力较小处。同一纵向受力钢筋不宜设置两个或两个以上接头。接头位置应相互错开。在同一连接区段长度 1.3L_1(L_1 为搭接长度)范围内纵向受力钢筋的接头面积百分率应符合设计要求,如设计无要求时应符合规范要求;受拉区域内 HPB300 钢筋绑扎接头的末端应做弯钩(HRB335 钢筋可不做弯钩),搭接处应在中心和两端扎牢。

(2) 模外绑扎时

主梁钢筋也可先在模板上绑扎,然后入模。其方法是把主梁需穿次梁的部位抬高,在主、次梁梁口搁横杆数根,把次梁上部纵筋铺在横杆上,按箍筋间距套箍筋,再将次梁下部纵筋穿入箍筋内,按架立筋、弯起筋、受拉筋的顺序与箍筋绑扎,将骨架抬起抽出横杆落入模板内。

5. 板钢筋绑扎

① 清理模板上面的杂物,调整梁钢筋的保护层,用粉笔在模板上标出钢筋的规格、尺寸、间距。

② 按画好的间距先摆放受力主筋,后放分布筋。分布筋应设于受力筋内侧。预埋件、电线管、预留孔等及时配合安装。

③ 在现浇板中有带梁时,应先绑扎带梁钢筋,再摆放板钢筋。

④ 板、次梁、主梁交叉处,板筋在上,次梁钢筋居中,主梁钢筋在下。当有圈梁或垫梁时主梁钢筋在上。

⑤ 绑扎板筋时一般用顺扣或八字扣,除外围两根钢筋的相交点应全部绑扎外,其余各点可交错绑扎(双向板相交点需全部绑扎)。如板为双层钢筋,两层钢筋之间须加钢筋马凳,以确保上层钢筋的位置。负弯矩钢筋每个相交点均要绑扎。

⑥ 在钢筋的下面垫好砂浆垫块(或塑料卡),间距 1.5 m,垫块的厚度为保护层厚度。

⑦ 钢筋搭接接头的长度和位置要求与梁相同。

6. 楼梯钢筋绑扎

(1) 在楼梯段底模上按设计要求画主筋和分布筋的位置线,先绑扎主筋,后绑扎分布筋,再绑扎负弯矩筋,每个交叉点均应绑扎。如有楼梯梁时,先绑梁后绑板筋,且板筋要锚固到梁内(楼梯梁为插筋时,梁钢筋应与插筋焊接)。

(2) 钢筋保护层厚度应符合设计或规范要求,在钢筋的下面垫好砂浆垫块(或塑料卡),弯矩筋下面加钢筋马凳。

6.4 钢筋工程的检查与验收

6.4.1 钢筋进场的检查与验收

6.4.1.1 外观检查

1. 热轧钢筋

(1) 热轧光圆钢筋

钢筋表面不得有裂纹、结疤和折叠;钢筋表面凸块和其他缺陷的深度和高度不得大于所在部位尺寸的允许偏差。从每批中抽取 5% 进行外观检查。

(2) 热轧圆盘条钢筋

盘条应将头尾有害缺陷部分切除;盘条的截面不得有分层及夹杂物;盘条表面应光滑,不得有裂纹、折叠、耳子、结疤;盘条不得有夹杂物及其他有害缺陷。从每批中抽取 5% 进行外观检查。

(3) 热轧带肋钢筋

钢筋表面不得有裂纹、结疤和折叠;钢筋表面允许有凸块,但不得超过横肋的高度,钢筋表面上其他缺陷的深度和高度不得大于所在部位尺寸的允许偏差。从每批中抽取 5% 进行外观检查。

2. 冷拔低碳钢丝

钢丝表面不得有裂纹和影响力学性质的锈蚀及机械损伤。

3. 预应力钢筋混凝土用钢丝

包括光面钢丝和刻痕钢丝。钢丝表面不得有裂纹、小刺、机械损伤、氧化铁皮和油污;除非供需双方另有协议,否则钢丝表面只要没有目视可见的麻坑,表面浮锈不应作为拒收的理由。

4. 热处理钢筋(RRB400)

钢筋表面不得有肉眼可见的裂纹、结疤和折叠;钢筋表面允许有凸块,但不得超过横肋的高度,钢筋表面允许有不影响使用的缺陷;钢筋表面不得沾有油污。钢筋在制造过程中,除端部外,应使钢筋不受到切割火花或其他方式造成的局部加热影响。从每批中抽取 5% 进行外观检查。

6.4.1.2 机械性能试验

(1) 热轧光圆钢筋

取样方法:每批钢筋由同一牌号、同一炉罐号、同一规格的钢筋组成,质量不大于 60 t。从每批钢筋中,任选两根钢筋,去掉钢筋端头 500 mm。

取样数量:在每根钢筋中取两个试样,一个试样做拉力试验,测定屈服点、抗拉强度和伸长率三项指标,另一个试样做冷弯试验。每批钢筋总计取拉力试样两个,冷弯试样两个。

试样规格:拉力试验试样取 $5d+200$ mm,冷弯试验试样取 $5d+150$ mm(d 为标距部分的钢筋直径)。

试验结果评定:若各项技术指标全部符合标准要求,应评定为合格。若有某一项试验结果不符合标准要求,应从同一批中再任取双倍数量的试样进行不合格项目的复验。复验结果包括该项试验要求的任一指标,如果有一个指标不合格,则评定为该批钢筋不合格,应降级使用。

(2)热轧圆盘条钢筋

取样方法及数量:每 60 t 为一批;拉伸试验仅取 1 个试件,从任一盘中切取;冷弯试验取两个试件,从不同盘中切取。

试样规格:同"热轧光圆钢筋"。

试验结果评定:同"热轧光圆钢筋"。

(3)热轧带肋钢筋

取样方法:每批钢筋由同一牌号、同一炉罐号、同一规格的钢筋组成,质量不大于 50 t。从每批钢筋中,任选两根钢筋,去掉钢筋端头 500 mm。

取样数量:在每根钢筋中取两个试样,一个试样做拉力试验,测定屈服点、抗拉强度和伸长率三项指标,另一个试样做冷弯试验。每批钢筋总计取拉力试样两个,冷弯试样两个。

试样规格:拉力试验试样取 $5d+200$ mm,冷弯试验试样取 $5d+150$ mm(d 为标距部分的钢筋直径)。

试验结果评定:若各项技术指标全部符合标准要求,应评定为合格。若有某一项试验结果不符合标准要求,则判定为该批钢筋不合格。

(4)冷拔低碳钢丝

取样方法:甲级冷拔低碳钢丝在每盘任一端截取两个试样(甲级冷拔低碳钢丝要求较严,要求逐盘检验)。乙级冷拔低碳钢丝,在每批中任取 3 盘,每盘各截取两个试样(乙级冷拔低碳钢丝要求抽样检验)。

取样数量:甲、乙级中各取两个试样,均为一个做拉力试验,测定抗拉强度和伸长率;另一个做反复弯曲试验。

取样规格:拉力试验试样取 $10d+200$ mm;反复弯曲试验试样取 $100 \sim 150$ mm。

试验结果评定:若各项技术指标全部符合标准要求,应评定为×级×组冷拔低碳钢丝。若有一个试样不符合乙级钢丝的各项标准要求,应在未取过试样的钢丝盘中另取双倍数量的试样,重做各项试验;若仍有一个试样不合格,该批钢丝应逐盘试验,合格者方可使用。

(5)预应力混凝土用钢丝

取样方法:每批钢丝由同一牌号、同一规格、同一生产工艺制度的钢丝组成,质量不大于 60 t。在形状、尺寸和表面检查合格的每批钢丝中抽取 10%,但不得少于 3 盘,在每盘钢丝的两端截取试样。

取样数量:每盘钢丝两端截取来的试样,分别进行抗拉强度、弯曲、伸长率试验。

试样规格:拉力试样为 350 mm,反复弯曲试样为 $100 \sim 150$ mm。

试验结果评定:矫直回火钢丝、冷拉钢丝及刻痕钢丝应分别按有关标准评定。若各项技术指标全部符合相应的标准要求,则应分别评为合格品。若有某一项试验结果不符合标准要求,该盘不得交货并从同一批未经试验的钢丝盘中再取双倍数量的试样进行复验,包括该项试验所要求的任一指标,复验结果如果有一个指标不合格,该批不得交货或逐盘检验合格后方可使用。

（6）热处理钢筋

取样方法:每批钢筋由同一外形截面尺寸、同一热处理制度和同一炉罐号的钢筋组成,质量不大于 60 t。从每批钢筋中选取 10％的盘数(不少于 25 盘)。

取样数量:在每盘的末端截取一根试样做力学性能试验。

取样规格:$10d+200$ mm。

试验结果评定:若各项技术指标全部符合标准要求,应评为合格品。若有一项不合格时,该盘为不合格品,要再从未试验过的钢筋中取双倍数量的试样进行复验,仍有一项不合格,则该批钢筋为不合格品。

6.4.1.3　钢筋的进场验收

钢筋是钢筋混凝土中的主要组成部分,所以使用的钢筋是否符合质量标准,直接影响到建筑物的使用安全,因此在施工过程中必须做好钢筋的验收工作,不合格者不得使用。

1. 钢筋进入现场(加工厂)的验收

（1）应有出厂质量证明书(试验报告单)；

（2）每捆(盘)钢筋均应有标牌；

（3）应按炉罐(批)号及直径(d)分批堆放,分批验收。

2. 钢筋的验收方式

（1）查对标牌；

（2）进行外观检查。

3. 钢筋的保管

为了确保质量,钢筋验收合格后,还要做好保管工作,主要是防止生锈、腐蚀和混用,要求:

（1）堆放场地要干燥,并用方木或混凝土板等作为垫件,一般保持离地 20 cm 以上。非急用钢筋,宜放在有棚盖的仓库内。

（2）钢筋必须严格分类、分级、分牌号堆放,不合格钢筋另作标记分开堆放。

（3）钢筋不要和酸、盐、油这一类的物品放在一起,要远离有害气体的地方堆放,以免腐蚀。

6.4.2　钢筋制品的验收

钢筋制品的验收分为主控项目和一般项目的验收。

6.4.2.1　钢筋加工验收

1. 主控项目

（1）受力钢筋的弯钩和弯折应符合下列规定:

① HPB300 钢筋末端应做 180°弯钩,其弯弧内直径不应小于钢筋直径的 2.5 倍,弯钩的弯后平直部分长度不应小于钢筋直径的 3 倍。

② 当设计要求钢筋末端需做 135°弯钩时,HRB335、HRB400 钢筋的弯弧内直径不应小于钢筋直径的 4 倍,弯钩的弯后平直部分长度应符合设计要求。

③ 钢筋做不大于 90°的弯折时,弯折处的弯弧内直径不应小于钢筋直径的 5 倍。

检查数量:每工作班同一类型钢筋、同一加工设备抽查不应少于 3 件。

检验方法:钢尺检查。

(2) 箍筋的验收

除焊接封闭式箍筋外,箍筋的末端应做弯钩,弯钩形式应符合设计要求;当设计无具体要求时,应符合下列规定:

① 箍筋弯钩的弯弧内直径除应满足受力钢筋的弯钩和弯折规定外,尚应不小于受力钢筋直径。

② 箍筋弯钩的弯折角度:对一般结构,不应小于 90°;对有抗震等要求的结构,应为 135°。

③ 箍筋弯后平直部分长度:对一般结构,不宜小于箍筋直径的 5 倍;对有抗震等要求的结构,不应小于箍筋直径的 10 倍。

检查数量:每工作班同一类型钢筋、同一加工设备抽查不应少于 3 件。

检验方法:钢尺检查。

对各种级别普通钢筋弯钩、弯折和箍筋的弯弧内直径、弯折角度、弯后平直部分长度分别提出了要求。受力钢筋弯钩、弯折的形状和尺寸,对于保证钢筋与混凝土协同受力非常重要。根据构件受力性能的不同要求,合理配置箍筋有利于保证混凝土构件的承载力,特别是对配筋率较高的柱、受扭的梁和有抗震设防要求的结构构件更为重要。

对规定抽样检查的项目,应在全数观察的基础上,对重要部位和观察难以判定的部位进行抽样检查。

2. 一般项目

(1) 钢筋调直宜采用机械方法,也可采用冷拉方法。当采用冷拉方法调直钢筋时,HPB300 钢筋的冷拉率不宜大于 4%,HRB335、HRB400 和 RRB400 钢筋的冷拉率不宜大于 1%。

检查数量:每工作班同一类型钢筋、同一加工设备抽查不应少于 3 件。

检验方法:观察、钢尺检查。

盘条供应的钢筋使用前需要调直。调直宜优先采用机械方法,以有效控制调直钢筋的质量;也可采用冷拉方法,但应控制冷拉伸长率,以免影响钢筋的力学性能。

(2) 钢筋加工的形状、尺寸应符合设计要求,其偏差应符合表 6.10 的规定。

表 6.10　钢筋加工的允许偏差

项　　目	允许偏差(mm)
受力钢筋顺长度方向全长的净尺寸	±10
弯起钢筋的弯折位置	±20
箍筋内净尺寸	±5

检查数量:每工作班同一类型钢筋、同一加工设备抽查不应少于 3 件。

检验方法:钢尺检查。

表 6.10 中提出了钢筋加工形状、尺寸偏差的要求。其中,箍筋内净尺寸是新增项目,对保证受力钢筋和箍筋本身的受力性能都较为重要。

6.4.2.2 钢筋连接的验收

1. 主控项目

（1）纵向受力钢筋的连接方式应符合设计要求。目前，钢筋的连接方式已有多种，应按设计要求采用。这是保证受力钢筋应力传递及结构构件的受力性能所必需的。

检查数量：全数检查。

检验方法：观察。

（2）在施工现场，应按国家现行标准《钢筋机械连接技术规程》（JGJ 107—2010）、《钢筋焊接及验收规程》（JGJ 18—2010）的规定抽取钢筋机械连接接头、焊接接头试件做力学性能检验，其质量应符合有关规程的规定。

近年来，钢筋机械连接和焊接的技术发展较快，国家现行标准《钢筋机械连接技术规程》（JGJ 107—2010）、《钢筋焊接及验收规程》（JGJ 18—2012）对其应用、质量验收等都有明确的规定，验收时应遵照执行。对钢筋机械连接和焊接，除应按相应规定进行形式、工艺检验外，还应从结构中抽取试件进行力学性能检验。

检查数量：按有关规程确定。

检验方法：检查产品合格证、接头力学性能试验报告。

2. 一般项目

（1）钢筋的接头宜设置在受力较小处。同一钢筋在同一受力区段内不宜多次连接，以保证钢筋的承载、传力性能。同一纵向受力钢筋不宜设置两个或两个以上接头。接头末端至钢筋弯起点的距离不应小于钢筋直径的 10 倍。

检查数量：全数检查。

检验方法：观察，钢尺检查。

（2）在施工现场，应按国家现行标准《钢筋机械连接技术规程》（JGJ 107—2010）、《钢筋焊接及验收规程》（JGJ 18—2012）的规定对钢筋机械连接接头、焊接接头的外观进行检查，其质量应符合有关规程的规定。

检查数量：全数检查。

检验方法：观察。但对观察难以判定的部位，可辅以量测检查。

（3）当受力钢筋采用机械连接接头或焊接接头时，设置在同一构件内的接头宜相互错开。纵向受力钢筋机械连接接头及焊接接头连接区段的长度为 $35d$（d 为纵向受力钢筋的较大直径）且不小于 500 mm，凡接头中点位于该连接区段长度内的接头均属于同一连接区段。同一连接区段内，纵向受力钢筋机械连接及焊接的接头面积百分率为该区段内有接头的纵向受力钢筋截面面积与全部纵向受力钢筋截面面积的比值。

同一连接区段内，纵向受力钢筋的接头面积百分率应符合设计要求；当设计无具体要求时，应符合下列规定：

① 在受拉区不宜大于 50%。

② 接头不宜设置在有抗震设防要求的框架梁端、柱端的箍筋加密区；当无法避开时，对等强度高质量机械连接接头，不应大于 50%。

③ 直接承受动力荷载的结构构件中，不宜采用焊接接头；当采用机械连接接头时，不应大于 50%。

检查数量：在同一检验批内，对梁、柱和独立基础，应抽查构件数量的 10%，且不少于 3

147

件;对墙和板,应按有代表性的自然间抽查 10% 且不少于 3 间;对大空间结构,墙可按相邻轴线间高度 5 m 左右划分检查面,板可按纵、横轴线划分检查面,抽查 10%,且均不少于 3 面。

检验方法:观察,钢尺检查。

(4) 同一构件中相邻纵向受力钢筋的绑扎搭接接头宜相互错开。绑扎搭接接头中钢筋的横向净距不应小于钢筋直径,且不应小于 25 mm。

钢筋绑扎搭接接头连接区段的长度为 $1.3L_1$(L_1 为搭接长度),凡搭接接头中点位于该连接区段长度内的搭接接头均属于同一连接区段。同一连接区段内,纵向钢筋搭接接头面积百分率为该区段内有搭接接头的纵向受力钢筋截面面积与全部纵向受力钢筋截面面积的比值。

同一连接区段内,纵向受拉钢筋搭接接头面积百分率应符合设计要求;当设计无具体要求时,应符合下列规定:

① 对梁类、板类及墙类构件,不宜大于 25%;

② 对柱类构件,不宜大于 50%;

③ 当工程中确有必要增大接头面积百分率时,对梁类构件,不应大于 50%;对其他构件,可根据实际情况放宽。

检查数量:在同一检验批内,对梁、柱和独立基础,应抽查构件数量的 10%,且不少于 3 件;对墙和板,应按有代表性的自然间抽查 10%,且不少于 3 间;对大空间结构,墙可按相邻轴线间高度 5 m 左右划分检查面,板可按纵、横轴线划分检查面,抽查 10%,且均不少于 3 面。

检验方法:观察,钢尺检查。

为了保证受力钢筋绑扎搭接接头的传力性能,这里给出了受力钢筋搭接接头连接区段的定义、接头面积百分率的限制以及最小搭接长度的要求。

(5) 在梁、柱类构件的纵向受力钢筋搭接长度范围内,应按设计要求配置箍筋。当设计无具体要求时,应符合下列规定:

① 箍筋直径不应小于搭接钢筋较大直径的 0.25 倍;

② 受拉搭接区段的箍筋间距不应大于搭接钢筋较小直径的 5 倍,且不应大于 100 mm;

③ 受压搭接区段的箍筋间距不应大于搭接钢筋较小直径的 10 倍,且不应大于 200 mm;

④ 当柱中纵向受力钢筋直径大于 25 mm 时,应在搭接接头两个端面外 100 mm 范围内各设置两个箍筋,其间距宜为 50 mm。

检查数量:在同一检验批内,对梁、柱和独立基础,应抽查构件数量的 10%,且不少于 3 件;对墙和板,应按有代表性的自然间抽查 10%,且不少于 3 间;对大空间结构,墙可按相邻轴线间高度 5 m 左右划分检查面,板可按纵、横轴线划分检查面,抽查 10%,且均不少于 3 面。

检验方法:钢尺检查。

搭接区域的箍筋对于约束搭接传力区域的混凝土、保证搭接钢筋传力至关重要。根据现行国家标准《混凝土结构设计规范》(GB 50010—2010)的规定,给出了搭接长度范围内的箍筋直径、间距等构造要求。

6.4.2.3 钢筋安装的验收

1. 主控项目

钢筋安装时,受力钢筋的品种、级别、规格和数量必须符合设计要求。受力钢筋的品种、级别、规格和数量对结构构件的受力性能有重要影响,必须符合设计要求。这是强制性条文,应严格执行。

检查数量：全数检查。

检验方法：观察，钢尺检查。

2. 一般项目

钢筋安装位置的偏差应符合表 6.11 的规定。

表 6.11　钢筋安装位置的允许偏差和检验方法

项　　目			允许偏差（mm）	检验方法
绑扎钢筋网	长、宽		±10	钢尺检查
	网眼尺寸		±20	钢尺量连续三档，取最大值
绑扎钢筋骨架	长		±10	钢尺检查
	宽、高		±5	钢尺检查
受力钢筋	间距		±10	钢尺量两端、中间各一点
	排距		±5	取最大值
	保护层厚度	基础	±10	钢尺检查
		柱、梁	±5	钢尺检查
		板、墙、壳	±3	钢尺检查
绑扎箍筋、横向钢筋间距			±20	钢尺量连续三档，取最大值
钢筋弯起点位置			20	钢尺检查
预埋件	中心线位置		5	钢尺检查
	水平高差		+3,0	钢尺和塞尺检查

注：① 检查预埋件中心线位置时，应沿纵、横两个方向量测，并取其中的较大值；

　　② 表中梁类、板类构件上部纵向受力钢筋保护层厚度的合格点率应达到 90% 及以上，且不得有超过表中数值 1.5 倍的尺寸偏差。

检查数量：在同一检验批内，对梁、柱和独立基础，应抽查构件数量的 10%，且不少于 3 件；对墙和板，应按有代表性的自然间抽查 10%，且不少于 3 间；对大空间结构，墙可按相邻轴线间高度 5 m 左右划分检查面，板可按纵、横轴线划分检查面，抽查 10%，且均不少于 3 面。

项目 7 混凝土工程

混凝土的基本组成材料是水泥、细骨料、粗骨料和水。此外,为了使混凝土具有某些特性或降低成本,有时还要加入化学外加剂或一些磨细的矿物混合材料。

混凝土工程施工工艺流程:配料→拌制→运输→浇筑→振捣→养护。

7.1 混凝土的配料

7.1.1 混凝土配合比的确定

1. 计算实验室混凝土配合比

当组成混凝土的原材料均符合要求后,应根据设计图纸中混凝土的强度等级确定混凝土的配合比,然后才能在现场搅拌混凝土并进行浇筑。混凝土配合比的确定,先要进行理论计算,再试配做试块,养护后进行试压测定,再经过调整后确定正式可下达的施工配合比。

混凝土配合比的计算,应按国家现行的行业标准进行。其步骤为:

(1) 确定混凝土试配强度

考虑到实际施工条件与实验室条件的差别,在实验室配制达到设计强度等级的混凝土,在实际施工中会因原材料的质量不均,组成混凝土的各材料称量的不准,拌和、运输、浇筑、振捣及养护等工序难以完全符合操作规程的要求等因素,而造成混凝土质量的不稳定。为保证混凝土满足设计要求的强度等级,施工现场配制的混凝土强度应根据施工单位实际施工水平予以调整。

按规程规定,混凝土试配强度按下式计算:

$$f_{cu,0} = f_{cu,k} + 1.645\sigma$$

式中 $f_{cu,0}$——混凝土配制强度,MPa;

$f_{cu,k}$——设计的混凝土立方体抗压强度标准值,MPa;

σ——施工单位的混凝土强度标准差,MPa。

上式中 σ 的大小反映施工单位的质量管理水平,σ 值越大,说明混凝土质量越不稳定。

对于混凝土强度的标准差 σ,应由强度等级相同、混凝土配合比和工艺条件基本相同的混凝土 28 d 强度统计求得。其统计周期,对预拌混凝土工厂和预制混凝土构件厂,可取为一个月。对现场拌制混凝土的施工单位,可根据实际情况确定,但不宜超过三个月。

当施工单位具有近期同一品种混凝土强度的统计资料时,σ 可按下式计算:

$$\sigma = \sqrt{\frac{\sum_{i=1}^{n} f_{cu,i}^2 - n m_{fcu}^2}{n-1}}$$

式中 $f_{cu,i}$——第 i 组混凝土试件的强度;

m_{fcu}——n 组试件强度的平均值;

n——统计周期内相同混凝土强度等级的试件组数,$n \geqslant 25$。

当混凝土为 C20 或 C25 时,如计算所得到的 $\sigma < 2.5$ MPa 时,则取 $\sigma = 2.5$ MPa;当混凝土为 C30 及以上时,如计算得到的 $\sigma < 3.0$ MPa,取 $\sigma = 3.0$ MPa。当施工单位无近期混凝土强度统计资料时,σ 可按表 7.1 取值。

表 7.1 σ 值选用表

混凝土强度等级	$\leqslant$ C15	C20~C35	$\geqslant$ C40
σ(MPa)	4.0	5.0	6.0

【例 7.1】 某建筑公司具有近期 30 组混凝土强度的统计资料如下(单位:MPa):

37.70、36.70、34.17、35.17、35.90、24.30、35.43、25.63、36.37、44.73、35.37、27.67、32.13、31.00、33.03、41.43、38.53、39.60、31.00、33.50、38.70、32.03、32.67、30.80、34.67、31.40、30.63、43.03、37.23、27.10。

现要求配制 C30 级混凝土,试确定混凝土配制强度。

【解】 (1)计算 30 组试件强度的平均值 m_{fcu}

$$m_{fcu} = \frac{37.70 + 36.70 + \cdots + 37.23 + 27.10}{30} = 34.255 \text{ MPa}$$

(2)计算 30 组试件混凝土强度标准差 σ

$$n = 30 > 25$$

$$\sigma = \sqrt{\frac{(37.30^2 + 36.70^2 + \cdots + 27.10^2) - 30 \times 34.255^2}{30 - 1}} = 4.82 \text{ MPa}$$

(3)确定混凝土配制强度 $f_{cu,0}$

$$f_{cu,0} = f_{cu,k} + 1.645\sigma = 30 + 1.645 \times 4.82 = 38 \text{ MPa}$$

(2)初步确定水胶比(W/C)

根据已测定的水泥实际强度 f_{ce},按混凝土强度公式,计算出所要求的水胶比。

采用碎石时:

$$f_{cu,0} = 0.48 f_{ce}\left(\frac{C}{W} - 0.52\right)$$

采用卵石时:

$$f_{cu,0} = 0.5 f_{ce}\left(\frac{C}{W} - 0.61\right)$$

式中 f_{ce}——水泥的实际强度,MPa。

当无水泥的实际强度时,式中的 f_{ce} 可按下式确定:

$$f_{ce} = r_c \cdot f_{ce,k}$$

式中 r_c——水泥强度等级标准值的富余系数;

$f_{ce,k}$——水泥强度等级标准值。

为了保证混凝土的耐久性,所计算的水胶比不得大于表 7.2 中规定的最大水胶比,否则应以表中规定的最大水胶比为依据进行设计。

表 7.2 普通混凝土最大水胶比及最小水泥用量

项次	混凝土所处的环境条件	最大水胶比	最小水泥用量（kg/m³）	
			配筋混凝土	无筋混凝土
1	不受雨雪影响的混凝土	不作规定	250	200
2	① 受雨雪影响的露天混凝土； ② 位于水中及水位升降范围内的混凝土； ③ 在潮湿环境中的混凝土	0.7	250	225
3	① 寒冷地区水位升降范围内的混凝土； ② 受水压作用的混凝土	0.65	275	250
4	严寒地区水位升降范围内的混凝土	0.6	300	275

（3）选定单位用水量

《普通混凝土配合比设计规程》规定，用水量的选定可按表 7.3 进行。

表 7.3 干硬性和塑性混凝土的用水量（kg/m³）

拌合物的稠度		卵石最大粒径（mm）			碎石最大粒径（mm）		
项目	指标	10	20	40	16	20	40
维勃稠度（s）	15～20	175	160	145	180	170	155
	10～15	180	165	150	185	175	160
	5～10	185	170	155	190	180	165
坍落度（mm）	10～30	190	170	150	200	185	165
	30～50	200	180	160	210	195	175
	50～70	210	190	170	220	205	185
	70～90	215	195	175	230	215	195

注：① 本表用水量系采用中砂时的平均值，当采用细砂时，每立方米混凝土用水量可增加 5～10 kg，采用粗砂则可减少 5～10 kg；

② 掺用各种外加剂或掺合料时，用水量应相应调整。

（4）计算单位水泥用量

根据第二步初步确定的水胶比（W/C）及第三步选定的单位用水量（m_w）可计算出单位水泥用量（m_c）。计算式如下：

$$m_c = \frac{m_w}{\dfrac{W}{C}}$$

为了保证混凝土的耐久性，由上式计算出的水泥用量要同时满足表 7.2 中规定的最小水泥用量的要求。否则，应取表中规定的最小水泥用量为依据进行设计。

（5）选取合理砂率值

混凝土的砂率是指混凝土中砂的含量与混凝土中骨料总量的质量比，即：

$$砂率（\%） = \frac{砂的质量}{砂的质量 + 石的质量}$$

根据《普通混凝土配合比设计规程》的规定，当坍落度大于或等于 10 mm 且小于或等于 60 mm 时，砂率可按表 7.4 选用。

表 7.4　混凝土的砂率（％）

水胶比 W/C	卵石最大粒径（mm）			碎石最大粒径（mm）		
	10	20	40	16	20	40
0.4	26～32	25～31	24～30	30～35	29～34	27～32
0.5	30～35	29～34	28～33	33～38	32～37	30～35
0.6	33～38	32～37	31～36	36～41	35～40	33～38
0.7	36～41	35～40	34～39	39～44	38～43	36～41

（6）计算砂、石用量

混凝土中砂、石用量可用质量法和体积法两种方法确定。

① 质量法　即假定混凝土拌合物在振捣密实状态下每立方米的质量为一固定值。根据统计经验，一般取每立方米混凝土的质量在 2400～2450 kg 范围内。即：

水泥的质量＋水的质量＋砂的质量＋石的质量＝2400～2450 kg

② 体积法　即混凝土拌合物的体积等于混凝土中各组成材料的密实体积与拌合物中所含空气的体积之和。

$$\frac{m_{c}}{\gamma_{c}}+\frac{m_{w}}{\gamma_{w}}+\frac{m_{s}}{\gamma_{s}}+\frac{m_{g}}{\gamma_{g}}+10\alpha=1000$$

式中　m_{c}，m_{w}，m_{s}，m_{g}——1 m³ 混凝土中水泥、水、砂、石质量；

γ_{c}，γ_{w}，γ_{s}，γ_{g}——水泥、水、砂、石的密度；

α——混凝土含气量，％。在不使用含气型外加剂时，$\alpha=1$。

通过以上六个步骤的计算，水泥、水、砂、石的用量全部求出，即得初步配合比。

（7）确定混凝土实验室配合比

初步配合比是根据经验公式计算而得，因而不一定符合实际工程要求，应通过试验进行调整。调整的目的：一是使混凝土拌合物的和易性满足施工需要；二是使水胶比符合混凝土强度及耐久性要求。

按初步配合比称取表 7.5 规定的体积时各组成材料的用量，搅拌均匀后测定其坍落度，同时观察其黏聚性和保水性。

表 7.5　混凝土试配用拌合量

骨料最大粒径（mm）	拌合物体积（L）
≤30	10～15
40	25～35

注：混凝土试配用拌合量应根据搅拌方法而定，采用人工搅拌时取下限，采用机械搅拌时取上限。搅拌方法应尽量与生产时使用的方法相同。

① 如坍落度过小，应在保持水胶比不变的情况下，适当增加水泥及水的用量（每调整 10 mm 坍落度，增加 2％～5％ 水泥浆用量）；

② 如坍落度过大，可适当减少水泥浆用量，或保持砂率不变，适当增加砂石用量；

③ 如拌合物显得砂浆不足，粘聚性及保水性不良，可单独加一些砂子，也就是适当加大砂率；

④ 如拌合物显得砂浆过多，可单独加一些石子，也就是适当减小砂率。

每次调整后再试拌，直到符合要求为止。

当试样调整工作完成后，应测出混凝土拌合物的实际密度 $\gamma(\mathrm{kg/m^3})$，并按下式重新计算每立方米混凝土的各项材料用量。

水泥的用量：

$$m_c = \frac{C_{拌}}{C_{拌} + W_{拌} + S_{拌} + G_{拌}} \cdot \gamma$$

水的用量：

$$m_w = \frac{W_{拌}}{C_{拌} + W_{拌} + S_{拌} + G_{拌}} \cdot \gamma$$

砂的用量：

$$m_s = \frac{S_{拌}}{C_{拌} + W_{拌} + S_{拌} + G_{拌}} \cdot \gamma$$

石子的用量：

$$m_g = \frac{G_{拌}}{C_{拌} + W_{拌} + S_{拌} + G_{拌}} \cdot \gamma$$

式中　$C_{拌}$，$W_{拌}$，$S_{拌}$，$G_{拌}$——试样调整过程中水泥、水、砂、石的实际拌和用量，kg。

2. 强度复核

虽然和易性满足了混凝土的要求，但水胶比不一定选用恰当，则可能导致强度不能符合要求，所以还应对强度进行复核。

强度复核的方法是采用调整后的配合比制成三组不同水胶比的混凝土试块：第一组采用初步计算出的水胶比；第二组较第一组的水胶比增加 0.05；第三组较第一组的水胶比减少 0.05。其用水量与初步配合比相同，第二组的砂率可增加 1%；第三组的砂率可减少 1%。

分别将三组试块标准养护 28 d，进行抗压强度试验。根据强度值，确定与试配强度相对应的水胶比。如混凝土还有抗渗性、抗冻性等技术要求，还应增加相应的试验项目进行检验。

在初步配合比的基础上，对混凝土拌合物的和易性与强度进行调整检验后，所得到的配合比即为实验室配合比。

7.1.2　调整工地混凝土配合比

混凝土的配合比是在实验室根据初步计算的配合比经过试配和调整而确定的，称为实验室配合比。确定实验室配合比所用的骨料（砂、石）都是干燥的。施工现场使用的砂、石都具有一定的含水率，含水率大小随季节、气候不断变化。如果不考虑现场砂、石含水率，还按实验室配合比投料，其结果是改变了实际砂石用量和用水量，而造成各种原材料用量的实际比例不符合原来的配合比的要求。为保证混凝土工程质量，保证按配合比投料，在施工时要按砂、石实际含水率对原配合比进行修正。

根据施工现场砂、石含水率，调整以后的配合比称为施工配合比。

假定实验室配合比为水泥∶砂∶石＝1∶x∶y，水胶比为 W/C，现场测得砂含水率为 W_x、石子含水率为 W_y，则施工配合比为水泥∶砂∶石＝1∶$x(1+W_x)$∶$y(1+W_y)$，水胶比不变。

【例 7.2】 某工程混凝土实验室配合比为 1：2.28：4.47；水灰比 $W/C=0.63$，每立方米混凝土水泥用量 $C=285$ kg，现场实测砂含水率 3%，石子含水率 1%，求施工配合比及每立方米混凝土各种材料用量。

【解】 施工配合比 $1：x(1+W_x)：y(1+W_y)=1：2.28(1+3\%)：4.47(1+1\%)=1：2.35：4.51$

按施工配合比得到 $1\ m^3$ 混凝土各组成材料用量为：

水泥 $\quad C=285$ kg

砂 $\quad\quad S=285\times2.35=669.75$ kg

石 $\quad\quad G=285\times4.51=1285.35$ kg

水 $\quad\quad W=(W/C-x\cdot W_x-y\cdot W_y)C=(0.63-2.28\times3\%-4.47\times1\%)\times285=147.32$ kg

7.1.3　计算每搅拌一次混凝土各材料的用量

计算每搅拌一次混凝土各材料的用量即通常所说的施工配料，就是根据施工配合比和选择的搅拌机容量来计算原材料的一次投料量。

【例 7.3】 混凝土实验室配合比为 1：2.36：4.65，水胶比为 0.62，每立方米水泥用量为 285 kg，测得砂子含水率为 3%，石子含水率为 2%，求施工配合比。若采用 JZ250 型搅拌机，袋装水泥，求每搅拌一次混凝土各材料的用量。

【解】 施工配合比为 $1：2.36(1+0.03)：4.65(1+0.02)=1：2.43：4.74$

每搅拌一次混凝土各材料的用量为：

水泥 $\quad285\times0.25=71.25$ kg　（取用一袋半水泥，即 75 kg）

砂 $\quad\quad75\times2.43=182.25$ kg

石 $\quad\quad75\times4.74=355.5$ kg

水 $\quad\quad75\times0.62-75\times2.36\times0.03-75\times4.65\times0.02=46.5-5.31-6.98=34.21$ kg

搅拌混凝土时，根据计算出的各组成材料的一次投料量，按质量投料。投料时允许偏差不得超过下列规定：

水泥、外掺混合材料 $\quad\pm2\%$

粗、细骨料 $\quad\pm3\%$

水、外加剂 $\quad\pm2\%$

各种衡器应定期检验，保持准确，骨料含水率应经常测定，雨天施工时应增加测定次数。

7.2　混凝土的拌制

混凝土的搅拌分为人工搅拌和机械搅拌两种。

人工搅拌一般是在钢板上，用铁铲把混凝土组成材料砂、石、水泥拌制均匀，然后再加入水，用铁铲翻至均匀。在操作上应保证三干三湿。由于人工搅拌劳动强度大，均匀性差，水泥用量偏大，因此，只有在混凝土用量较少或没有搅拌机的情况下采用。

7.2.1　混凝土搅拌机

混凝土搅拌机按其工作原理分为自落式搅拌机和强制式搅拌机两大类。

1. 自落式搅拌机

自落式搅拌机搅拌筒内壁装有叶片，搅拌筒旋转，叶片将物料提升一定的高度后自由下落，各物料颗粒分散拌和，拌和成均匀的混合物。这种搅拌机体现的是重力原理。自落式混凝土搅拌机按其搅拌筒的形状不同分为鼓筒式、锥形反转出料式和双锥形倾翻出料式三种类型。鼓形搅拌机是一种最早使用的传统形式的自落式搅拌机。这种搅拌机具有结构紧凑、运转平稳、机动性好、使用方便、耐用可靠等优点,在相当长一段时间内广泛使用于施工现场,它适于搅拌塑性混凝土,但由于该机种存在着拌和出料困难、卸料时间长、搅拌筒利用率低、水泥耗量大等缺点,现属淘汰机型。常见型号有 JG150、JG250 等。锥形反转式出料搅拌机的搅拌筒呈双锥形,筒内装有搅拌叶片和出料叶片,正转搅拌,反转出料。因此,它具有搅拌质量好、生产效率高、运转平稳、操作简单、出料干净迅速和不易发生粘筒等优点,正逐步取代鼓筒形搅拌机。锥形反转出料搅拌机适于施工现场搅拌塑性、半干硬性混凝土,常用型号有 JZ150、JZ250、JZ350 等。

2. 强制式搅拌机

强制式搅拌机的轴上装有叶片,通过叶片强制搅拌装在搅拌筒中的物料,使物料沿环向、径向和竖向运动,拌和成均匀的混合物。这种搅拌机体现的是剪切拌和原理。强制式搅拌机和自落式搅拌机相比,搅拌作用强烈、均匀,搅拌时间短,生产效率高,质量好而且出料干净。它适于搅拌低流动性混凝土、干硬性混凝土和轻骨料混凝土。

强制式搅拌机按其构造特征分为立轴式和卧轴式两类。常用机型有 JD250、JW250、JW500、JD500 等。

3. 搅拌机的维护与保养

(1) 四支撑脚应同时支撑在地面上,机架应调至水平,底盘与地面之间应用枕木垫牢,使其稳固可靠,进料斗落位处应铺垫草袋,避免进料斗下落撞击地面而损坏。

(2) 使用前应检查各部分润滑情况及油嘴是否畅通,并加注润滑油脂。

(3) 水泵内应加足水,供电系统线头应牢固安全,并应接地。

(4) 开机前应检查传动系统运转是否正常,制动器、离合器性能应良好,钢丝绳如有松散或严重断丝应及时收紧或更换。

(5) 停机前,应倒入一定量的石子和清水,利用搅拌筒的旋转将筒内清洗干净,并放出石子和水。停机后,机具各部分应清扫干净,进料斗平放地面,操作手柄置于脱开位置。

(6) 如遇冰冻气候(日平均气温在 5 ℃以下)时,应将配水系统的水放尽。

(7) 下班离开搅拌机时应切断电源,并将开关箱锁上。

7.2.2 搅拌机的搅拌制度

1. 装料顺序

(1) 一次投料法

搅拌时加料顺序普遍采用一次投料法,将砂、石、水泥和水一起加入搅拌筒内进行搅拌。搅拌混凝土前,先在料斗中装入石子,再装水泥及砂,这样可使水泥夹在石子和砂中间,有效地避免上料时所发生的水泥飞扬现象,同时也可使水泥及砂子不致粘住斗底。料斗将砂、石、水泥倾入搅拌机的同时加水搅拌。

(2) 二次投料法

二次投料法又分为预拌水泥砂浆法、预拌水泥净浆法和水泥裹砂石法(又称 SEC 法)三种。国内外试验资料表明,二次投料法搅拌的混凝土与一次投料法相比较,混凝土强度可提高约 15%,在强度相同的情况下,可节约水泥 15%～20%。预拌水泥砂浆法是先将水泥、砂和水加入搅拌筒内进行充分搅拌,成为均匀的水泥砂浆后,再投入石子搅拌成均匀的混凝土。预拌水泥净浆法是先将水泥和水充分搅拌成均匀的水泥净浆后,再加入砂和石搅拌成混凝土。水泥裹砂石法是先将全部砂、石和70%的水倒入搅拌机,搅拌10～20 s,将砂和石表面湿润,再倒入水泥进行造壳搅拌20 s,最后加剩余水,进行糊化搅拌80 s。水泥裹砂石法能提高强度是因为改变投料和搅拌次序后,使水泥和砂石的接触面增大,水泥的潜力得到充分发挥。为保证搅拌质量,目前有专用的裹砂石混凝土搅拌机。

2. 搅拌时间

从砂、石、水泥和水等全部材料装入搅拌筒至开始卸料止所经历的时间称为混凝土的搅拌时间。混凝土搅拌时间是影响混凝土的质量和搅拌机生产率的一个主要因素。如果搅拌时间短,混凝土搅拌得不均匀,将直接影响混凝土的强度,如适当延长搅拌时间,可增加混凝土强度;而搅拌时间过长,混凝土的匀质性并不能显著增加,相反会使混凝土的和易性降低且影响混凝土搅拌机的生产率,不坚硬的骨料会发生掉角甚至破碎,反而降低了混凝土的强度。混凝土搅拌的最短时间与搅拌机的类型和容量、骨料的品种、对混凝土流动性的要求等因素有关,应符合表7.6的规定。

表 7.6　混凝土搅拌的最短时间(s)

混凝土的坍落度（cm）	搅拌机类型	搅拌机容量(L)		
		<250	250～500	>500
≤3	自落式	90	120	150
	强制式	60	90	120
>3	自落式	90	90	120
	强制式	60	60	90

在混凝土搅拌中,还应注意以下问题:

(1) 掺有外加剂时,搅拌时间应适当延长。

(2) 全轻混凝土宜采用强制式搅拌机搅拌。砂轻混凝土可用自落式搅拌机搅拌,搅拌时间均应延长60～90 s。

(3) 轻骨料宜在搅拌前预湿。采用强制式搅拌机搅拌的加料顺序是:先加粗细骨料和水泥搅拌60 s,再加水继续搅拌。采用自落式搅拌机的加料顺序是:先加1/2的用水量,然后加粗细骨料和水泥,均匀搅拌60 s,再加剩余用水量继续搅拌。

(4) 当采用其他形式的搅拌设备时,搅拌的最短时间应按设备说明书的规定经试验确定。

7.3　混凝土的运输

混凝土由拌制地点运至浇筑地点的运输分为水平运输(地面水平运输和楼面水平运输)和垂直运输。常用的水平运输设备有手推车、机动翻斗车、混凝土搅拌运输车、自卸汽车等。常用的垂直运输设备有龙门架、井架、塔式起重机、混凝土泵等。混凝土运输设备的选择应根据建筑物的结构特点、运输的距离、运输量、地形及道路条件、现有设备情况等因素综合考虑确定。

7.3.1　混凝土的运输要求

（1）混凝土在运输过程中不产生分层、离析现象。如有离析现象，必须在浇筑前进行二次搅拌。

（2）混凝土运至浇筑地点开始浇筑时，应满足设计配合比所规定的坍落度，见表7.7。

表7.7　混凝土浇筑时的坍落度

项次	结构类型	坍落度（mm）
1	基础或地面等垫层，无配筋的厚大结构（挡土墙、基础或厚大的块体等）或配筋稀疏的结构	10～30
2	板、梁和大型及中型截面的结构	30～50
3	配筋密列的结构（薄壁、斗仓、筒仓、细柱等）	50～70
4	配筋特密的结构	70～90

注：① 本表是指采用机械振捣的混凝土坍落度，采用人工振捣时可适当增大混凝土坍落度；
　　② 需要配置大坍落度混凝土时应加入混凝土外加剂；
　　③ 曲面、斜面结构的混凝土，其坍落度应根据需要另行选用。

（3）混凝土从搅拌机中卸出运至浇筑地点必须在混凝土初凝之前浇捣完毕，其允许延续时间不超过表7.8的规定。

（4）运输工作应保证混凝土的浇筑工作连续进行。

表7.8　混凝土从搅拌机中卸出后到浇筑完毕的延续时间（min）

混凝土强度等级	气温	
	<25 ℃	≥25 ℃
≤C30	120	90
>C30	90	60

注：对掺加外加剂或快硬水泥拌制的混凝土，其延续时间应按试验确定。

7.3.2　运输工具

1. 手推车

手推车有单轮、双轮两种。单轮手推车容量为 0.05～0.06 m^3，双轮手推车容量为 0.1～0.12 m^3。手推车操作灵活、装卸方便，适用于楼地面水平运输。

2. 机动翻斗车

机动翻斗车是一种轻便灵活的水平运输机械。

机动翻斗车一般配有功率为 6～9 kW 的柴油机，最大行驶速度可达 30 km/h，车前装有容积为 0.467 m^3 的料斗，载重量为 1000 kg。它具有轻便灵活、结构简单、转弯半径小、速度快、能自动卸料等特点，可与 400 L 混凝土搅拌机配合，在短距离运输混凝土时使用。

3. 自卸汽车

自卸汽车是以载重汽车作驱动力，在其底盘上装置一套液压举升机构，使车厢举升和降落,以自卸物料。

自卸汽车适用于远距离和混凝土需用量大的水平运输。

4. 混凝土搅拌运输车

混凝土搅拌运输车是在载重汽车或专用汽车的底盘上装置一个梨形反转出料的搅拌机,兼有运载混凝土和搅拌混凝土的双重功能。它可在运送混凝土的同时,对其缓慢地搅拌,以防止混凝土产生离析或初凝,从而保证混凝土的质量。亦可在开车前装入一定配合比的干混合料,在到达浇筑地点前 15～20 min 加水搅拌,到达后即可使用。该车适用于混凝土远距离运输,是商品混凝土必备的运输机械。

5. 混凝土泵运输

混凝土泵运输又称泵送混凝土,是利用混凝土泵的压力将混凝土通过管道输送到浇筑地点,一次完成水平运输和垂直运输。混凝土泵运输具有输送能力大(最大水平输送距离可达800 m,最大垂直输送高度可达 300 m)、效率高、连续作业、节省人力等优点,是施工现场运输混凝土的较先进的方法,今后必将得到广泛的应用。

泵送混凝土设备有混凝土泵、输送管和布料装置。

(1)混凝土泵

混凝土泵按作用原理分为液压活塞式、挤压式和气压式三种。

液压活塞式混凝土泵是利用活塞的往复运动,将混凝土吸入和压出。将搅拌好的混凝土装入泵的料斗内,此时排出端片阀关闭,吸入端片阀开启,在液压作用下,活塞向液压缸体方向移动,混凝土在自重及真空吸力作用下,进入混凝土管内。然后活塞向混凝土缸体方向移动,吸入端片阀关闭,压出端片阀开启,混凝土被压入管道中,输送至浇筑地点。单缸混凝土泵出料是脉冲式的,所以一般混凝土泵都有并列两套缸体,交替出料,使出料稳定。

将混凝土泵装在汽车底盘上,组成混凝土泵车。混凝土泵车转移方便、灵活,适用于中小型工地施工。

挤压式混凝土泵是利用泵室内的滚轮挤压装有混凝土的软管,软管受局部挤压使混凝土向前推移。泵室内保持高度真空,软管受挤压后扩张,管内形成负压,将料斗中混凝土不断吸入,滚轮不断挤压软管,使混凝土不断排出,如此连续运转。

气压式混凝土泵是以压缩空气为动力使混凝土沿管道输送至浇筑地点。其设备由空气压缩机、贮气罐、混凝土泵(亦称混凝土浇筑机或混凝土压送器)、输送管道、出料器等组成。

(2)混凝土输送管

混凝土输送管有直管、弯管、锥形管和软管等。直管、弯管的管径以 100 mm、125 mm 和150 mm 三种为主,直管标准长度以 4.0 m 为主,另有 3.0 m、2.0 m、1.0 m、0.5 m 四种管长作为调整布管长度用。弯管的角度有 15 ℃、30 ℃、45 ℃、60 ℃、90 ℃五种,以适应管道改变方向的需要。

锥形管长度一般为 1.0 m,用于两种不同管径输送管的连接。直管、弯管、锥形管用合金钢制成,软管用橡胶与螺旋形弹性金属制成。软管接在管道出口处,在不移动钢管的情况下,可扩大布料范围。

(3)布料装置

混凝土泵连续输送的混凝土量很大,为使输送的混凝土直接浇筑到模板内,应设置具有输送和布料两种功能的布料装置(称为布料杆)。

布料装置应根据工地的实际情况和条件来选择，为一种移动式布料装置，放在楼面上使用，其臂架可回转360°，可将混凝土输送到其工作范围内的浇筑地点。此外，还可将布料杆装在塔式起重机上，也可将混凝土泵和布料杆装在汽车底盘上，组成布料杆泵车，用于基础工程或多层建筑混凝土浇筑。

（4）泵送混凝土的原材料和施工配合比

混凝土在输送管内输送时应尽量减少与管壁间的摩阻力，使混凝土流通顺利，不产生离析现象。选择泵送混凝土的原料和配合比应满足泵送的要求。

① 粗骨料

粗骨料宜优先选用卵石，当水胶比相同时卵石混凝土比碎石混凝土流动性好，与管道的摩阻力小。为减小混凝土与输送管道内壁的摩阻力，应限制粗骨料最大粒径 d 与输送管内径 D 之比值。一般粗骨料为碎石时，$d \leqslant D/3$；粗骨料为卵石时 $d \leqslant D/2.5$。

② 细骨料

骨料颗粒级配对混凝土的流动性有很大影响。为提高混凝土的流动性和防止离析，泵送混凝土中通过 0.135 mm 筛孔的砂应不小于 15%，含砂率宜控制在 40%～50%。

③ 水泥用量

水泥用量过少，混凝土易产生离析现象。1 m³ 泵送混凝土最小水泥用量为 300 kg。

④ 混凝土的坍落度

混凝土的流动性大小是影响混凝土与输送管内壁摩阻力大小的主要因素，泵送混凝土的坍落度宜为 80～180 mm。

⑤ 为了提高混凝土的流动性，减小混凝土与输送管内壁摩阻力，防止混凝土离析，宜掺入适量的外加剂。

（5）泵送混凝土施工的有关规定

泵送混凝土施工时，除事先拟订施工方案、选择泵送设备、做好施工准备工作外，在施工中应遵守如下规定：

① 混凝土的供应必须保证混凝土泵能连续工作；

② 输送管线的布置应尽量直，转弯宜少且缓，管与管接头严密；

③ 泵送前应先用适量的与混凝土内成分相同的水泥浆或水泥砂浆润滑输送管内壁；

④ 预计泵送间歇时间超过 45 min 或混凝土出现离析现象时，应立即用压力水或其他方法冲管内残留的混凝土；

⑤ 泵送混凝土时，泵的受料斗内应经常有足够的混凝土，防止吸入空气形成阻塞；

⑥ 输送混凝土时，应先输送远处混凝土，使管道随混凝土浇筑工作的逐步完成，逐步拆管。

7.4　混凝土浇筑

7.4.1　浇筑前的准备工作

为了保证混凝土工程质量和混凝土工程施工的顺利进行，在浇筑前一定要充分做好准备工作。

1. 地基的检查与清理

（1）在地基上直接浇筑混凝土（如浇筑基础、地面）时，应对其轴线位置及标高和各部分尺寸进行复核和检查，如有不符，应立即修正。

（2）清除地基底面上的杂物和淤泥浮土。地基面上凹凸不平处，应加以修理整平。

（3）对于干燥的非黏土地基，应洒水润湿，对于岩石地基或混凝土基础垫层，应用清水清洗，但不得留有积水。

（4）对于有地下水涌出或地表水流入地基时，应考虑排水，并应考虑混凝土浇筑后及硬化过程中的排水措施，以防冲刷新浇筑的混凝土。

（5）检查基槽和基坑的支护及边坡的安全措施，以避免运输车辆行驶而造成塌方事故。

2. 模板的检查

（1）检查模板的轴线位置、标高、截面尺寸以及预留孔洞和预埋件的位置，并应与设计相一致。

（2）检查模板的支撑是否牢固，对于妨碍浇筑的支撑应加以调整，以免在浇筑过程中产生变形、位移和影响浇筑。

（3）模板安装时应认真涂刷隔离剂，以利于脱模。模板内的泥土、木屑等杂物应清除。

（4）木模应浇水充分润湿，尚未胀密的缝隙应用纸筋灰或水泥袋纸嵌塞；对于缝隙较大处应用木片等填塞，以防漏浆。金属模板的缝隙和孔洞也应堵塞。

3. 钢筋检查

（1）钢筋及预埋件的规格、数量、安装位置应与设计相一致，绑扎与安装应牢固。

（2）清除钢筋上的油污、砂浆等，并按规定加垫好钢筋的混凝土保护层。

（3）协同有关人员做好隐蔽工程记录。

4. 供水、供电及原材料的保证

（1）浇筑期间应保证水、电及照明不中断，应考虑临时停水断电措施。

（2）浇筑地点应贮备一定数量的水泥、砂、石等原材料，并满足配合比要求，以保证浇筑的连续性。

5. 机具的检查及准备

（1）搅拌机、运输车辆、振捣器及串筒、溜槽、料斗应按需准备充足，并保证完好。

（2）准备急需的备品、配件，以备修理用。

6. 道路及脚手架的检查

（1）运输道路应平整、通畅，无障碍物，应考虑空载和重载车辆的分流，以免发生碰撞。

（2）脚手架的搭设应安全牢固，脚手板的铺设应合理适用，并能满足浇筑的要求。

7. 安全与技术交底

（1）对各项安全设施要认真检查，并进行安全技术的交底工作，以消除事故隐患。

（2）对班组的计划工作量、劳动力的组织与分工、施工顺序及方法、施工缝的留置位置及处理、操作要点及要求进行技术交底。

8. 其他

做好浇筑期间的防雨、防冻、防暴晒的设施准备工作，以及浇筑完毕后的养护准备工作。

7.4.2 混凝土的浇筑

为确保混凝土工程质量,混凝土浇筑工作必须遵守下列规定:

1. 混凝土的自由下落高度

浇筑混凝土时为避免发生离析现象,混凝土自高处倾落的自由高度(称自由下落高度)不应超过 2 m。自由下落高度较大时,应使用溜槽或串筒,以防混凝土产生离析。溜槽一般用木板制作,表面包铁皮,使用时其水平倾角不宜超过 30°。串筒用薄钢板制成,每节筒长 700 mm左右,用钩环连接,筒内设有缓冲挡板。

2. 混凝土分层浇筑

为了使混凝土能够振捣密实,浇筑时应分层浇灌、振捣,并在下层混凝土初凝之前将上层混凝土浇筑并振捣完毕。如果在下层混凝土已经初凝以后再浇筑上面一层混凝土,在振捣上层混凝土时,下层混凝土由于受振动,已凝结的混凝土结构就会遭到破坏。混凝土分层浇筑时每层的厚度应符合表 7.9 的规定。

表 7.9 混凝土浇筑层厚度

捣实混凝土的方法		浇筑层厚度(mm)
插入式振捣		振捣器作用部分长度的 1.25 倍
表面振捣		200
人工振捣	在基础、无筋混凝土或配筋稀疏的结构中	250
	在梁、墙板、柱结构中	200
	在配筋密列的结构中	150
轻骨料混凝土	插入式振捣	300
	表面振动(振动时需加荷)	200

3. 竖向结构混凝土浇筑

竖向结构(墙、柱等)浇筑混凝土前,底部应先填 50～100 mm 厚与混凝土内砂浆成分相同的水泥砂浆,浇筑时不得发生离析现象。当浇筑高度超过 3 m 时,应采用串筒、溜槽或振动串筒下落。

4. 梁和板混凝土的浇筑

在一般情况下,梁和板的混凝土应同时浇筑。较大尺寸的梁(梁的高度大于 1 m)、拱和类似的结构,可单独浇筑。

在浇筑与柱和墙连成整体的梁和板时,应在柱和墙浇筑完毕后停歇 1～1.5 h,使其获得初步沉实后,再继续浇筑梁和板。

7.4.3 施工缝

1. 施工缝的形成和留设原则

施工缝是一种特殊的工艺缝。浇筑混凝土时,由于施工技术(安装上部钢筋、重新安装模板和脚手架、限制支撑结构上的荷载等)或施工组织(工人换班、设备损坏、待料等)方面的原因,不能连续将结构整体浇筑完成,且停歇时间可能超过混凝土的凝结时间时,则应预先确定在适当的部位留置施工缝。由于施工缝处"新""老"混凝土连接的强度比整体混凝土强度低，所以施工缝一般应留在结构受剪力较小且便于施工的部位。

这里所说的施工缝，实际并没有缝，而是新浇混凝土与原混凝土之间的结合面，混凝土浇筑后缝已不存在，与房屋的伸缩缝、沉降缝和抗震缝不同，后三种缝不管是建筑物在建造过程中或建成后，都存在实际的空隙。

2. 允许留施工缝的位置

柱子的施工缝宜留在基础与柱子的交接处的水平面上，或梁的下面，或吊车梁牛腿的下面，或吊车梁的上面，或无梁楼盖柱帽的下面(图 7.1)。框架结构中，如果梁的负筋向下弯入柱内，施工缝也可设置在这些钢筋的下端，以便于绑扎。柱的施工缝应留成水平缝。

与板连成整体的大断面梁(高度大于 1 m 的混凝土梁)单独浇筑时，施工缝应留置在板底面以下 20～30 mm 处。板有梁托时，应留在梁托下部。

有主次梁的楼板，宜顺着次梁方向浇筑，施工缝应留置在次梁跨度中间 1/3 的范围内(图 7.2)。

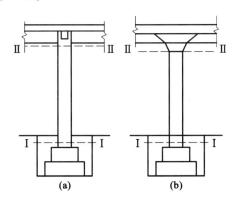

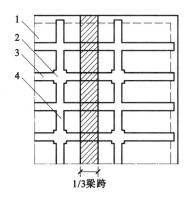

图 7.1　柱的结构

(a)梁板式结构;(b)无梁楼盖结构

图 7.2　楼板结构

1—楼板;2—柱;3—次梁;4—主梁

单向板的施工缝可留置在平行于板的短边的任何位置处。

楼梯的施工缝也应留在跨中 1/3 范围内。

墙的施工缝留置在门洞口过梁跨中 1/3 范围内，也可留在纵横墙的交接处。

双向受力楼板、大体积混凝土结构、拱、穹拱、薄壳、蓄水池、斗包、多层框架及其他结构复杂工程，施工缝位置应按设计要求留置。

注意：并不是每个工程都一定要设施工缝，有的结构是不允许留设施工缝的。

3. 施工缝的处理

(1) 在施工缝处继续浇筑混凝土时，先前已浇筑混凝土的抗压强度应不小于 1.2 N/mm²。

(2) 继续浇筑前，应清除已硬化混凝土表面上的水泥薄膜和松动石子以及软弱混凝土层，并加以充分湿润和冲洗干净，且不得积水。

(3) 在浇筑混凝土前，先铺一层水泥浆或与混凝土内成分相同的水泥砂浆，然后再浇筑混凝土。

(4) 混凝土应仔细捣实，使新旧混凝土紧密结合。

7.5 混凝土振捣

混凝土浇筑到模板中后,由于骨料间的摩阻力和水泥浆的粘结作用,不能自动充满模板,其内部是疏松的,有一定体积的空洞和气泡,不能达到要求的密实度。而混凝土的密实性直接影响其强度和耐久性,所以在混凝土浇筑到模板内后,必须进行捣实,使之具有设计要求的结构形状、尺寸和设计的强度等级。

混凝土捣实的方法有人工捣实和机械振捣。施工现场主要用机械振动法。

7.5.1 人工振捣

人工振捣是用人力的冲击(夯或插)使混凝土密实、成型。一般只有在采用塑性混凝土,而且是在缺少机械或工程量不大的情况下,才用人工振捣。振捣时要注意插匀、插全。实践证明,增加振捣次数比加大振捣力的效果为好。重点要捣好下列部位:主钢筋的下面、钢筋密集处、石子多的地点、模板阴角处以及钢筋与侧模之间。

(1)人工振捣采用的振捣工具　对于基础、梁、柱,可用竹竿、钢管;对于楼板、地坪、小梁,可用铲、锹、平底锤等。

(2)操作方法　① 边下料,边捣插;② 轻插、多插、密插为佳,不宜用力猛插;③ 插点应均匀分布,钢筋、外模板及边角多插;④ 截面较大的梁、柱,可同时用木槌在模板外轻敲。

(3)密实饱满现象　① 不再冒出气泡;② 不再显著下沉;③ 表面泛浆;④ 表面基本形成水平面;⑤ 模板拼缝出现浆水。

7.5.2 机械振捣

1. 混凝土机械振捣原理

混凝土振捣机械振动时,将具有一定频率和振幅的振动力传给混凝土,使混凝土发生强迫振动,新浇筑的混凝土在振动力作用下,颗粒之间的粘着力和摩阻力大大减小,流动性增加。振捣时粗骨料在重力作用下下沉,水泥浆均匀分布填充骨料空隙,气泡逸出,孔隙减少,游离水分被挤压上长,使原来松散堆积的混凝土充满模型,提高密实度。振动停止后混凝土重新恢复其凝聚状态,逐渐凝结硬化。机械振捣比人工振捣效果好,混凝土密实度提高,水胶比可以减小。

2. 混凝土振捣设备

混凝土振捣机械按其传递振动的方式分为内部振动器、表面振动器、附着式振动器和振动台。在施工工地主要使用内部振动器和表面振动器。

(1)内部振动器

内部振动器又称为插入式振动器(振动棒),多用于振捣现浇基础、柱、梁、墙等结构构件和厚大体积设备基础的混凝土捣实。

插入式振动器按产生振动的原理分为偏心式和行星式;按振动频率分有低频(1500~3000次/min)、中频(5000~8000次/min)、高频(10000次/min)。

建筑工地常用带软轴的插入式振动器,主要有中频偏心软轴插入式振动器和高频行星滚锥软轴插入式振动器。

（2）表面振动器

表面振动器又称平板振动器，是将一个带偏心块的电动振动器安装在钢板或木板上，振动力通过平板传给混凝土。表面振动器的振动作用深度小，适用于振捣表面积大而厚度小的结构，如现浇楼板、地坪或预制板。平板振动器底板大小的确定，应以使振动器能浮在混凝土表面上为准。

（3）附着式振动器

附着式振动器是将一个带偏心块的电动振动器利用螺栓或钳形夹具固定在构件模板的外侧，不与混凝土接触，振动力通过模板传给混凝土。附着式振动器的振动作用深度小，适用于振捣钢筋密、厚度小及不宜使用插入式振动器的构件，如墙体、薄腹梁等。

表面振动器和附着式振动器都是在混凝土的外表面施加振动，使混凝土振捣密实。

（4）振动台

振动台是一个支承在弹性支座上的工作台。工作台框架由型钢焊成，台面为钢板。工作台下面装设振动机构，振动机构转动时，即带动工作平台强迫振动，使平台上的构件混凝土被振实。

振动时应将模板牢固地固定在振动台上（可利用电磁铁固定）。否则模板的振幅和频率将小于振动台的振幅和频率，振幅沿模板分布也不均匀，影响振动效果，振动时噪音也过大。

3. 振动器的使用

（1）插入式振动器的使用

① 启动前应检查电动机接线是否正确，电动机运转方向应与机壳上箭头方向一致。电动机运转方向正确时，振捣棒应发出"呜——"的叫声，振动稳定有力。如振捣棒有"哗——"声而不振动，可摇晃棒头或将棒头对地轻磕两下，待振捣器发出"呜——"的叫声，振动正常后，方可投入使用。

② 使用时，前手应紧握在振动棒上端约 50 cm 处，以控制插点，后手扶正软轴，前后手相距 40～50 cm，使振捣棒自然沉入混凝土内。切忌用力硬插或斜推。振捣器的振捣方向有直插和斜插两种。

③ 插入式振捣器操作时，应做到"快插慢拔"。快插是为了防止表面混凝土先振实而下面混凝土发生分层、离析现象；慢拔是为了使混凝土能填满振捣棒抽出时造成的空洞。振捣器插入混凝土后应上下抽动，抽动幅度为 5～10 cm，以保证混凝土振捣密实。

④ 混凝土分层浇筑时，每层的厚度不应超过振捣棒的 1.5 倍。在振捣上一层混凝土时，要将振捣棒插入下一层混凝土中约 5 cm，使上下层混凝土结合成一整体。振捣上层混凝土要在下层混凝土初凝前进行。

⑤ 振捣器插点排列要均匀，可按"行列式"或"交错式"的次序移动，两种排列形式不宜混用，以防漏振。普通混凝土的移动间距不宜大于振捣器作用半径的 1.5 倍，轻骨料混凝土的移动间距不宜大于振捣器作用的半径，振捣器距离模板不应大于作用半径的 1/2，并应避免碰撞钢筋、模板、芯管、预埋件等。

⑥ 准确掌握好每个插点的振捣时间。时间过长或过短都会引起混凝土离析、分层。每一插点的振捣延续时间，一般以混凝土表面水平、混凝土拌合物不显著下沉、表面泛浆且不出现气泡为准。

（2）平板振捣器的使用

① 平板振捣器因设计时不考虑轴承承受轴向力，故在使用时，电动机轴承应呈水平状态。

② 平板振捣器在每一位置上连续振动的时间，正常情况下为 25～40 s，以混凝土表面均匀出现泛浆为准。移动时应成排依次振捣前进，前后位置和排与排之间应保证振捣器的平板覆盖已振实部分的边缘，一般重叠 3～5 cm 为宜，以防漏振。移动方向应与电动机转动方向一致。

③ 平板振捣器的有效作用深度，在无筋和单筋平板中为 20 cm，在双筋平板中约为 12 cm。因此，混凝土厚度一般不超过振捣器的有效作用深度。

④ 大面积的混凝土楼地面，可采用两台振捣器以同一方向安装在两条木杠上；通过木杠的振动，使混凝土密实，两台振捣器的频率应保持一致。

⑤ 振捣带斜面的混凝土时，振捣器应由低处逐渐向高处移动，以保证混凝土密实。

（3）附着式振捣器的使用

① 附着式振捣器的有效作用深度为 25 cm 左右，如构件较厚时，可在构件对应两侧安装振捣器，同时进行振捣。

② 在同一模板上同时使用多台附着式振捣器时，各振捣器的频率须保持一致，两面的振捣器应错开位置排列。其位置和间距视结构形式、模板坚固程度、混凝土坍落度及振捣器功率大小，经试验确定，一般每隔 1～1.5 m 设置一台振捣器。

③ 当结构构件断面较深、较狭时，可采用边浇筑边振捣的方法。但对于其他垂直构件，须在混凝土浇筑高度超过振捣器的高度时，方可开动振捣器进行振捣。振捣的延续时间以混凝土成水平且无气泡出现时，可停止振捣。

7.6 混凝土的养护

混凝土浇筑后逐渐凝结硬化，强度也不断增长，这个过程主要由水泥的水化作用来实现。而水泥的水化作用又必须在适当的温湿度条件下才能完成。如果混凝土浇筑后即处在炎热、干燥、风吹日晒的气候环境中，就会使混凝土中的水分很快蒸发，影响混凝土中水泥的正常水化作用，轻则使混凝土表面脱皮、起砂和出现干缩裂缝，严重的会因混凝土内部疏松，降低混凝土的强度或破坏其强度。因此，混凝土养护绝不是一件可有可无的工作，而是混凝土施工过程中的一个重要环节。

混凝土浇筑后，必须根据水泥品种、气候条件和工期要求加强养护措施。混凝土养护的方法很多，通常按其养护工艺分为自然养护和蒸汽养护两大类。而自然养护又分为浇水养护及喷膜养护，施工现场则以浇水养护为主要养护方法。

1. 浇水养护

浇水养护是指混凝土终凝后，在日平均气温高于 5 ℃的自然气候条件下，用草帘、草袋将混凝土表面覆盖并经常浇水，以保持覆盖物充分湿润。对于楼地面混凝土工程，也可采用蓄水养护的办法加以解决。浇水养护时必须注意以下事项：

（1）对于一般塑性混凝土，应在浇筑后 12 h 内立即加以覆盖和浇水润湿，炎热的夏天养护时间可缩短至 2～3 h。而对于干硬性混凝土，应在浇筑后 1～2 h 内即可养护，使混凝土保持湿润状态。

（2）在已浇筑的混凝土强度达到 1.2 N/mm² 以后，方可在其上允许操作人员行走和安装模板及支架等。

（3）混凝土浇水养护时间视水泥品种而定，硅酸盐水泥、普通硅酸盐水泥、矿渣硅酸盐水泥拌制的混凝土不得少于 7 d，掺用缓凝型外加剂或有抗渗要求的混凝土不得少于 14 d，采用其他品种水泥时，混凝土的养护时间应根据水泥技术性能确定。

（4）养护用水应与拌制用水相同，浇水的次数应以能保持混凝土具有足够的润湿状态为准。

（5）在养护过程中，如发现因遮盖不好、浇水不足致使混凝土表面泛白或出现干缩细小裂缝时，应立即仔细加以避盖，充分浇水，加强养护，并延长浇水养护时间加以补救。

（6）平均气温低于 5 ℃时，不得浇水养护。

2. 喷膜养护

喷膜养护是将一定配比的塑料溶液，用喷洒工具喷洒在混凝土表面，待溶液挥发后，塑料在混凝土表面结成一层薄膜，使混凝土表面与空气隔绝，阻止混凝土中水分的蒸发而完成水泥的水化作用，达到养护的目的。

喷膜养护适用于不易浇水养护的高耸构筑物和大面积混凝土的养护，也可用于表面积大的混凝土施工和缺水地区的工程。

喷膜养护剂的喷洒时间，一般待混凝土收水后，混凝土表面以手指轻按无指印时即可进行，施工温度应在 10 ℃以上。

3. 蒸汽养护

蒸汽养护是将构件放在充有饱和蒸汽或蒸汽空气混合物的养护室内，在较高的温度和相对湿度的环境中进行养护，以加快混凝土的硬化。

蒸汽养护制度包括：养护阶段的划分，静停时间，升、降温速度，恒温养护温度与时间，养护室相对湿度等。

常压蒸汽养护过程分为四个阶段：静停阶段、升温阶段、恒温阶段及降温阶段。

（1）静停阶段　构件在浇筑成型后先在常温下放一段时间，称为静停。静停时间一般为 2～6 h，以防止构件表面产生裂缝和疏松现象。

（2）升温阶段　构件由常温升到养护温度的过程。升温速度不宜过快，以免由于构件表面和内部产生过大温差而出现裂缝。升温速度为：薄型构件不超过 25 ℃/h，其他构件不超过 20 ℃/h，用干硬性混凝土制作的构件不得超过 40 ℃/h。

（3）恒温阶段　温度保持不变的持续养护时间。恒温养护阶段应保持 90%～100% 的相对湿度，恒温养护温度不得大于 95 ℃，恒温养护时间一般为 3～8 h。

（4）降温阶段　恒温养护结束后，构件由养护最高温度降至常温的散热降温过程。降温速度不得超过 10 ℃/h，构件出池后，其表面温度与外界温差不得大于 20 ℃。

对大面积结构，可采用蓄水养护和塑料薄膜养护。大面积结构如地坪、楼板可采用蓄水养护。贮水池一类结构，可在拆除内模板，混凝土达到一定强度后注水养护。

7.7 混凝土的质量检查

7.7.1 混凝土在拌制和浇筑过程中的质量检查

（1）混凝土组成材料的质量和用量，每一工作班至少检查两次，按质量比投料量偏差在允许范围之内。即：水泥、外掺混合材料±2％，水、外加剂±2％，粗、细骨料±3％。

（2）在一个工作班内，如混凝土配合比由于外界影响而有变动（如砂、石含水率的变化）时应及时检查。

（3）混凝土的搅拌时间，应随时检查。

（4）检查混凝土在拌制地点及浇筑地点的坍落度，每一工作班至少两次。

7.7.2 混凝土强度检查

为了检查混凝土是否达到设计强度等级，或混凝土是否已达到拆模、起吊强度及预应力，构件混凝土是否达到张拉、放松预应力筋时所规定的强度，应制作试块，做抗压强度试验。

1. 检查混凝土是否达到设计强度等级

混凝土抗压强度（立方强度）是检查结构或构件混凝土是否达到设计强度等级的依据。其检查方法是，制作边长为 150 mm 的立方体试块，在温度为（20±3）℃和相对湿度为 90％以上的潮湿环境或水中的标准条件下，经 28 d 养护后试验确定。试验结果作为核算结构或构件的混凝土强度是否达到设计要求的依据。

混凝土试块应用钢模制作，试块尺寸、数量应符合下列规定：

（1）试块的最小尺寸，应根据骨料的最大粒径，按下列规定选定：

① 骨料的最大粒径≤30 mm，选用边长为 100 mm 的立方体；

② 骨料的最大粒径≤40 mm，选用边长为 150 mm 的立方体；

③ 骨料的最大粒径≤60 mm，选用边长为 200 mm 的立方体。

（2）当采用非标准尺寸的试块时，应将抗压强度折算成标准试块强度，其折算系数分别为：

边长 100 mm 的立方体试块为 0.95；

边长 200 mm 的立方体试块为 1.05。

（3）用做评定结构或构件混凝土强度质量的试块应在浇筑地点随机取样制作。检验评定混凝土强度用的混凝土试块组数，应按下列规定留置：

① 每拌制 100 盘且不超过 100 m³ 的同配合比的混凝土，其取样不得少于一次；

② 每工作班拌制的同配合比的混凝土不足 100 盘时，其取样不得少于一次；

③ 现浇楼层，每层取样不得少于一次；

④ 预拌混凝土应在预拌混凝土厂内按上述规定留置试块。

每项取样应至少留置一组标准试块，同条件养护试块的留置组数，可根据实际需要确定。

2. 检查施工各阶段混凝土的强度

为了检查结构或构件的拆模、出厂、吊装、张拉、放张及施工期间临时负荷的需要，尚应留置与结构或构件同条件养护的试块。试块的组数可按实际需要确定。

7.7.3 混凝土强度验收评定标准

混凝土强度应分批进行验收。同批混凝土应由强度等级相同、龄期相同以及生产工艺和配合比基本相同的混凝土组成。每批混凝土的强度,应以同批内全部标准试块的强度代表值来评定。

1. 每组(三块)试块强度代表值

每组(三块)试块应在同盘混凝土中取样制作,其强度代表值按下述规定确定:

(1)取三个试块试验结果的平均值,作为该组试块的强度代表值;

(2)当三个试块中的最大或最小强度值与中间值相比超过15%时,取中间值代表该组混凝土试块的强度;

(3)当三个试块中的最大和最小强度值均超过中间值的15%时,其试验结果不应作为评定的依据。

2. 混凝土强度检验评定

根据混凝土生产情况,在混凝土强度检验评定时,按以下三种情况进行:

(1)当混凝土的生产条件在较长时间内能保持一致,且同一品种混凝土的强度变异性能保持稳定时,由连续的三组试块代表一个验收批,其强度同时满足下列要求:

$$m_{fcu} \geq f_{cu,k} + 0.7\sigma_0$$
$$f_{cu,min} \geq f_{cu,k} - 0.7\sigma_0$$

当混凝土强度等级不高于C20时,强度的最小值尚应满足下式要求:

$$f_{cu,min} \geq 0.85 f_{cu,k}$$

当混凝土强度等级高于C20时,强度的最小值尚应满足下式要求:

$$f_{cu,min} \geq 0.90 f_{cu,k}$$

式中　m_{fcu}——同一验收批混凝土立方体抗压强度平均值,MPa;

　　　$f_{cu,k}$——混凝土立方体抗压强度标准值,MPa;

　　　$f_{cu,min}$——同一验收批混凝土立方体抗压强度最小值,MPa;

　　　σ_0——验收批混凝土立方体抗压强度的标准差(MPa),应根据前一个检验期内(检验期不应超过三个月,强度数据总批数不得小于15)同一品种混凝土试块的强度数据按下式确定:

$$\sigma_0 = \frac{0.59}{m} \sum_{i=1}^{m} \Delta f_{cu,i}$$

式中　$\Delta f_{cu,i}$——第i批试块立方体抗压强度中最大值与最小值之差;

　　　m——用以确定该验收批混凝土立方体抗压强度标准值数据的总批数。

(2)当混凝土的生产条件不能满足上述规定或在前一个检验期内的同一品种混凝土没有足够的数据用以确定验收混凝土立方体抗压强度标准差时,应由不少于10组的试块代表一个验收批,其强度同时满足下列要求:

$$m_{fcu} - \lambda_1 S_{fcu} \geq 0.9 f_{cu,k}$$
$$f_{cu,min} \geq \lambda_2 f_{cu,k}$$

式中　m_{fcu}——同一验收批混凝土立方体抗压强度平均值,MPa;

S_{fcu}——同一验收批混凝土立方体抗压强度的标准差，MPa。当 S_{fcu} 的计算值小于0.06 $f_{cu,k}$ 时，取 $S_{fcu}=0.06f_{cu,k}$；

λ_1,λ_2——合格判定系数，按相关规范取定。

混凝土立方体抗压强度的标准差 S_{fcu} 可按下式计算：

$$S_{fcu}=\sqrt{\frac{\sum\limits_{i=1}^{m}f_{cu,i}^2-nm_{fcu}^2}{n-1}}$$

式中　$f_{cu,i}$——第 i 组混凝土立方体抗压强度值，MPa；

n——一个验收批混凝土试块的组数，$n\geqslant10$。

（3）对零星生产的预制构件的混凝土或现场搅拌的批量不大的混凝土，可采用非统计法评定，此时验收批混凝土的强度必须同时满足下列要求：

$$m_{fcu}\geqslant1.15f_{cu,k}$$
$$f_{cu,min}\geqslant0.90f_{cu,k}$$

（4）当检验结果能满足第（1）或第（2）或第（3）条的规定时，则该批混凝土强度判为合格；当不能满足上述规定时，则该批混凝土强度判为不合格。

由于抽样检验存在一定的局限性，混凝土的质量评定可能出现误判。因此，如混凝土试块强度不符合上述要求时，允许从结构上钻取芯样进行试压检查，亦可用回弹仪或超声波仪直接在构件上进行非破损检验。

7.8　混凝土的质量验收标准

7.8.1　原材料

1. 主控项目

（1）水泥进场时应对其品种、级别、包装或散装仓号、出厂日期等进行检查，并应对其强度、安定性及其他必要的性能指标进行复验，其质量必须符合现行国家标准《通用硅酸盐水泥》（GB 175—2007）等的规定。

当在使用中对水泥质量有怀疑或水泥出厂超过三个月（快硬硅酸盐水泥超过一个月）时，应进行复验，并按复验结果使用。

钢筋混凝土结构、预应力混凝土结构中，严禁使用含氯化物的水泥。

检查数量：按同一生产厂家、同一等级、同一品种、同一批号且连续进场的水泥，袋装不超过200 t为一批，散装不超过500 t为一批，每批抽样不少于一次。

检验方法：检查产品合格证、出厂检验报告和进场复验报告。

（2）混凝土中掺用外加剂的质量及应用技术应符合现行国家标准《混凝土外加剂》（GB 8076—2008）、《混凝土外加剂应用技术规范》（GB 50119—2013）等和有关环境保护的规定。

预应力混凝土结构中，严禁使用含氯化物的外加剂。钢筋混凝土结构中，当使用含氯化物的外加剂时，混凝土中氯化物的总含量应符合现行国家标准《混凝土质量控制标准》（GB 50164—2011）的规定。

检查数量:按进场的批次和产品的抽样检验方案确定。

检验方法:检查产品合格证、出厂检验报告和进场复验报告。

(3) 混凝土中氯化物和碱的总含量应符合现行国家标准《混凝土结构设计规范》(GB/T 50010—2010)和设计的要求。

检验方法:检查原材料试验报告和氯化物、碱的总含量计算书。

2. 一般项目

(1) 混凝土中掺用矿物掺合料的质量应符合现行国家标准《用于水泥和混凝土中的粉煤灰》(GB/T 1596—2005)等的规定。矿物掺合料的掺量应通过试验确定。

检查数量:按进场的批次和产品的抽样检验方案确定。

检验方法:检查出厂合格证和进场复验报告。

(2) 普通混凝土所用的粗、细骨料的质量应符合《普通混凝土用砂、石质量及检验方法标准》(JCJ 52—2006)的规定。

检查数量:按进场的批次和产品的抽样检验方案确定。

检验方法:检查进场复验报告。

注:① 混凝土用的粗骨料,其最大颗粒粒径不得超过构件截面最小尺寸的 1/4,且不得超过钢筋最小净间距的 3/4。

② 对混凝土实心板,骨料的最大粒径不宜超过板厚的 1/3,且不得超过 40 mm。

(3) 拌制混凝土宜采用饮用水;当采用其他水源时,水质应符合《混凝土用水标准》(JGJ 63—2006)的规定。

检查数量:同一水源检查不应少于一次。

检验方法:检查水质试验报告。

7.8.2 配合比设计

1. 主控项目

混凝土应按《普通混凝土配合比设计规程》(JGJ 55—2011)的有关规定,根据混凝土强度等级、耐久性和工作性等要求进行配合比设计。

对有特殊要求的混凝土,其配合比设计尚应符合国家现行有关标准的专门规定。

检验方法:检查配合比设计资料。

2. 一般项目

(1) 首次使用的混凝土配合比应进行开盘鉴定,其工作性应满足设计配合比的要求。开始生产时应至少留置一组标准养护试块,作为验证配合比的依据。

检验方法:检查开盘鉴定资料和试块强度试验报告。

(2) 混凝土拌制前,应测定砂、石含水率并根据测试结果调整材料用量,提出施工配合比。

检查数量:每工作班检查一次。

检验方法:检查含水率测试结果和施工配合比通知单。

7.8.3 混凝土施工

1. 主控项目

(1) 结构混凝土的强度等级必须符合设计要求。用于检查结构构件混凝土强度的试块,应在混凝土的浇筑地点随机抽取。取样与试块留置应符合下列规定：

①每拌制 100 盘且不超过 100 m³ 的同配合比的混凝土,取样不得少于一次;

②每工作班拌制的同一配合比的混凝土不足 100 盘时,取样不得少于一次;

③当一次连续浇筑超过 1000 m³ 时,同一配合比的混凝土每 200 m³ 取样不得少于一次;

④每一楼层、同一配合比的混凝土,取样不得少于一次;

⑤每次取样应至少留置一组标准养护试块,同条件养护试块的留置组数应根据实际需要确定。

检验方法:检查施工记录及试块强度试验报告。

(2)对有抗渗要求的混凝土结构,其混凝土试块应在浇筑地点随机取样。同一工程、同一配合比的混凝土,取样不应少于一次,留置组数可根据实际需要确定。

检验方法:检查试块抗渗试验报告。

(3)混凝土原材料每盘称量的偏差应符合表 7.10 的规定。

表 7.10 原材料每盘称量的允许偏差

材料名称	允许偏差
水泥、掺合料	± 2%
粗、细骨料	± 3%
水、外加剂	± 2%

注:①各种衡器应定期校验,每次使用前应进行零点校核,保持计量准确;
②当遇雨天或含水率有显著变化时,应增加含水率检测次数,并及时调整水和骨料的用量。

检查数量:每工作班抽查不应少于一次。

检验方法:复称。

(4)混凝土运输、浇筑及间歇的全部时间不应超过混凝土的初凝时间。同一施工段的混凝土应连续浇筑,并应在底层混凝土初凝之前将上一层混凝土浇筑完毕。

当底层混凝土初凝后浇筑上一层混凝土时,应按施工技术方案中对施工缝的要求进行处理。

检查数量:全数检查。

检验方法:观察,检查施工记录。

2.一般项目

(1)施工缝的位置应在混凝土浇筑前按设计要求和施工技术方案确定。施工缝的处理应按施工技术方案执行。

检查数量:全数检查。

检验方法:观察,检查施工记录。

(2)后浇带的留置位置应按设计要求和施工技术方案确定。后浇带混凝土浇筑应按施工技术方案进行。

检查数量:全数检查。

检验方法:观察,检查施工记录。

(3)混凝土浇筑完毕后,应按施工技术方案及时采取有效的养护措施,并应符合下列规定:

① 应在浇筑完毕后的 12 h 以内对混凝土加以覆盖并保湿养护。

② 混凝土浇水养护的时间：对采用硅酸盐水泥、普通硅酸盐水泥或矿渣硅酸盐水泥拌制的混凝土，不得少于 7 d；对掺用缓凝型外加剂或有抗渗要求的混凝土，不得少于 14 d。

③ 浇水次数应能保持混凝土处于湿润状态；混凝土养护用水应与拌制用水相同。

④ 采用塑料布覆盖养护的混凝土，其敞露的全部表面应覆盖严密，并应保持塑料布内有凝结水。

⑤ 混凝土强度达到 1.2 N/mm² 前，不得在其上踩踏或安装模板及支架。

注：a. 当日平均气温低于 5 ℃时，不得浇水；

b. 当采用其他品种水泥时，混凝土的养护时间应根据所采用水泥的技术性能确定；

c. 混凝土表面不便浇水或使用塑料布时，宜涂刷养护剂；

d. 对大体积混凝土的养护，应根据气候条件按施工技术方案采取控温措施。

检查数量：全数检查。

检验方法：观察，检查施工记录。

7.9 常见质量问题

1. 混凝土试块强度偏低

（1）现象

混凝土试块强度达不到设计要求的强度。

（2）原因分析

① 混凝土原材料质量不符合要求；

② 混凝土拌制时间短或拌合物不均匀；

③ 混凝土配合比每盘称量不准确；

④ 混凝土试块没有做好，如模子变形、振捣不密实、养护不及时。

2. 混凝土施工出现冷缝

（1）现象

已浇筑完毕的混凝土表面有不规则的接缝痕迹。

（2）原因分析

① 泵送混凝土由于堵管或机械故障等原因，造成混凝土运输、浇筑及间歇时间过长。

② 施工缝未处理好，接缝清理不干净，无接浆，直接在底层混凝土上浇筑上一层混凝土。

③ 混凝土浇筑顺序安排不妥当，造成底层混凝土初凝后浇筑上一层混凝土。

3. 混凝土施工坍落度过大

（1）现象

混凝土坍落度大，和易性差。

（2）原因分析

① 随意往泵送混凝土内加水。

② 雨季施工，不做含水率测试，施工配合比不正确。

项目8 先张法预应力混凝土工程

8.1 预应力混凝土概述

8.1.1 预应力混凝土的概念

由于混凝土抗拉性能很差,使钢筋混凝土存在两个不能解决的问题:一是需要带裂缝工作,裂缝的存在不仅使构件刚度下降很多,而且不能应用于不允许开裂的结构中;二是从保证结构耐久性出发,必须限制裂缝开展宽度,这使高强度钢筋无法在钢筋混凝土结构中充分发挥其作用,相应的也不可能充分发挥高标号混凝土的作用。这样,当荷载增加时,只有靠钢筋混凝土构件中的截面尺寸或增加钢筋用量来控制构件的裂缝和变形了,这样做既不经济又必然使构件自重增加。采用预应力混凝土是解决这一矛盾的有效办法。

预应力混凝土能充分发挥高强度钢材的作用,即在外荷载作用于构件之前,利用钢筋张拉后的弹性回缩,对构件受拉区的混凝土预先施加压力,产生预压应力,使混凝土结构在作用状态下充分发挥钢筋抗拉强度高和混凝土抗压能力强的特点,可以提高构件的承载能力。当构件在荷载作用下产生拉应力时,首先抵消预应力,然后随着荷载不断增加,受拉区混凝土才受拉开裂,从而延迟了构件裂缝的出现和限制了裂缝的开展,提高了构件的抗裂度和刚度。这种利用钢筋对受拉区混凝土施加预压应力的钢筋混凝土,叫做预应力混凝土。

8.1.2 预应力混凝土的分类

(1)按预加应力的方法分为先张法和后张法。

(2)按张拉方法分为机械张拉(液压或电动螺杆)和电热张拉。

(3)按预应力筋粘结状态分为有粘结预应力混凝土和无粘结预应力混凝土。

(4)按混凝土施工方法分为预制、现浇、组合预应力混凝土。

8.1.3 预应力混凝土的基本原理

事先人为地在混凝土或钢筋混凝土中引入内部应力,且其值及其分布能将使用荷载产生的应力抵消到一个合适的程度。这就是说,它是预先对混凝土或构件施加压力,使之建立一种人为的应力状态,这种应力的大小和分布规律,能有利抵消使用荷载作用下产生的拉应力,因而使构件在使用荷载作用下不致开裂,或推迟开裂,或者减小裂缝开展的宽度,以提高构件抗裂度及刚度。

8.1.4　预应力混凝土的特点

与普通钢筋混凝土相比,预应力混凝土具有构件截面小、自重轻、刚度大、抗裂度高、耐久性好、材料省等优点,在大开间、大跨度与重荷载的结构中,采用预应力混凝土结构,可减少材料用量,扩大使用功能,综合经济效益好,具有广阔的发展前景。

8.2　预应力筋、台座、夹具、锚具和张拉设备

8.2.1　预应力筋

预应力筋按材料类型可分为钢丝、钢绞线、钢筋等。其中,以钢绞线与钢丝采用最多。

1. 预应力钢丝

(1) 冷拔低碳钢丝　直径一般为 3~5 mm,适用于小型构件的预应力筋。

(2) 碳素钢丝　直径一般为 3~8 mm,最大 12 mm,直径 3~4 mm 的主要用于先张法,直径 5~8 mm 的主要用于后张法。

(3) 刻痕钢丝　其外形如图 8.1 所示。

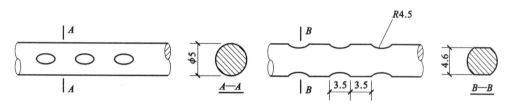

图 8.1　刻痕钢丝的外形

2. 预应力钢绞线

一般由 7 根钢丝绞合而成,直径一般为 9~15 mm,如图 8.2 所示。施工方便,但价格较贵。

钢绞线可分为标准型钢绞线、刻痕钢绞线和模拔钢绞线。

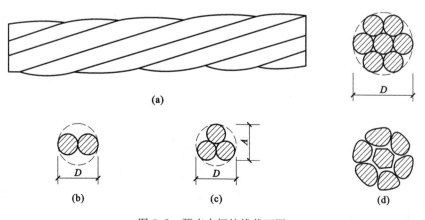

图 8.2　预应力钢绞线截面图

3. 预应力钢筋

（1）冷拉钢筋　可直接做预应力钢筋。

（2）热处理钢筋　普通中碳钢经调质处理制成，直径 6～12 mm，屈服强度为1325 MPa、1470 MPa。其外形如图 8.3 所示。

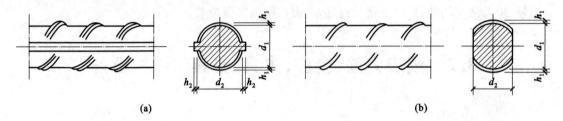

图 8.3　热处理钢筋外形

(a) 带纵肋；(b) 无纵肋

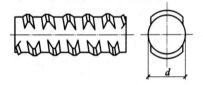

图 8.4　精轧螺纹钢筋外形

（3）精轧螺纹钢筋　其外形如图 8.4 所示，接长时用连接器，端头锚固直接用螺母。连接可靠、施工方便。

8.2.2　先张法施工常用的台座

台座是先张法施工张拉和临时固定预应力筋的支撑结构，它承受预应力的全部张拉力，因此要求台座具有足够的强度、刚度和稳定性。台座按构造形式分为墩式台座和槽式台。

1. 墩式台座

墩式台座由承力台墩、台面和横梁组成，如图 8.5 所示。目前常用的是现浇钢筋混凝土制成的由承力台墩与台面共同受力的台座。

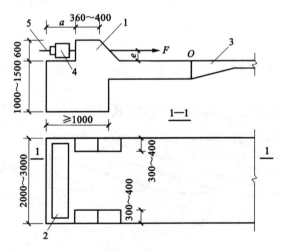

图 8.5　墩式台座

1—混凝土墩；2—钢横架；3—混凝土台面；4—锚具；5—预应力钢筋

台座的长度和宽度由场地大小、构件类型和产量而定，一般长度宜为 100～150 m，宽度为 2～4 m，这样既可利用钢丝长的特点，张拉一次可生产多根（块）构件，又可以减少因钢丝滑动或台座横梁变形引起的预应力损失。

台座稍有变形（滑移或倾角）就会引起较大的应力损失。台座设计时，应进行稳定性和强度验算。稳定性验算包括台座的抗倾覆验算和抗滑移验算。

台座强度验算时,支承横梁的牛腿按柱子牛腿的计算方法计算其配筋;墩式台座与台面接触的外伸部分按偏心受压构件计算;台面按轴心受压杆件计算;横梁按承受均布荷载的简支梁计算,挠度不应大于 2 mm,并不得产生翘曲。预应力筋的定位板必须安装准确,其挠度不大于 1 mm。

台面一般是先夯铺一层碎石,后浇一层 60～100 mm 厚的混凝土。台面伸缩缝可根据当地温度和经验设置,一般约 10 m 设置一条。

2. 槽式台座

生产吊车梁、屋架等吨位较大的预应力混凝土构件时,由于张拉力和倾覆力矩都较大,大多采用槽式台座,如图 8.6 所示。由于它具有通长的钢筋混凝土压杆,可承受较大的张拉力和倾覆力矩,其上加砌砖墙,加盖后还可进行蒸汽养护。为方便混凝土运输和蒸汽养护,槽式台座多低于地面。为便于拆迁,压杆亦可分段浇制。

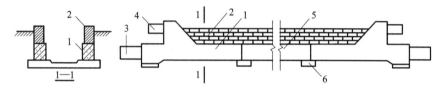

图 8.6　槽式台座

1—钢筋混凝土端柱;2—砖墙;3—下横梁;4—上横梁;5—传力柱;6—柱垫

8.2.3　施工夹具

夹具是预应力张拉和临时固定的锚固装置,用在先张法施工中,按其用途不同可分为锚固夹具和张拉夹具。

1. 锚固夹具

(1) 钢质锥形夹具:主要锚固直径为 3～5 mm 的单根钢丝夹具,如图 8.7 所示。

(2) 镦头夹具:适用于预应力钢丝固定和锚固,如图 8.8 所示。

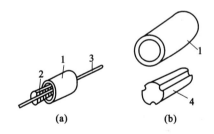

图 8.7　钢质锥形夹具

(a) 圆锥齿板式;(b) 圆锥式

1—套筒;2—齿板;3—钢丝;4—锥塞

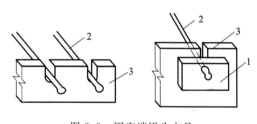

图 8.8　固定端镦头夹具

1—垫片;2—镦头钢丝;3—承力板

2. 张拉夹具

张拉夹具是将预应力筋与张拉机械连接起来进行预应力张拉的工具,常用的张拉夹具有月牙形夹具、偏心式夹具和楔形夹具等,如图 8.9 所示。

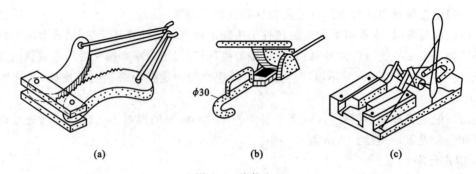

图 8.9　张拉夹具

（a）月牙形夹具；（b）偏心式夹具；（c）楔形夹具

8.2.4　张拉设备

张拉设备要求工作可靠,控制应力准确,能以稳定的速率加大拉力。常用的张拉设备有油压千斤顶、卷扬机和电动螺杆张拉机等。

1. 油压千斤顶

油压千斤顶可用来张拉单根或多根成组的预应力筋,可直接从油压表的读数求得张拉应力值,图 8.10 为 YC-20 型穿心式千斤顶张拉过程示意图。

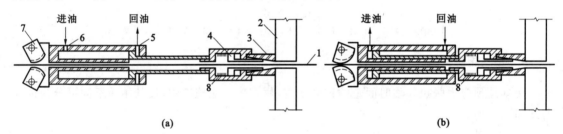

图 8.10　YC-20 型穿心式千斤顶

（a）张拉；（b）复位

1—钢筋；2—台座；3—穿心式夹具；4—弹性顶压头；5,6—油嘴；7—偏心式夹具；8—弹簧

成组张拉时,由于拉力较大,一般用四横梁式成组张拉装置,这种装置一般适用于螺纹端杆锚具或镦头夹具,如图 8.11 所示。

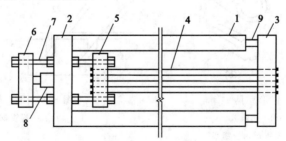

图 8.11　四横梁式成组张拉装置

1—台座；2,3—前、后横梁；4—钢筋；5,6—拉力架的横梁；7—大螺纹杆；8—液压千斤顶；9—放张装置

2. 卷扬机

在长线台座上张拉钢筋时,由于千斤顶行程不能满足要求,小直径钢筋可采用卷扬机张

拉,用杠杆或弹簧测力。弹簧测力时,宜设行程开关,在张拉到规定的应力时,能自行停机。弹簧测力卷扬机张拉钢丝工艺布置如图8.12所示。

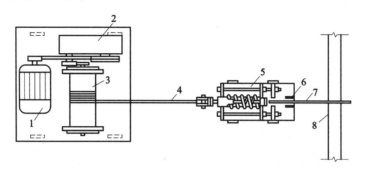

图8.12 弹簧测力卷扬机张拉钢丝工艺布置图
1—电动机;2—变速箱;3—卷筒;4—钢丝绳;5—弹簧测量小车;6—张拉夹具;7—预应力钢丝;8—台座

3. 电动螺杆张拉机

电动螺杆张拉机由螺杆、电动机、变速箱、测力计及顶杆等组成,可单根张拉预压力钢丝或钢筋。张拉时,顶杆支于台座横梁上,用张拉夹具夹紧钢筋后,开动电动机,由皮带、齿轮传动系统使螺杆作直线运动,从而张拉钢筋。这种张拉的特点是运行稳定,螺杆有自锁性能,故张拉及恒载性能好,速度快,张拉行程大,如图8.13所示。

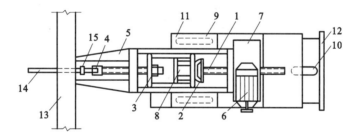

图8.13 电动螺杆张拉机
1—螺杆;2,3—拉力架;4—张拉夹具;5—顶杆;6—电动机;7—齿轮减速箱;
8—测力计;9,10—车轮;11—底盘;12—手把;13—横梁;14—钢筋;15—锚固夹具

8.3 先张法预应力混凝土施工

先张法预应力混凝土施工工艺如图8.14所示。

1. 清理台座,刷隔离剂

台面的隔离层应选用非油类模板隔离剂,隔离剂不得使预应力筋受污,以免影响预应力筋与混凝土的粘结。

2. 预应力筋的铺设及张拉

待台座的隔离剂干后即可铺预应力钢筋(丝),预应力钢筋(丝)宜用牵引车铺设。

张拉预应力筋时,应按设计要求的张拉力采用正确的张拉方法和张拉程序,并应调整各预应力筋的初应力,使长度、松紧一致,以保证张拉后各预应力筋的应力一致。

179

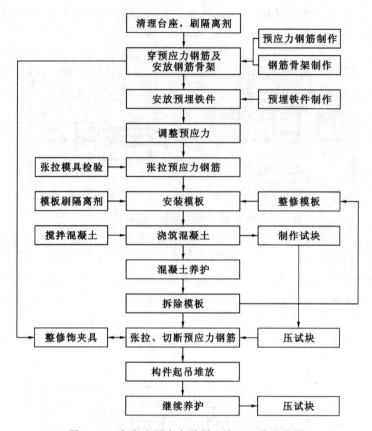

图 8.14　先张法预应力混凝土施工工艺流程图

（1）确定预应力筋的张拉力

预应力筋的张拉力 P_j 按下式计算

$$P_j = \sigma_{con} A_p$$

式中　σ_{con}——预应力筋的张拉控制应力值，N/mm^2；

　　　A_p——预应力筋的截面面积，mm^2。

其中，张拉控制应力应按设计规定取值，《混凝土结构设计规范》（GB 50010—2011）规定：σ_{con} 不宜超过表 8.1 的数据，也不应小于 $0.4 f_{pK}$。

表 8.1　张拉控制应力 σ_{con} 限值

项次	预应力钢材品种	张拉方法	
		先张法	后张法
1	消除应力钢丝、钢绞线	$0.75 f_{pK}$	$0.75 f_{pK}$
2	热处理钢筋	$0.70 f_{pK}$	$0.65 f_{pK}$

注：f_{pK}—预应力筋强度标准值。

当符合下列情况之一时，上表中的张拉控制应力限值可提高 $0.05 f_{pK}$。

① 要求提高构件在施工阶段的抗裂性能、在构件使用阶段是设置在受压区的预应力钢筋。

② 要求部分抵消由于应力松弛、摩擦、钢筋分批张拉以及预应力钢筋与张拉台座之间的温差等因素产生的预应力损失。

实际张拉时的应力尚应考虑各种预应力损失,采用超张拉补足。

（2）确定张拉程序

① 用钢丝作为预应力筋时,由于张拉工作量大,宜采用一次张拉程序。

$$0 \longrightarrow (1.03 \sim 1.05)\sigma_{con} \text{ 锚固}$$

其中,取$(1.03 \sim 1.05)\sigma_{con}$是考虑到弹簧测力计的误差、温度影响、台座横梁或定位板刚度、台座长度不符合设计取值、工人操作影响等因素。

② 钢筋作为预应力筋时,为减小应力松弛损失,常采用下列程序张拉：

$$0 \longrightarrow 1.05\sigma_{con} \xrightarrow{\text{持荷 2 min}} \sigma_{con} \text{ 锚固}$$

其中,$1.05\sigma_{con}$持荷 2 min,目的是为了加速钢筋松弛的早期发展,减少钢筋松弛引起的应力损失。所谓"松弛",即钢材在常温、高应力状态下具有不断产生塑性变形的特点。

（3）张拉预应力筋

张拉预应力筋时,张拉机具与预应力筋应在一条直线上,同时在台面上每隔一定距离放一根圆钢筋头,以防止预应力筋自重而下垂,破坏隔离剂,玷污预应力筋。施加张拉力时,应以稳定的速度逐渐加大拉力,并使拉力传到台座横梁上,而不使预应力筋或夹具产生次应力(如钢丝在分丝板、横梁或夹具处产生尖锐的转角或弯曲)。锚固时,敲击锥塞或楔块应先轻后重,与此同时,倒开张拉机,放松钢丝。操作时两者要密切配合,既要减少锚固时钢丝的回缩滑移,又要防止锤击力过大导致钢丝在锚固夹具与张拉夹具处受力过大而断裂。

多根钢丝同时张拉时,断丝或滑脱的钢丝数量不得超过结构同一截面钢丝总根数的3%,且每束钢丝不得超过一根,对多跨双向连续板,其同一截面应按每跨计算；构件浇筑前发生的断丝或滑脱的预应力筋必须予以更换。锚固阶段张拉预应力筋的内缩量应符合设计要求,当设计无具体要求时,必须符合下列规定：支承式锚具 1 mm,锥塞式锚具 5 mm,有顶压夹片式锚具 5 mm,无顶压夹片式锚具 6～8 mm。先张法预应力筋,张拉后与设计位置的偏差不得大于 5 mm,且不得大于构件截面短边边长的4%。

张拉预应力筋的台座两端应有防护设施。张拉时沿台座长度方向每隔4～5 m放一个防护架,两端严禁站人,更不准站到台座处。

（4）校核预应力筋的张拉值

钢筋(丝)张拉完毕后,需校核预应力值。

预应力钢丝内力的检测,一般在张拉锚固后 1 h 进行。检测数量为每工作班抽查预应力筋总数的1%,且不小于 3 根。预应力筋张拉锚固后实际建立的预应力值与工程设计规定检验值的相对允许偏差为±5%。

3. 混凝土的浇筑与养护

在预应力筋张拉锚固和非预应力筋绑扎完毕后即可支模板,支模完毕后即应浇筑混凝土,每条生产线应一次浇灌完。为了减少因混凝土的收缩和徐变所引起的预应力损失,应控制水泥用量,采用低水胶比及良好级配的骨料,并振捣密实。

振捣混凝土时,振动器不得碰撞预应力钢筋,混凝土未达到一定强度前也不允许碰撞和踩动预应力筋,以保证预应力筋与混凝土有良好的粘结力。

预应力混凝土可采用自然养护或湿热养护。当采用湿热养护时,应先按设计的温差加热(一般不超过 20 ℃),待混凝土达到一定强度(粗钢筋为 7.5 MPa,钢丝、钢绞线为 10 MPa)之后,再按一般升温制度养护。

4. 预应力筋的放张

(1) 放张要求

放张预应力筋时,混凝土应达到设计要求的强度。如设计无要求时,应不低于设计混凝土强度等级的 75%。

放张预应力筋前应拆除构件的侧模,使放张时构件能自由压缩,以免模板损坏或造成构件开裂。对有横肋的构件(如大型屋面板),其横肋断面应有适宜的斜度,也可以采用活动模板,以免放张时构件端肋开裂。

(2) 放张方法

配筋不多的中小型构件,钢丝可用砂轮锯或切断机等方法放张。配筋多的钢筋混凝土构件,钢丝应同时放张。如果逐根放张,最后几根钢丝将由于承受过大的拉力而突然断裂,使得构件容易开裂。

对钢丝、热处理钢筋不得用电弧切割,宜用砂轮锯或切断机切断。预应力钢筋数量较多时,可用千斤顶、砂箱、楔块等装置同时放张。

(3) 放张顺序

对轴心受预压构件(如压杆、桩等),所有预应力筋应同时放张。

对偏心受预压构件(如梁等),先同时放张预应力较小区域的预应力筋,再同时放张预应力较大区域的预应力筋。

如不能按上述规定放张时,应分阶段、对称、相互交错地放张,以防止在放张过程中构件发生翘曲、裂纹及预应力筋断裂等现象。

项目9 后张法有粘结预应力混凝土工程

9.1 预应力筋、锚具和张拉设备

在后张法施工中,锚具、预应力筋和张拉设备是相互配套的。常用的预应力筋有单根粗钢筋、钢绞线束(钢筋束)和钢丝束三类,它们的加工方法与钢筋的直径、锚具的形式、张拉设备和张拉工艺有关。其中,锚固预应力筋的锚具必须具有可靠的锚固能力,并且不能有超过预期的滑移值。

9.1.1 用单根粗钢筋作预应力筋

1. 预应力筋制作

单根粗钢筋预应力筋的制作包括配料、对焊和冷拉等工种。预应力筋的下料长度应通过计算确定,计算时要考虑结构的孔道长度、锚具厚度、千斤顶长度、焊接接头或镦头的预留量、冷拉伸长值、弹性回缩值和张拉伸长值等。现以两端用螺丝端杆锚具预应力筋为例(图9.1),其下料长度计算如下:

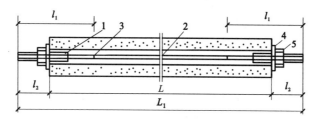

图 9.1 粗钢筋下料长度计算

1—螺丝端杆;2—预应力钢筋;3—对焊接头;4—垫板;5—螺母

预应力筋的成品长度(即预应力筋和螺丝端杆对焊并经冷拉后的全长)L_1 为

$$L_1 = L + 2l_2$$

预应力筋(不包括螺丝端杆)冷拉后需达到的长度 L_0 为

$$L_0 = L + 2l_2 - 2l_1 = L + 2(l_2 - l_1)$$

预应力筋(不包括螺丝端杆)冷拉前的下料长度 L 为

$$L = \frac{L_0}{1 + r - \delta} + n\Delta$$

式中　L——构件的孔道长度;

　　　　l_1——螺丝端杆长度(一般为 320 mm);

l_2——螺丝端杆伸出构件外的长度,其值与螺母高度和垫板厚度有如下关系:

$$l_2 = 2H + h + 5 \text{ mm(张拉端)}$$

$$l_2 = H + h + 10 \text{ mm(锚固端)}$$

式中　H——螺母高度;

　　　h——垫板高度;

　　　r——预应力筋的冷拉率(由试验确定);

　　　δ——预应力筋的冷拉弹性回缩率(一般为 0.4%～0.6%);

　　　n——对焊接头数量;

　　　$\triangle$——每个对焊接头的压缩量(一般取一个钢筋的直径)。

2. 锚具

用单根粗钢筋作预应力筋时,张拉端通常采用螺丝端杆锚具,固定端采用帮条锚具。

(1) 螺丝端杆锚具

螺丝端杆锚具由螺丝端杆、螺母和垫板组成,如图 9.2 所示。这种锚具适用于锚固直径不大于 36 mm 的冷拉 HRB335 与 HRB400 钢筋。螺丝端杆与预应力钢筋的焊接应在预应力筋冷拉以前进行。冷拉时螺母的位置应在螺丝端杆的端部,经冷拉后螺丝端杆不得发生塑性变形。

(2) 帮条锚具

帮条锚具是由衬板与 3 根帮条焊接而成,如图 9.3 所示。这种锚具可作为冷拉 HRB335 与 HRB400 钢筋的固定端锚具。帮条采用与预应力筋同级别的钢筋,衬板采用 Q235 钢。帮条固定时,3 根帮条与衬板相接触部分的截面应在同一垂直面上,以免受力时产生扭曲。

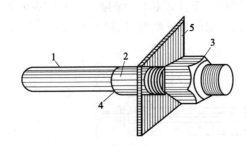

图 9.2　螺丝端杆锚具

1—钢筋;2—螺丝端杆;3—螺母;4—焊接头;5—垫板

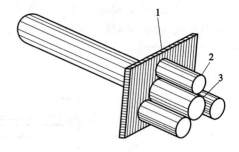

图 9.3　帮条锚具

1—衬板;2—帮条;3—钢筋

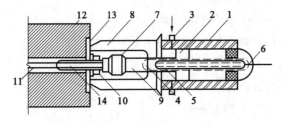

图 9.4　拉杆式千斤顶

1—主缸;2—主缸活塞;3—主缸进油孔;4—副缸;
5—副缸活塞;6—副缸进油孔;7—连接器;
8—传力架;9—拉杆;10—螺母;11—预应力筋;
12—混凝土构件;13—预埋铁板;14—螺丝端杆

3. 张拉设备的准备

YL-60 型拉杆式千斤顶常用于张拉带有螺丝端杆锚具的预应力钢筋。它由主缸、副缸、主副缸活塞、连接器、传力架和拉杆等组成,如图 9.4 所示。这种千斤顶的张拉力为 600 kN,张拉行程为 150 mm。YC-60 型和 YC-18 型穿心式千斤顶改装后也可用于张拉带有螺丝端杆锚具的单根粗钢筋。

9.1.2 用预应力钢筋束和钢绞线束作预应力筋

1. 预应力筋制作

预应力钢筋束(钢绞线束)比较长,一般卷成盘运到现场。预应力筋的制作一般需经开盘冷拉(预拉)、下料编束等工序。

预应力钢筋束下料前要进行冷拉。预应力钢绞线束在下料前为了减少钢绞线的构造变形和应力松弛损失,需要经过预拉。预拉应力值采用钢绞线抗拉强度的 85%,预拉速度不宜过快,拉至规定应力后,应保持 5～10 min,然后放松。钢绞线下料前应在切割口两侧 50 mm 处用铁丝绑扎,切割后应将割口焊牢,以免钢绞线松散。

钢筋束和钢绞线束的下料长度应等于构件孔道长度加上两端为张拉、锚固所需的外露长度,如图 9.5 所示。下料长度 L 可按下式计算:

两端张拉时

$$L = l + 2(l_1 + l_2 + l_3 + 100)$$

一端张拉时

$$L = l + 2(l_1 + 100) + l_2 + l_3$$

式中 l——构件的孔道长度,mm;

l_1——工作锚厚度,mm;

l_2——穿心式千斤顶长度,mm;

l_3——夹片式工具锚厚度,mm。

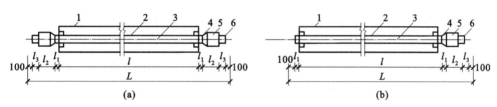

图 9.5 钢筋束、钢绞线束下料长度计算简略

(a) 两端张拉;(b) 一端张拉

1—混凝土构件;2—孔道;3—钢绞线;4—夹片式工作锚;5—穿心式千斤顶;6—夹片式工具锚

切断钢筋束和钢绞线束时,对热处理钢筋、冷拉 HRB500 钢筋及钢绞线,宜采用切断机或砂轮锯切断,不得采用电弧切割。为了保证穿入构件孔道中的钢绞线不发生扭结,在钢绞线切断前,需要编束。编束时应先将钢筋或钢绞线理顺,并尽量使各根钢绞线、钢筋松紧一致,用 20 号铁丝绑扎,绑扎点的间距为 1～1.5 m。

2. 锚具

钢筋束和钢绞线束常使用 JM 型、QM 型和 XM 型等锚具。

(1) JM 型锚具

JM 型锚具由锚环和夹片组成,如图 9.6 所示,常用于锚固 3～6 根直径为 12 mm 的光圆钢筋、带肋钢筋或钢绞线。锚环分甲型与乙型:甲型锚环为一个具有锥形内孔的圆柱体,使用时直接放置在构件端部的垫板上;乙型锚环是在圆柱体外部一端增加一个正方形肋板,使用时将锚环预先埋在构件端部,不另设置垫板。

各种 JM 型锚具均可作为工具锚具重复使用,但如发现夹筋孔的齿纹有轻度损伤时,应改

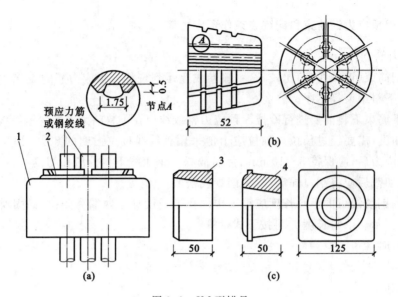

图 9.6 JM 型锚具

（a）JM 型锚具；（b）JM 型锚具的夹片；（c）JM 型锚具的锚环

1—锚环；2—夹片；3—圆锥环；4—方锚环

为工作锚使用。

（2）XM 型锚具

XM 型锚具是一种新型锚具，如图 9.7 所示。它适用于锚固 1～12 根直径为 15 mm 的预应力钢绞线束和钢丝束。这种锚具的特点是每根钢绞线都是分开锚固的，因此任何一根钢绞线的失效（如钢绞线拉断、夹片碎裂等）都不会引起整束锚固失败。

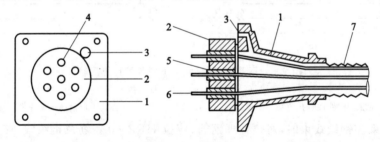

图 9.7 XM 型锚具

1—喇叭管；2—锚环；3—灌浆孔；4—圆锥孔；5—夹片；6—钢绞线；7—波纹管

（3）QM 型锚具

QM 型锚具也是一种新型锚具，适用于锚固 4～31 根 $\phi^s 12$ 和 3～19 根 $\phi^s 5$ 钢绞线束。它与 XM 型锚具的不同点是：它的锚孔是直的，锚板顶面是平的，夹片垂直开缝，此外还备有喇叭形铸铁垫板与弹簧圈等。由于灌浆孔设在垫板上，所以锚板尺寸可稍小。

QM 型锚具及其有关配件如图 9.8 所示。

3. 张拉设备

使用 JM 型锚具、XM 型锚具和 QM 型锚具锚固时，可采用 YC 型穿心式千斤顶张拉钢筋束和钢绞线束。这种千斤顶的构造与工作原理如图 9.9 所示。

YC 型穿心式千斤顶是一种适用性很广的千斤顶，如配置撑脚和拉杆等附件，还可作为拉

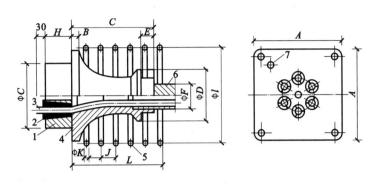

图 9.8　QM 型锚具及配件

1—锚板；2—夹片；3—钢绞线；4—喇叭形铸铁垫板；5—弹簧圈；6—预留孔道用的波纹管；7—灌浆孔

杆式千斤顶使用。如在千斤顶前端装上分束顶压器，并将千斤顶与撑套之间用钢管接长，可作为 YZ 型千斤顶张拉钢质锥形锚具。YC 型穿心式千斤顶的张拉力一般有 180 kN、200 kN、600 kN、1200 kN 和 3000 kN 几种，张拉行程有 150～800 mm 不等。

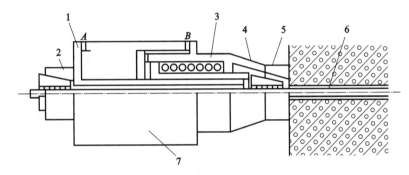

图 9.9　YC60 型穿心式千斤顶工作原理图

1—张拉油缸；2—工具锚；3—顶压油缸；4—撑套；5—夹片式锚具；6—预应力钢筋；7—YC60 千斤顶

9.1.3　用钢丝束作预应力筋

1. 钢丝束的制作

钢丝束的制作随着锚具形式的不同，制作的方法也有差异，但一般都要经过调直、下料、编束和安装锚具等工序。

用钢质锥形锚具锚固的钢丝束，其制作和下料长度的计算基本与钢筋束相同。

如采用钢丝束镦头锚具一端张拉时，钢丝的下料长度 L（图 9.10）可用下式计算：

$$L = L_0 + 2a + 2\sigma - 0.5(H - H_1) - \Delta L - c$$

式中　L_0——孔道长，mm；

a——锚板厚，mm；

σ——钢丝镦头留量（取钢丝直径的 2 倍），mm；

H——锚环高度，mm；

H_1——螺母高度，mm；

ΔL——张拉时钢丝伸长值，mm；

c——混凝土弹性压缩量，mm。

对于直的或一般曲率的钢丝束，下料长度（L）的相对误差要控制在 1/5000 以内，并且不大于 5 mm。为此有两种下料方法:一种是采用应力下料,即把钢丝拉至 300 MPa 应力的状态下,划定长度,放松后剪切下料;另一种是采用钢管限位法下料(图 9.11),即将钢丝通过小直径的钢管(钢管内径略大于钢丝直径),在平直的工作台上等长下料。

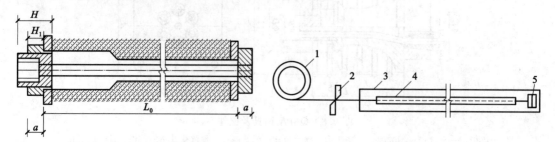

图 9.10 用镦头锚具时钢丝下料长度计算简图   图 9.11 钢管限位法下料
                                        1—钢丝;2—切断器刀口;3—木板;4—黑铁管;5—角铁挡头

钢丝下料后,应逐根理顺进行编束。用镦头锚具时,根据钢丝分圈的布置情况,编束时首先将内圈和外圈钢锥分别用铁丝顺序编扎,然后将内圈钢丝放在外圈钢丝内扎牢。钢丝束编好后,先在一端套上锚环或锚板,并完成镦头工作;另一端的镦头,待钢丝束穿过孔道后再进行。

当采用钢质锥形锚具时,可在平整的场地上先把钢丝理顺平放,然后在其全长每隔 1 m 左右用 22 号铁丝编成帘子状(图 9.12),每隔 1 m 放个与锚塞直径相同的螺丝衬圈,并将编好的钢丝绕衬圈围成圆束绑扎牢固。

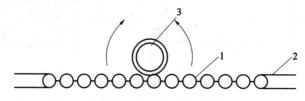

图 9.12 钢丝束编束示意图
1—钢丝;2—铁丝;3—衬圈

2. 锚具

钢丝束预应力筋一般由几根到几十根直径为 3~5 mm 平行的钢丝组成。常用的锚具有钢质锥形锚具、锥形螺杆锚具和钢丝束镦头锚具。

(1)钢质锥形锚具

钢质锥形锚具由锚环和锚塞组成,如图 9.13 所示。它适用于锚固 6 根、12 根、18 根与 24 根直径为 3~5 mm 的钢丝束。锚环内孔的锥度应与锚塞的锥度一致,锚塞上刻有细齿槽,以夹紧钢丝防止滑动。

(2)锥形螺杆锚具

锥形螺杆锚具由锥形螺杆、套筒、螺母和垫板组成,如图 9.14 所示。它适用于锚固 14~28 根直径为 3~5 mm 的钢丝束。

(3)钢丝束镦头锚具

钢丝束镦头锚具用来锚固 12~54 根直径为 3~5 mm 的钢丝束,分为 A 型和 B 型两种,如图 9.15 所示。A 型由锚环与螺母组成,B 型为锚板,用于固定端。镦头锚具的滑移值不应大于 1 mm,强度不得低于钢丝规定抗拉强度的 98%。

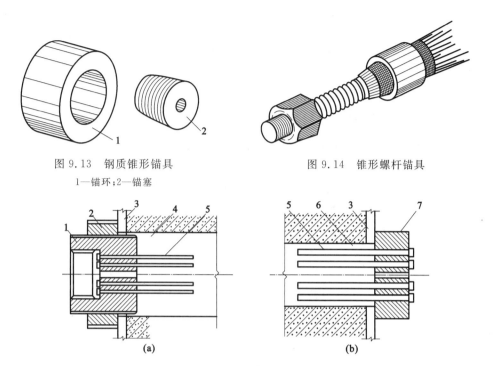

图 9.13 钢质锥形锚具
1—锚环;2—锚塞

图 9.14 锥形螺杆锚具

图 9.15 钢丝束镦头锚具

（a）A 型锚具;（b）B 型锚具

1—A 型锚环;2—螺母;3—构件端面预埋钢板;4—构件端部孔道;5—钢丝束;6—构件预留孔道;7—B 型锚板

张拉时,张拉螺杆一端与锚环内丝扣连接,另一端与拉杆式千斤顶的拉头连接。当张拉到控制应力时,锚环被拉出,则拧紧锚环外丝扣上的螺母加以锚固。

3. 张拉设备

钢质锥形锚具用 YZ 型锥锚式双作用千斤顶进行张拉,镦头锚具用 YC 型或 YL 型千斤顶张拉。对大跨度结构、长钢丝束等拉伸量大者,用 YC 型千斤顶为宜。

YZ 型千斤顶(图 9.16)宜用于张拉钢质锥形锚具锚固的钢丝束。YZ 型千斤顶的张拉力有 380 kN、635 kN、850 kN 几种,张拉行程为 200～500 mm,顶压力为 140 kN、330 kN。

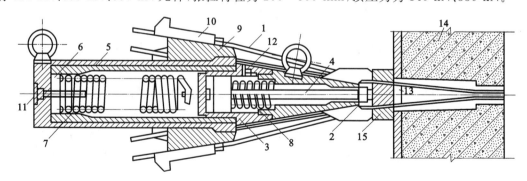

图 9.16 YZ 型千斤顶构造示意图

1—预应力筋;2—顶压头门;3—副缸;4—副缸活塞;5—主缸;6—主缸活塞;7—主缸拉力弹簧;
8—副缸压力弹簧;9—锥形卡环;10—模块;11—主缸油嘴;12—副缸油嘴;13—锚塞;14—构件;15—锚环

9.2 后张法有粘结预应力混凝土施工

9.2.1 制作构件、留设孔道

孔道留设是后张法制作构件中的一个关键工序。穿入预应力筋的预留孔道形状有直线形、曲线形和折线形三种。

孔道成型的基本要求是：孔道的尺寸与位置应正确；孔道应平顺；接头不漏浆；端部预埋制板应垂直于孔道中心线等。孔道留设方法有钢管抽芯法、胶管抽芯法和预埋波纹管法，其中钢管抽芯法只用于直线形孔道的留设。

1. 钢管抽芯法

采用钢管抽芯法施工时，要预先将钢管埋设在模板内的孔道位置处，在混凝土浇筑过程中和浇筑之后，每隔一定的时间慢慢转动钢管，使之不与混凝土粘结，待混凝土初凝后、终凝前抽出钢管，即形成孔道。该法适用于留设直线形孔道。

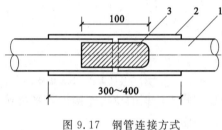

图 9.17 钢管连接方式
1—钢管；2—白铁皮套管；3—硬木塞

采用钢管抽芯法时，钢管要平直，表面必须圆滑，预埋前应先除锈、刷油。如用弯曲的钢管，转动时会沿孔道方向产生裂纹，甚至塌陷。应用钢筋井字架固定好钢管的位置，每隔 1.0～1.5 m 设一个井字架，并与钢筋骨架扎牢。每根钢管的长度最好不超过15 m，以便于旋转或抽出。较长构件则用两根钢管，两根钢管的接头处可用 0.5 mm 厚铁皮做成的套管连接（图 9.17），套管内表面要与钢管外表面紧密贴合，以防漏浆堵塞孔道。

抽出钢管之前，应将埋入混凝土构件中的钢管每隔 10～15 min 转动一次，如发现表面混凝土产生裂纹，应用铁抹子抹平压实。抽管时应掌握好抽管时间，一般在初凝后、终凝前，以手指按压混凝土不粘浆又无明显印痕时抽管为宜。常温下的抽管应在混凝土浇筑后 3～5 h 进行。

抽管宜按先上后下的顺序进行，可用人工或卷扬机抽管。抽管时速度应均匀，边抽边转，并与孔道保持在一条直线上。

抽管后要及时检查成型孔道的情况，同时清除孔道内的杂物，以保证穿筋工作的顺利进行。在留设孔道的同时还要在规定位置留设灌浆孔和排气孔，一般在构件两端和中间每隔 12 m 留一个直径为 20～25 mm 的灌浆孔（排气孔）。灌浆孔可用木塞抽芯成型，施工时木塞应抵紧钢管并固定，严防混凝土振捣时脱开。孔道抽芯完毕后拔出木塞，并检查孔洞通畅情况。

2. 胶管抽芯法

采用胶管抽芯法留孔时，一般用 5～7 层帆布夹层、壁厚 6～7 mm 的普通橡胶管，此种胶管可用于直线、曲线或折线孔道的留设。

使用时胶管的一端密封，另一端充气。密封的方法是将胶管端的外表面削去 1～3 层胶皮帆布，再将表面带有粗丝扣的钢管（钢管一端用铁板密封焊牢）插入胶管端头孔内，用 20 号铁丝在胶管外表面密缠牢固,再将铁丝头用锡焊牢。在充气的一端需接上阀门,其方法同密封端。

如用于短构件留孔时,可用一根胶管对弯后穿入两个平行孔道;如用于长构件留孔时,可将两根胶管用铁皮套管接长使用。套管的长度以 $400\sim500$ mm 为宜,内径应比胶管外径大 $2\sim3$ mm。固定胶管位置可用钢筋井字架,间距为 600 mm,并与钢筋骨架扎牢。

在浇筑混凝土前,需向胶管内充入压力为 $0.5\sim0.8$ N/mm^2 的水或气。此时胶管直径可增大约 3 mm。浇捣混凝土时,振动棒不要碰胶管,并应经常检查水压表的压力是否正常,如有变化必须补压。

胶管抽芯法的抽管时间要比钢管抽芯法略迟一点。抽管前,先放水或气降压,待胶管断面缩小与混凝土自行脱离即可抽管。抽管顺序一般为先上后下,先曲后直。

胶管抽芯如用于折线形、曲线形孔道的成孔时,除需留设灌浆孔、排气孔外,还应留设泌水孔,泌水孔要求留在曲线(折线)孔道的顶部,方法同灌浆孔。

3. 预埋波纹管法

预埋波纹管法中的波纹管是镀锌波纹金属软管,它可以根据要求做成曲线、折线等各种形状的孔道。所用波纹管施工后留在构件中,可省去抽管工序。

采用波纹管施工时宜事先在构件的侧模上弹线,以孔底为准按弹线布管。固定波纹管要采用钢筋卡子或钢筋井字架,间距不宜大于 0.8 m,并用铁丝扎牢。钢筋卡子焊在箍筋上,箍筋下面用垫块垫实。波纹管的连接采用大一号的同型波纹管,接长长度为 200 mm,用密封胶带或塑料热塑管封口。

使用波纹管时应尽量避免反复弯曲,以防管壁开裂;同时应防止电焊火花烧伤管壁。安装后应检查管壁有无破损,接头是否密封等,并应及时用胶带修补。

采用波纹管时,灌浆孔、泌水孔的做法为:在波纹管上开口,用带嘴的塑料弧形压板与海绵垫片覆盖,并用铁丝扎牢,再接塑料管(外径 20 mm,内径 6 mm),该管垂直向上延伸至顶面以上 500 mm。为了防止浇筑混凝土时将塑料管压扁,管内临时衬有钢筋,以后再拔掉。预埋波纹管法的排气孔设置与钢管抽芯法相同。

9.2.2 张拉预应力筋并锚固

1. 张拉前的准备工作

张拉前的准备工作主要包括对构件的强度、几何尺寸和孔道畅通情况进行检查,以及校验张拉设备等。张拉前,构件的混凝土强度应符合设计要求,如设计无要求时,不应低于其强度等级的 75%。

在孔道内穿入预应力筋前,螺丝端杆锚具的丝扣部分要用水泥袋纸加塑料薄膜缠绕三层,并用细铁丝扎牢或用套筒保护,以防钢筋束、钢丝束和钢绞线穿束时损伤,并将其端部扎紧,必要时套上穿束器,将穿束器的引线穿过孔道,在前端拉动,后端继续送料,直至两端露出所需的长度为止。

在安装张拉设备时,对穿好的直线形预应力筋,应使钢筋张拉力的作用线与孔道线重合。曲线形预应力筋,应使钢筋张拉力的作用线与孔道中心线末端的切线重合。

2. 确定预应力筋的张拉方法

配有多根预应力筋的构件应同时张拉,如不能同时张拉,也可分批张拉。但分批张拉的顺序应考虑使混凝土不产生超应力、构件不扭转或侧弯、结构不变位等因素。在同一构件上一般应对称张拉。

图 9.18 所示是屋架下弦杆预应力筋张拉顺序。图 9.18(a) 中预应力筋为两束，采用一端张拉法，用两台千斤顶分别设置在构件两端，一次张拉完成。图 9.18(b) 中预应力筋为 4 束，分两批张拉，用两台千斤顶分别张拉对角线上的两束，然后张拉另两束。

图 9.19 所示是预应力混凝土吊车梁预应力筋的张拉顺序（采用两台千斤顶）。上部两束直线预应力筋一般先张拉，下部 4 束曲线预应力筋采用两端张拉方法分批进行张拉，为使构件对称受力，每批两束先按一端张拉方法进行张拉，待两批 4 束均进行一端张拉后，再分批在另一端补张拉，以减少先批张拉时所受的弹性压缩损失。

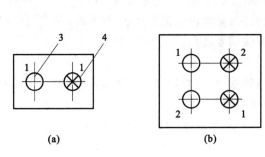

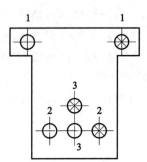

图 9.18　屋架下弦预应力筋张拉顺序
(a) 两束；(b) 四束

图 9.19　吊车梁预应力筋张拉顺序
1,2,3—预应力筋分批张拉顺序

采用分批张拉时，应计算分批张拉的弹性回缩造成的预应力损失值，分别加到先张拉预应力筋的张拉控制应力值内，或采用同一张拉值逐根复位补足。

3. 选择预应力筋的张拉程序

预应力筋的张拉程序，主要根据构件类型、张锚体系和松弛损失取值等因素确定。用超张拉方法减少预应力筋的松弛损失时，预应力筋的张拉程序为：

$$0 \longrightarrow 1.05\sigma_{con} \xrightarrow{\text{持荷 2 min}} \sigma_{con} \text{ 锚固}$$

采用上述张拉程序时，千斤顶应回油至稍低于 σ_{con}，再进油至 σ_{con} 以建立准确的预应力值。

如果预应力筋的张拉吨位不大，根数很多，而设计中又要求采取超张拉以减小应力损失，则其张拉程序为：

$$0 \longrightarrow 1.05\sigma_{con}$$

采用抽芯成型孔道时，为了减少预应力筋与预留孔壁摩擦而引起的应力损失，曲线预应力筋和长度大于 24 m 的直线预应力筋应在两端张拉；长度小于或等于 24 m 的直线预应力筋，可一端张拉。在预埋波纹管时，曲线预应力筋和长度大于 30 m 的直线预应力筋，宜在两端张拉；长度小于或等于 30 m 的直线预应力筋，可在一端张拉。在同一截面中有多根一端张拉的预应力筋时，张拉端宜分别设置在结构的两端。当两端同时张拉一根（束）预应力筋时，为了减小预应力损失，宜先在一端锚固，再在另一端补足张拉力后进行锚固。

用后张法生产预应力混凝土屋架等大型构件时，一般在施工现场平卧重叠制作，重叠层数为 3～4 层，其张拉顺序宜先上后下逐层进行。为了减少上下层之间因摩擦引起的预应力损失，可逐层加大张拉力，所增加的数值随构件形式、隔离层和张拉方式而不同，但最大超张拉力不宜比顶层张拉力大 5%（钢丝、钢绞线和热处理钢筋）或 9%（冷拉 HRB335、HRB400、

HRB500 钢筋),并且要保证加大张拉控制应力后不要超过最大超张拉力的规定。

4. 校核张拉伸长值、检验预应力的可靠性

在张拉过程中,必要时应测定预应力筋的实际伸长值,用以对预应力值进行校核。若实测伸长值大于预应力筋控制应力所计算伸长值的±6%,应暂停张拉,待查明原因及采取措施调整后,方可重新张拉。

为了解预应力建立的可靠性,需对所张拉的预应力筋的应力及损失值进行检验和测定,以便在张拉时补足和调整预应力值。检验预应力损失最方便的方法是在后张法中将预应力筋张拉 24 h 以后(进行孔道灌浆前),再重拉一次,测读出前、后两次应力值之差,即为预应力损失。

构件张拉完毕后,应检查端部和其他部位是否有裂缝。锚固后的预应力筋的外露长度不宜小于 15 mm。长期外露的锚具,可涂刷防锈油漆,或用混凝土封裹,以防腐蚀。

9.2.3 孔道灌浆、封锚

预应力筋张拉后,孔道应尽快灌浆。用连接器连接的多跨度连续预应力筋的孔道灌浆,应张拉完一跨随即灌注一跨,不应在各跨全部张拉完毕后,再一次连续灌浆。

孔道灌浆应采用强度等级不低于 32.5 级的普通硅酸盐水泥配置的水泥浆。对空隙较大的孔道,可采用砂浆灌浆,水泥浆和砂浆强度标准值均不应低于 20 N/mm²。水泥浆的水胶比为 0.4～0.45,搅拌后 3 h 泌水率宜控制在 2%,最大不得超过 3%。为了增加孔道灌浆的密实性,在水泥浆中可掺入对预应力筋无腐蚀作用的外加剂,如可掺入占水泥质量 0.25% 的木质素磺酸钙,或占水泥质量 0.05% 的铝粉。

灌浆前,先用压力水冲洗和湿润孔道,再用电动或手动灰浆泵进行灌浆。灌浆工作应缓慢均匀地进行,不得中断,并应排气通顺,在孔通两端冒出浓浆并封闭排气孔后,宜再继续加压至 0.5～0.6 MPa,稍后再封闭灌浆孔。灌浆顺序应先下后上,以避免上层孔道漏浆而把下层孔道堵塞。对于掺外加剂的水泥浆,可采用二次灌浆法,以提高孔道灌浆的密实性。

项目 10　后张法无粘结预应力混凝土工程

10.1　无粘结预应力筋的制作及铺设

10.1.1　无粘结预应力筋的制作

无粘结预应力钢筋由预应力钢丝、涂料层、外包层及锚具组成。一般选用 7 根 φ5 高强度钢丝组成钢丝束,也可选用 7φ4 钢绞线。钢丝束或钢绞线束上应刷上沥青、油脂等涂料(使预应力筋与混凝土隔离,减少张拉时的摩擦损失,防止预应力筋腐蚀),再用塑料布、塑料管等包裹,使预应力筋形成外观挺直、规整,并具有一定刚度的硬壳(图 10.1),以防预应力筋在运输、储存、铺设和浇筑混凝土时发生不可修复的损坏。

制作单根无粘结筋时,宜优先选用油脂作涂料层,其涂料外包层应用塑料注塑机成型。无粘结筋的制作,一般采用涂包成型工艺和挤压涂层工艺。

涂包成型工艺是用涂包成束机将钢筋(丝)编制成涂包束,涂包成束机主要由涂刷沥青槽、绕布转盘和牵引装置组成。施工时每根预应力筋经过沥青槽涂刷沥青后,再通过归束滚轮将其归成一束,并进行补充涂刷(涂料厚度一般为 2 mm),涂好沥青的预应力筋即通过绕布转盘自动地交叉缠绕两层塑料布。

挤压涂层工艺施工的设备主要由放线盘、涂油装置、挤出成型机、冷却筒槽、牵引机和收线盘等组成,如图 10.2 所示。施工时,钢筋通过涂油装置涂油,涂过油的钢筋经过机头出口处随即被挤压成型的塑料管包裹。

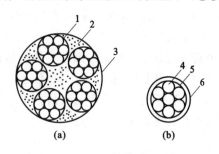

图 10.1　无粘结筋横截面示意图

(a)无粘结钢绞线束;

(b)无粘结钢丝束或单根钢绞线

1—钢绞线;2—沥青涂料;3—塑料布外包层;

4—钢丝;5—油脂涂料;6—塑料管外包层

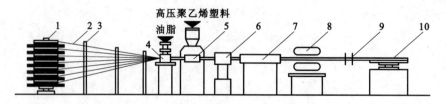

图 10.2　无粘结预应力筋挤压涂层工艺流水线图

1—放线盘;2—钢丝;3—梳子板;4—给油装置;5—塑料挤压机机头;

6—风冷装置;7—水冷装置;8—牵引机;9—定位支架;10—收线盘

10.1.2　无粘结预应力筋的铺设

无粘结预应力筋铺设前应检查外包层完好程度,对轻微破损者用塑料带补包好,对破损严重者应予以报废。双向预应力筋铺设时,先铺设下面的预应力筋,再铺设上面的预应力筋,以免预应力筋相互穿插。

无粘结预应力筋应严格按设计要求的曲线形状就位固定牢固,可用短钢筋或混凝土垫块等架起控制标高,再用铁丝绑扎在非预应力筋上。绑扎点间距不大于 1 m,钢丝束的曲率可用铁马凳控制,马凳间距不大于 2 m。

10.2　预应力筋的张拉、锚固

(1)预应力筋张拉时,混凝土强度应符合设计要求。当设计无要求时,混凝土的强度应达到设计强度的 75% 方可开始张拉。

(2)张拉程序:一般采用 $0 \longrightarrow 1.03\sigma_{con}$ 锚固,以减少无粘结预应力筋的松弛损失。

(3)张拉顺序:应根据预应力筋的铺设顺序进行,先铺设的先张拉,后铺设的后张拉。

当预应力筋的长度小于 25 m 时,宜采用一端张拉;若长度大于 25 m 时,宜采用两端张拉;长度超过 50 m 时,宜采取分段张拉。

(4)预应力平板结构中,预应力筋往往很长,应尽量减少其摩阻损失值。

影响摩阻损失值的主要因素是润滑介质、外包层和预应力筋截面形式。其中,润滑介质和外包层的摩阻损失值,对一定的预应力束而言是个定值,相对稳定。而截面形式则影响较大,不同截面形式其离散性不同,但如能保证截面形状在全长内一致,则其摩阻损失值就能在很小范围内波动;否则,因局部阻塞就可能导致其损失值无法测定。摩阻损失值可用标准测力计或传感器等测力装置进行测定。施工时,为降低摩阻损失值,宜采用多次重复张拉工艺。成束无粘结筋正式张拉前,一般先用千斤顶往复抽动 1~2 次。张拉过程中,严防钢丝被拉断,要控制同一截面的断裂根数不得大于 2%。

预应力筋的张拉伸长值应按设计要求进行制作。

10.3　预应力筋端部处理

无粘结筋经张拉、锚固后,需进行端部处理,处理的方法随锚具的不同而异。

10.3.1　固定端处理

无粘结筋的固定端可设置在构件内。当采用无粘结钢丝束时,固定端可采用扩大的镦头锚板,并用螺旋筋加强,如图 10.3 所示。施工中如端头无结构配筋时,需要配置构造钢筋,使固定端板与混凝土之间有可靠锚固性能。当采用无粘结钢绞线时,锚固端可采用压花成型,埋置在设计部位,如图 10.4 所示。这种做法的关键是张拉前锚固端的混凝土强度必须达到设计强度(≥C30)才能形成可靠的粘结式锚头。

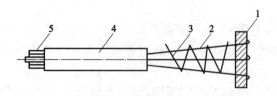
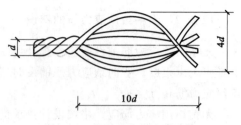

图 10.3 无粘结钢丝束固定端处理　　　　图 10.4 钢绞线在固定端压花

1—锚板；2—钢丝；3—螺旋筋；4—软塑料管；5—无粘结钢丝束

10.3.2 张拉端处理

锚具的位置通常从混凝土的端面缩进一定的距离，前面做成一个凹槽，待预应力筋张拉锚固后，按照露出夹片锚具外不小于 30 mm 的长度将钢绞线切断，然后在槽内壁涂以环氧树脂类粘结剂，以加强新老材料间的粘结，再用后浇膨胀混凝土或低收缩防水砂浆或环氧砂浆密封。

在对凹槽填砂浆或混凝土前，应预先对无粘结筋端部和锚具夹持部分进行防潮、防腐封闭处理。

无粘结预应力筋采用钢丝束镦头锚具时，其张拉端头处理如图 10.5 所示，其中塑料套筒供钢丝束张拉时将锚环从混凝土中拉出来使用，软塑料管用来保护无粘结钢丝末端因穿锚具而损坏的塑料管。当锚环被拉出后，塑料套筒内产生空隙，必须用油枪通过锚环的注油孔向套筒内注满防腐油脂，灌油后将外露锚具封闭好，避免因长期与大气接触造成锚头锈蚀。

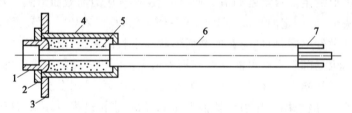

图 10.5 无粘结钢丝束采用镦头锚具时张拉端头处理

1—锚环；2—螺母；3—埋件；4—塑料套筒；5—油脂；6—软塑料管；7—无粘结钢丝束

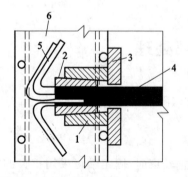

图 10.6 钢绞线端头打弯与封闭

1—锚环；2—夹片；3—埋件；

4—钢绞线；5—散开打弯钢绞线；6—圈梁

采用无粘结钢绞线夹片式锚具时，张拉端头构造简单，无须另加设施。张拉端头钢绞线预留长度不小于 150 mm，多余割掉，然后在锚具及承压板表面涂以防水涂料，再进行封闭。锚固区可以用后浇的钢筋混凝土圈梁封闭，将锚具外伸的钢绞线散开打弯，埋在圈梁内加强锚固，如图 10.6 所示。

项目11 单层工业厂房安装

11.1 结构安装工程概述

所谓结构安装工程,就是用起重设备将预制构件安装到设计位置的整个施工过程,是结构施工的主导工程。

对于装配式结构的建筑物,都是将预制的各个单个构件用起重设备在施工现场按设计要求安装而成的。它具有设计标准化、构件定型化、产品工厂化、安装机械化等优点,是建筑行业进行现代化施工的有效途径。它可以改善劳动条件,加快施工进度,提高劳动生产率。

11.1.1 起重机械

结构安装工程所用的起重机械主要有桅杆式起重机、自行式起重机以及塔式起重机。

1. 桅杆式起重机

桅杆式起重机又称为拔杆或把杆,是最简单的起重设备,一般用木材或钢材制作。这类起重机具有制作简单、装拆方便、起重量大、受施工场地限制小等特点。特别是吊装大型构件而又缺少大型起重机械时,这类起重设备更显出它的优越性。但这类起重机需较多的缆风绳,移动困难。另外,其起重半径小,灵活性差。因此,桅杆式起重机一般在构件较重、吊装工程比较集中、施工场地狭窄而又缺乏其他合适的大型起重机械时使用。

桅杆式起重机可分为独脚把杆、人字把杆、悬臂把杆和牵缆式桅杆起重机等。

(1) 独脚把杆 独脚把杆分为木独脚把杆、钢管独脚把杆和格构式独脚把杆。独脚把杆由把杆、起重滑轮组、卷扬机、缆风绳及锚碇等组成。独脚把杆的移动靠其底部的拖橇进行,如图 11.1(a)所示。

(2) 人字把杆 人字把杆一般是由两根圆木或两根钢管用钢丝绳绑扎或铁件铰接而成,两杆夹角一般为 20°~30°,底部设有拉杆或拉绳,以平衡水平推力,把杆下端两脚的距离为高度的 1/3~1/2,如图 11.1(b)所示。

(3) 悬臂把杆 悬臂把杆是在独脚把杆的中部或 2/3 高度处装一根起重臂而成。其特点是起重高度和起重半径都较大,起重臂左右摆动的角度也较大,但起重量较小,多用于轻型构件的吊装,如图 11.1(c)所示。

(4) 牵缆式桅杆起重机 牵缆式桅杆起重机是在独脚把杆下端装一根起重臂而成。这种起重机的起重臂可以起伏,机身可回转 360°,可以在起重机半径范围内把构件吊到任何位置。用角钢组成的格构式截面杆件的牵缆式起重机,桅杆高度可达 80 m,起重量可达 60 t 左右。牵缆式桅杆起重机要设较多的缆风绳,比较适用于构件多且集中的工程,如图 11.1(d)所示。

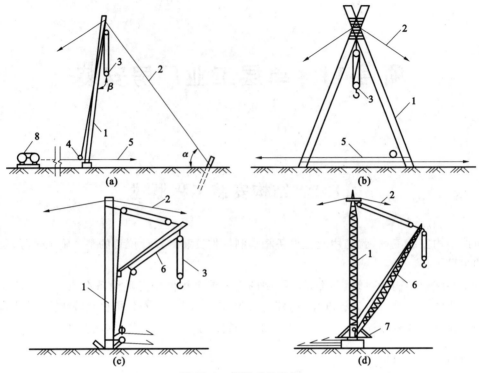

图 11.1 桅杆式起重机

(a) 独脚把杆；(b) 人字把杆；(c) 悬臂把杆；(d) 牵缆式桅杆起重机

1—把杆；2—缆风绳；3—起重滑轮组；4—导向装置；5—拉锁；6—起重臂；7—回转盘；8—卷扬机

2. 自行式起重机

自行式起重机可分为履带式起重机、汽车式起重机和轮胎式起重机。

(1) 履带式起重机

履带式起重机是一种具有履带行走装置的全回转起重机，它利用两条面积较大的履带着地行走，由行走装置、回转机构、机身及起重臂等部分组成，如图 11.2 所示。

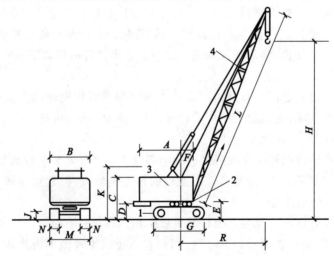

图 11.2 履带式起重机

1—行走装置；2—回转机构；3—机身；4—起重臂

履带式起重机的主要技术性能包括三个主要参数:起重量 Q、起重半径 R 和起重高度 H。

（2）汽车式起重机

汽车式起重机是自行式全回转起重机,起重机构安装在汽车的通用或专用底盘上,如图 11.3 所示。

（3）轮胎式起重机

轮胎式起重机是把起重机构安装在加重轮胎和轮轴组成的特制底盘上的全回转起重机,如图 11.4 所示。

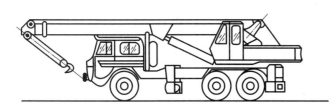

图 11.3　汽车式起重机

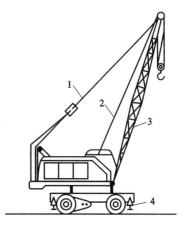

图 11.4　轮胎式起重机

1—变幅索;2—起重索;3—起重杆;4—支腿

3. 塔式起重机

塔式起重机的类型较多,按结构与性能特点分为两大类:一般式塔式起重机与自升式塔式起重机。

（1）一般式塔式起重机

QT1-6 型为上回转动臂变幅式塔式起重机,适用于结构吊装及材料装卸工作,如图 11.5 所示。QT-60/80 型也为上回转动臂变幅式塔式起重机,适于较高建筑的结构吊装。

（2）自升式塔式起重机

自升式塔式起重机的型号较多,如 QTZ50、QTZ60、QTZ100、QTZ120 等。QT4-10 型多功能（可附着、固定、行走、爬升）自升塔式起重机是一种上旋转、小车变幅自升式塔式起重机,随着建筑物的增高,利用液压顶升系统而逐步自行接高塔身,如图 11.6 所示。

自升式塔式起重机的液压顶升系统主要有顶升套架、长行程液压千斤顶、支承座、顶升横梁、引渡小车、引渡轨道及定位销等。

液压千斤顶的缸体装在塔吊上部结构的底端支承座上,活塞杆通过顶升横梁支承在塔身顶部,其顶升过程如图 11.7 所示。

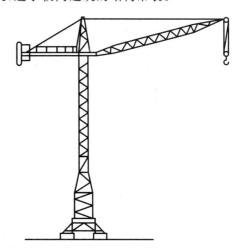

图 11.5　QT1-6 型塔式起重机

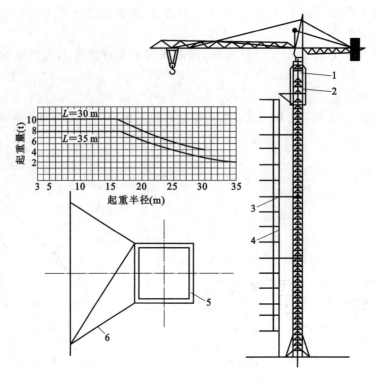

图 11.6　QT4-10 型塔式起重机

1—液压千斤顶;2—顶升套架;3—锚固装置;4—建筑物;5—塔身;6—附着杆

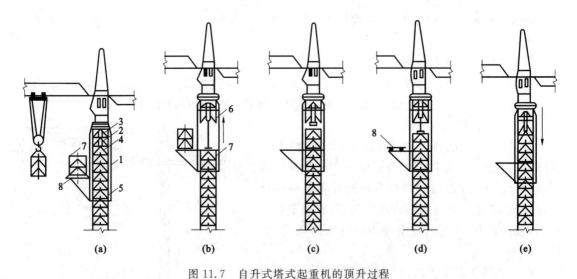

图 11.7　自升式塔式起重机的顶升过程

（a）准备状态;（b）顶升塔顶;（c）推入塔身标准节;（d）安装塔身标准节;（e）塔顶与塔身连成整体

1—顶升套架;2—液压千斤顶;3—支承座;4—顶升横梁;5—定位销;

6—过渡节;7—标准节;8—摆渡小车

　　自升式塔式起重机的特点是:塔身短,起升高度大而且不占建筑物的外围空间;司机作业时看不到起吊过程,全靠信号指挥,施工完成后拆塔工作属于高空作业等。

11.1.2 索具设备及锚碇

1. 卷扬机

在建筑施工中,常用的卷扬机分为快速和慢速两种。快速卷扬机主要用于垂直、水平运输和打桩作业;慢速卷扬机主要用于结构吊装、钢筋冷拉等作业。

2. 滑轮组及钢丝绳

滑轮组是由一定数量的定滑轮和动滑轮组成,具有省力和改变力的方向的功能,是起重机的重要组成部分。

钢丝绳是先由若干根钢丝绕成股,再由若干股绕绳芯捻成绳。

3. 吊具及锚碇

吊具有吊钩、钢丝夹头、卡环、吊索和横吊梁等,是吊装时的重要辅助工具。横吊梁又称铁扁担,用于承受吊索对构件的轴向压力并能减小起吊高度,如图 11.8 所示。

常用的锚碇有桩式锚碇和水平锚碇两种,水平锚碇构造如图 11.9 所示。

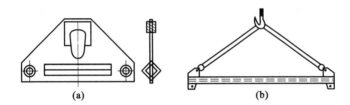

图 11.8　横吊梁

(a) 钢板横吊梁;(b) 钢管横吊梁

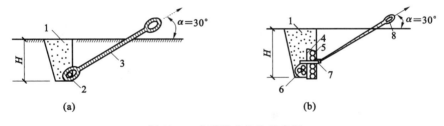

图 11.9　水平锚碇构造示意图

(a) 拉力在 30 kN 以下;(b) 拉力为 100～400 kN

1—回填土逐层夯实;2—地龙木 1 根;3—钢丝绳或钢筋;4—柱木;5—挡木;6—地龙木 3 根;7—压板;8—钢丝绳圈

11.2　单层工业厂房安装

11.2.1 确定结构吊装方案

在拟定单层工业厂房结构吊装方案时,应着重解决起重机的选择、结构吊装方法、起重机开行路线与构件的平面布置等问题。

1. 起重机的选择

起重机的选择直接影响构件的吊装方法、起重机开行路线与停机点位置、构件平面布置等问题。首先应根据厂房跨度、构件重量、吊装高度以及施工现场条件和当地现有机械设备等确定机械类型。一般中小型厂房结构吊装多采用自行杆式起重机;当厂房的高度和跨度较大时,可选用塔式起重机吊装屋盖结构。在缺乏自行杆式起重机或受地形限制,自行杆式起重机难以到达的地方,可采用把杆吊装。对于大跨度的重型工业厂房,则可选用自行杆式起重机、牵缆式起重机、重型塔吊等进行吊装。

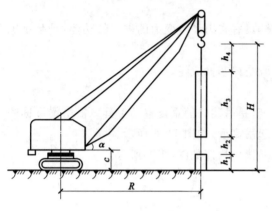

图 11.10　起重机参数选择

对于履带式起重机型号的选择,应使起重量、起重高度、起重半径均能满足结构吊装的要求。起重机参数选择如图 11.10 所示。

（1）起重量

起重机起重量 Q 应满足下式要求,即

$$Q \geqslant Q_1 + Q_2$$

式中　Q_1——构件重量,t;

　　　Q_2——索具重量,t。

（2）起重高度

起重机的起重高度必须满足所吊构件的高度要求,即:

$$H \geqslant h_1 + h_2 + h_3 + h_4$$

式中　H——起重机的起重高度,从停机面至吊钩的垂直距离;

　　　h_1——安装支座表面高度,从停机面算起;

　　　h_2——安装间隙,应不小于 0.3 m;

　　　h_3——绑扎点至构件吊起后底面的距离;

　　　h_4——索具高度,自绑扎点至吊钩面,不小于 1 m。

（3）起重半径

在一般情况下,当起重机可以不受限制地开到构件吊装位置附近吊装时,对起重半径没有要求,在计算起重量及起重高度后,便可查阅起重机起重性能表或性能曲线来选择起重机型号及起重臂长度,并可查得在此起重量和起重高度下相应的起重半径,作为确定起重机开行路线及停机位置时的参考。

当起重机不能直接开到构件吊装位置附近去吊装构件时,需根据起重量、起重高度和起重半径三个参数,查起重机起重性能表或曲线来选择起重机型号及起重臂长。

当起重机的起重臂需要跨过已安装好的结构去吊装构件时(如跨过屋架或天窗架吊屋面板),为了避免起重臂与已安装结构相碰,使所吊构件不碰起重臂,则需求出起重机的最小臂长及相应的起重半径,其方法有数解法和图解法。

① 数解法

数解法求起重臂的最小长度,如图 11.11 所示。

$$L \geqslant L_1 + L_2 = \frac{h}{\sin\alpha} + \frac{f+g}{\cos\alpha}$$

式中　L——起重臂长度;

　　　h——起重臂底铰到屋面板吊装支座的高度,$h = h_1 + h_2 - E$;

　　　h_1——停机面至屋面板吊装支座的高度;

E——起重臂底铰到停机面的距离；

f——起重钩需跨过已安装好构件的距离；

g——起重臂轴线与已安装好的构件间水平间隙(不小于 1 m)；

α——起重臂的仰角。

从上式可知，为使 L 为最小，需对公式进行一次微分，并令 $dL/d\alpha=0$，解得

$$\alpha = \arctan\left(\frac{h}{f+g}\right)^{\frac{1}{3}}$$

以 α 值代入前式，即可求得起重臂最小长度 L，据此，可选用实际采用的起重臂长度，计算起重半径 R，根据 R 便可确定吊装屋面板时的停机位置。

② 图解法

图解法求起重臂的最小长度，如图 11.12 所示。作图方法及步骤如下：

a. 按比例(不小于 1∶200)绘出构件的安装标高、柱距中心线和停机地面线。

b. 根据 $(0.3+n+h+b)$ 在柱距中心线上定出 P_1 点的位置。

c. 自屋架顶面向起重机方向水平量出一段距离 $g=1$ m，定出 P_2 点位置。

d. 根据起重机的 E 值绘出平行于停机面的水平线 GH。

e. 连接 P_1P_2，并延长使之与 GH 相交于 P_3(此点即为起重臂下端前铰点)。

f. 量出 P_1P_3 的长度，即为所求的起重臂的最小长度。

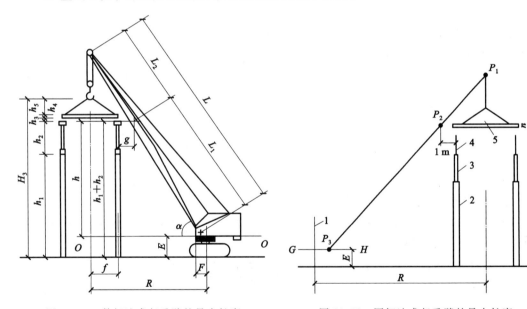

图 11.11　数解法求起重臂的最小长度　　　图 11.12　图解法求起重臂的最小长度

1—起重机回转中心线；2—柱子；3—屋架；4—天窗架；5—屋面板

2. 确定结构吊装方法

单层工业厂房的结构吊装方法有分件吊装法和综合吊装法两种。

(1) 分件吊装法(亦称大流水法)

分件吊装法是指起重机每开行一次，仅吊装一种或两种构件，如图 11.13 所示。第一次开行，吊装完全部柱子，并对柱子进行校正和最后固定；第二次开行，吊装吊车梁、连系梁及柱间支撑等；第三次开行，按节间吊装屋架、天窗架、屋面板及屋面支撑等。

203

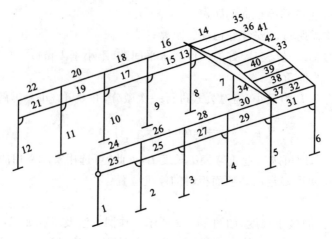

图 11.13　分件安装时的构件吊装顺序

图中数字表示构件吊装顺序,其中:1~12—柱;13~32—单数是吊车梁,双数是连系梁;33,34—屋架;35~42—屋面板

分件吊装的优点是:构件便于校正;构件可以分批进场,供应亦较单一,吊装现场不致拥挤;吊具不需经常更换,操作程序基本相同,吊装速度快;可根据不同的构件选用不同性能的起重机,能充分发挥机械的效能。其缺点是:不能为后续工作及早提供工作面,起重机的开行路线长。

（2）综合吊装法（又称节间安装法）

综合吊装法是起重机在车间内一次开行中,分节间吊装完所有各种类型构件,即先吊装4~6根柱子,校正固定后,随即吊装吊车梁、连系梁、屋面板等构件,待吊装完一个节间的全部构件后,起重机再移至下一节间进行安装。综合吊装法的优点是:起重机开行路线短,停机点位置少,可为后续工作创造工作面,有利于组织立体交叉平行流水作业,以加快工程进度。其缺点是:要同时吊装各种类型的构件,不能充分发挥起重机的效能;构件供应紧张,平面布置复杂,校正困难;必须要有严密的施工组织,否则会造成施工混乱,故此法很少使用。只有在某些结构（如门式结构）必须采用综合吊装时,或当采用桅杆式起重机进行吊装时,才采用综合吊装法。

3. 确定起重机的开行路线及停机位置

起重机开行路线与停机位置和起重机的性能、构件尺寸及重量、构件平面布置、构件的供应方式以及吊装方法等有关。

当吊装屋架、屋面板等屋面构件时,起重机大多沿跨中开行;当吊装柱时,则视跨度大小、构件尺寸及重量、起重机性能,可沿跨中开行或跨边开行,如图 11.14 所示。

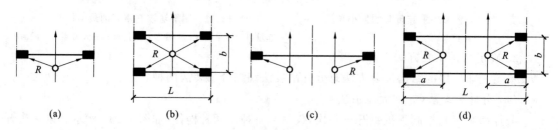

(a)　　　　(b)　　　　(c)　　　　(d)

图 11.14　起重机吊装柱时的开行路线及停机位置

当 $R \geqslant L/2$ 时,起重机可沿跨中开行,每个停机位置可吊两根柱子,如图 11.14(a)所示。

当 $R \geqslant [(L/2)^2 + (b/2)^2]^{1/2}$ 时,每个停机位置则可吊装 4 根柱子,如图 11.14(b)所示。

当 $R < L/2$ 时,起重机沿跨边开行,每个停机位置吊装一根柱子,如图 11.14(c)所示。

当 $R \geqslant [a^2 + (b/2)^2]^{1/2}$ 时,每个停机位置则可吊装两根柱子,如图 11.14(d)所示。

式中　R——起重机的起重半径,m;

　　　　L——厂房跨度,m;

　　　　b——柱的间距,m;

　　　　a——起重机开行路线到跨边轴线的距离,m。

当柱布置在跨外时,起重机一般沿跨外开行,停机位置与跨边开行相似。

图 11.15 所示是一个单跨车间采用分件吊装时,起重机的开行路线及停机位置图。起重机自Ⓐ轴线进场,沿跨外开行吊装 A 列柱(柱跨外布置);再沿Ⓑ轴线跨内开行吊装 B 列柱(柱跨内布置);再转到Ⓐ轴扶直屋架并将屋架就位;再转到Ⓑ轴吊装 B 列连系梁、吊车梁等;再转到Ⓐ轴吊装 A 列吊车梁等构件;再转到跨中吊装屋盖系统。

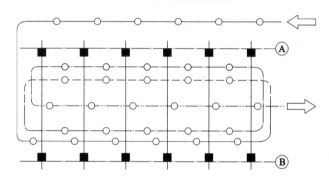

图 11.15　起重机开行路线及停机位置

当单层工业厂房面积大,或具有多跨结构时,为加速工程进度,可将建筑物划分为若干段,选用多台起重机同时进行施工。每台起重机可以独立作业,负责完成一个区段的全部吊装工作,也可选用不同性能的起重机协同作业,有的专门吊装柱子,有的专门吊装屋盖结构,组织大流水施工。

当厂房具有多跨并列和纵横跨时,可先吊装各纵向跨,以保证吊装纵向跨时,起重机械、运输车辆畅通。如各纵向跨有高低跨,则应先吊高跨,然后逐步向两侧吊装。

4. 构件的平面布置与运输堆放

单层工业厂房构件的平面布置是吊装工程中一项很重要的工作。构件布置得合理,可以避免构件在场内的二次搬运,充分发挥起重机械的效率。

构件的平面布置与吊装方法、起重机性能和构件制作方法等有关,故应在确定吊装方法、选择起重机械之后,根据施工现场的实际情况,会同有关土建、吊装施工人员共同研究确定。

(1) 构件布置的要求

构件布置时应注意以下问题:

① 每跨构件尽可能布置在本跨内,如确有困难时,才考虑布置在跨外而便于吊装的地方。

② 构件布置方式应满足吊装工艺要求,尽可能布置在起重机的起重半径内,尽量减少起重机负重行驶的距离及起重臂的起伏次数。

③ 应首先考虑重型构件的布置。

④ 构件布置的方式应便于支模及混凝土的浇筑工作,预应力构件尚应考虑有足够的抽

管、穿筋和张拉的操作场地。

⑤ 构件布置应力求占地最少,保证道路畅通,当起重机械回转时不致与构件相碰。

⑥ 所有构件应布置在坚实的地基上。

⑦ 构件的平面布置分预制阶段构件平面布置和吊装阶段构件就位布置,但两者之间有密切关系,需同时加以考虑,做到相互协调。

(2) 柱的预制布置

需要在现场预制的构件主要是柱和屋架,吊车梁有时也在现场制作。其他构件均在构件厂或场外制作,运到工地就位吊装。

柱的预制布置,有斜向布置和纵向布置两种。

① 柱的斜向布置

柱如以旋转法起吊,应按三点共弧斜向布置(图 11.16),其步骤如下所述。

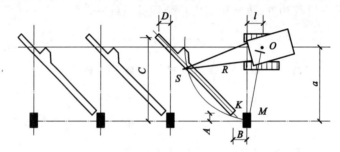

图 11.16 柱子斜向布置方式之一(三点共弧)

首先,确定起重机开行路线到柱基中线的距离 a,其值不得大于起重半径 R,也不宜太靠近基坑边,以免起重机产生失稳现象。此外,还应注意起重机回转时,其尾部不得与周围构筑物或建筑物相碰。综合考虑以上条件后,即可画出起重机的开行路线。

其次,确定起重机停机位置。以柱基中心 M 为圆心,吊装该柱的起重半径 R 为半径画弧与开行路线交于 O 点,O 点即为吊装该柱的停机点。再以 O 点为圆心、R 为半径画弧,然后在靠近柱基的弧上选一点 K 为柱脚中心位置。又以 K 为圆心,以柱脚到吊点距离为半径画弧,两弧相交于 S,以 KS 为中心画出柱的模板图,即为柱的预制位置图。标出柱顶、柱脚与柱到纵横轴线的距离(A、B、C、D),作为预制时支模的依据。

布置柱时,尚应注意牛腿的朝向问题。当柱布置在跨内时,牛腿应朝向起重机;当柱布置在跨外时,牛腿则应背向起重机。

有时由于受场地或柱长的限制,柱的布置很难做到三点共弧,则可按两点共弧布置。其方法有如下两种:

一种是将柱脚与柱基安排在起重半径 R 的圆弧上,而将吊点放在起重半径 R 之外,如图 11.17所示。吊装时先用较大的起重半径 R' 吊起柱子,并升起起重臂。当起重半径 R' 变为 R 后,停升起重臂,再按旋转法吊装柱子。

另一种是将吊点与柱基安排在起重半径 R 的同一圆弧上,柱脚可斜向任意方向,如图 11.18 所示。吊装时,柱可用旋转法或滑行法吊升。

② 柱的纵向布置

当柱采用滑行法吊装时,可以纵向布置(图 11.19),吊点靠近基础,吊点与柱基两点共弧。若柱长小于 12 m,为节约模板和场地,两柱可以叠浇,排成一行;若柱长大于 12 m,则可排成

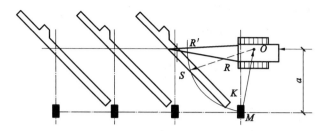

图 11.17　柱子斜向布置方式之二（柱脚、基础两点共弧）

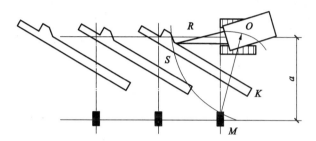

图 11.18　柱斜向布置方式之三（吊点、柱基共弧）

两行叠浇。起重机宜停在两柱基的中间，每停机一次可吊两根柱子。

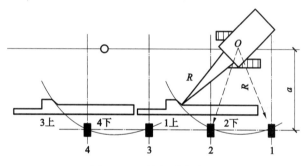

图 11.19　柱的纵向布置

（3）屋架的预制布置

屋架一般在跨内平卧叠浇预制，每叠 3～4 榀。屋架预制布置方式有三种：斜向布置、正反斜向布置及正反纵向布置，如图 11.20 所示。

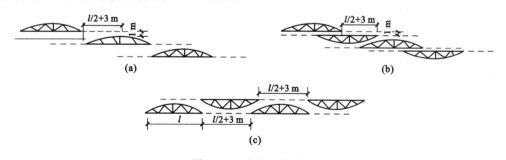

图 11.20　屋架预制布置

（a）斜向布置；（b）正反斜向布置；（c）正反纵向布置

在上述三种布置形式中，应优先考虑斜向布置，因为此种布置方式便于屋架的扶直就位。只有当场地受限制时，才采用其他两种形式。

在屋架预制布置时,还应考虑屋架扶直就位要求及扶直的先后顺序,应将先扶直后吊装的放在上层。同时也要考虑屋架两端的朝向,要符合吊装时对朝向的要求。

(4) 吊车梁的预制布置

当吊车梁安排在现场预制时,可靠近柱基顺纵向轴线或略作倾斜布置,也可插在柱的空当中预制。如具备运输条件,也可在场外预制。

(5) 屋架的扶直就位

屋架扶直后立即进行就位,按就位的位置不同,可分为同侧就位和异侧就位两种,如图 11.21 所示。同侧就位时,屋架的预制位置与就位位置均在起重机开行路线的同一边;异侧就位时,需将屋架由预制的一边转至起重机开行路线的另一边就位,此时,屋架两端的朝向已有变动。因此,在预制屋架时,对屋架的就位位置应事先加以考虑,以便确定屋架两端的朝向及预埋件的位置。

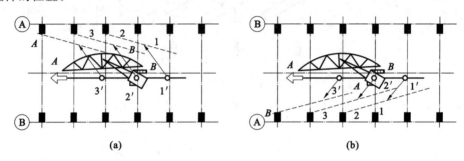

图 11.21 屋架就位示意图

(a) 同侧就位;(b) 异侧就位

屋架就位方式有两种:一种是靠柱边斜向就位;另一种是靠柱边成组纵向就位。

① 屋架的斜向就位(图 11.22)

可按下述步骤确定其就位位置:

第一步,确定起重机吊屋架时的开行路线及停机位置。

起重机吊屋架时沿跨中开行,在图上画出开行路线。然后以欲吊装的某轴线(例如②轴线)的屋架中点 M_2 为圆心,以所选择吊装屋架的起重半径为半径画弧交开行路线于 O_2,O_2 即为吊②轴线屋架的停机位置。

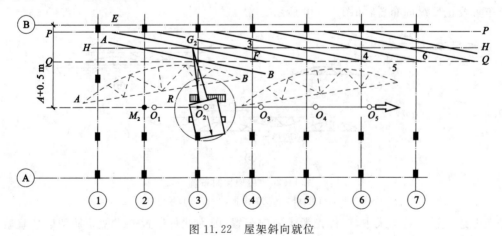

图 11.22 屋架斜向就位

第二步,确定屋架就位的范围。

屋架一般靠柱边就位,但屋架离开柱边的净距不小于 200 mm,并可利用柱作为屋架的临时支撑。这样,可定出屋架就位的外边线 P-P。另外,当起重机尾部至回转中心距离为 A,则在开行路线 A+0.5 m 范围内均不宜布置屋架或其他构件,据此画出虚线 Q-Q。在 P-P、Q-Q 两虚线间即为屋架的就位范围。但屋架就位宽度不一定需要这么大,应根据实际需要确定 Q-Q。

第三步,确定屋架就位位置。

当确定屋架实际就位范围 P、Q 后,便可画出中心线 H-H,屋架就位后的中点均在此 H-H 线上。以吊②轴线屋架的停机点 O_2 为圆心,以吊屋架的起重半径 R 为半径画弧交 H-H 线于 G 点,则 G 点即②轴线屋架就位之中点。再以 G 为圆心,以屋架跨度的一半为半径画弧交 P、Q 两线于 E、F 两点,连接 E、F,即为②轴线屋架的就位位置。其他屋架的就位位置均平行此屋架,端点相距 6 m。①轴线屋架由于已安装了抗风柱,需向后退至②轴线屋架就位位置附近就位。

② 屋架的成组纵向就位

一般以 4～5 榀为一组靠柱边顺轴纵向就位。屋架与柱之间、屋架与屋架之间的净距不小于 200 mm,相互之间用铁丝及支撑拉紧撑牢。每组屋架之间应留 3 m 左右的间距作为横向通道。应避免在已吊装好的屋架下面去绑扎吊装屋架。屋架吊装时不能与已吊装好的屋架相碰。因此,每组屋架就位的中心线应位于该组屋架倒数第二榀吊装轴线之后约 2 m 处,如图 11.23所示。

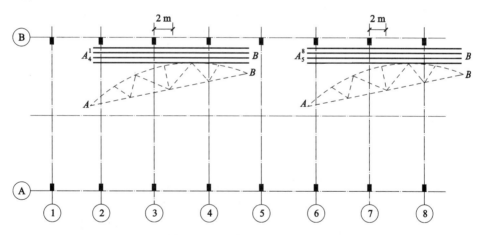

图 11.23　屋架成组纵向就位

6.吊车梁、连系梁、屋面板的就位

单层工业厂房除了柱和屋架一般在施工现场制作外,其他构件如吊车梁、连系梁、屋面板等均在预制厂或附近的预制场制作,然后运至工地吊装。

构件运至现场后,应按施工组织设计所规定的位置,按构件吊装顺序及编号,进行就位或集中堆放。梁式构件叠放不宜过高,常取 2～3 层,大型屋面板不超过 6～8 层。

吊车梁、连系梁的就位位置,一般在其吊装位置的柱列附近、跨内跨外均可。屋面板的就位位置,可布置在跨内或跨外,如图 11.24 所示。当在跨内就位时,应向后退 3～4 个节间开始堆放;若在跨外就位时,应向后退 1～2 个节间开始堆放。此外,也可根据具体条件采取随吊随运的方法。

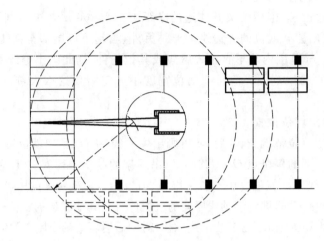

图 11.24　屋面板吊装就位布置

11.2.2　吊装前的准备工作

1. 场地清理与道路的修筑

构件吊装之前,按照现场施工平面布置图标出起重机的开行路线,清理场地上的杂物,将道路平整压实,并做好排水工作。如遇到松软土或回填土,应铺设枕木或厚钢板。

2. 构件的检查与清理

为保证工程质量,对现场所有的构件要进行全面检查,检查构件的型号、数量、外形、截面尺寸、混凝土强度、预埋件位置和吊环位置等。

3. 构件的运输

构件运输时混凝土强度应满足设计要求,不应低于设计强度等级的 75%。在运输过程中为保证构件受力合理,防止构件变形、倾倒、损坏,一定要将构件固定可靠,各构件间应有隔板和垫木,且上下垫木应在同一垂直线上。

4. 构件的弹线与编号

构件在吊装前经过全面质量检查合格后,即可在构件表面弹出安装用的定位、校正墨线,作为构件安装、对位、校正的依据。在对构件弹线的同时,应按图纸对构件进行编号,编号应写在明显的部位。不易辨别上下左右的构件,应在构件上用记号标明,以免安装时将方向搞错。

5. 杯口基础的准备

先检查杯口的尺寸,再在基础顶面弹出十字交叉的安装中心线,用红油漆画上三角形标志。为保证柱子安装之后牛腿面的标高符合设计要求,调整方法是先测出杯底实际标高(小柱测中间一点,大柱测 4 个角点),并求出牛腿面标高与杯底实际标高的差值 A,再量出柱子牛腿面至柱脚的实际长度 B,两者相减便可得出杯底标高调整值 $C(C=A-B)$,然后根据得出的杯底标高调整值用水泥砂浆或细石混凝土抹平至所需标高,杯底标高调整后要加以保护。

11.2.3　构件的吊装

构件的吊装工艺包括绑扎、吊升、对位、临时固定、校正及最后固定等工序。

1. 柱的吊装

（1）柱的绑扎

柱的绑扎方法、绑扎位置和绑扎点数，应根据柱的形状、长度、截面、配筋、起吊方法和起重机性能等确定。常用的绑扎方法如图 11.25 和图 11.26 所示。

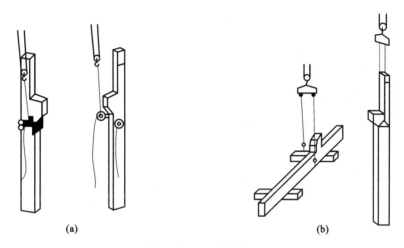

图 11.25　一点绑扎法
（a）一点绑扎斜吊法；（b）一点绑扎直吊法

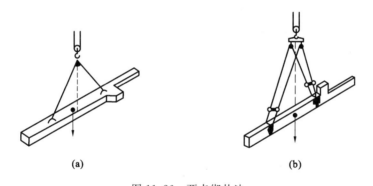

图 11.26　两点绑扎法
（a）两点绑扎斜吊法；（b）两点绑扎直吊法

（2）柱的吊升

① 旋转法

采用旋转法吊装柱时，柱的平面布置宜使柱脚靠近基础，柱的绑扎点、柱脚中心与基础中心三点宜位于起重机的同一起重半径的圆弧上。旋转法吊装过程如图 11.27 所示。

② 滑行法

柱吊升时，起重机只升钩，起重臂不转动，使柱顶随起重钩的上升而上升，柱脚随柱顶的上升而滑行，直至柱直立后，吊离地面，并旋转至基础杯口上方，插入杯口。滑行法吊装过程如图 11.28 所示。

③ 柱的对位和临时固定

柱的对位是将柱插入杯口并对准安装准线的一道工序。临时固定是用楔子等将已经对位的柱做临时性固定的一道工序。柱的对位与临时固定如图 11.29 所示。

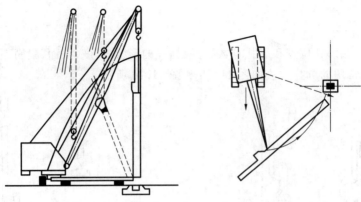

图 11.27　旋转法吊装过程

(a) 旋转过程；(b) 平面布置

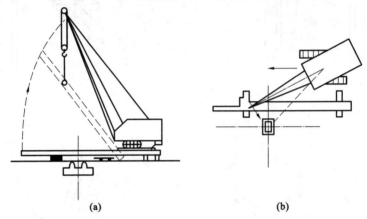

(a) **(b)**

图 11.28　滑行法吊装过程

(a) 旋转过程；(b) 平面布置

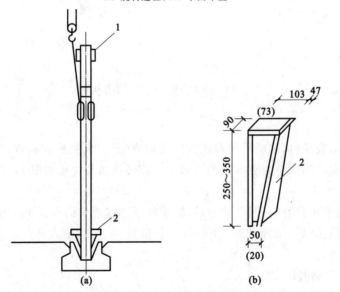

(a) **(b)**

图 11.29　柱的对位与临时固定

(a) 安装缆风绳或挂操作台的夹箍；(b) 钢楔

1—夹箍；2—钢楔

④ 柱的校正

柱的校正是对已临时固定的柱进行全面检查(平面位置、标高和垂直度等)及校正的一道工序。柱的校正包括平面位置、标高和垂直度的校正。对重型柱或偏斜值较大的则用千斤顶、缆风绳和钢管支撑等方法校正,如图 11.30 所示。

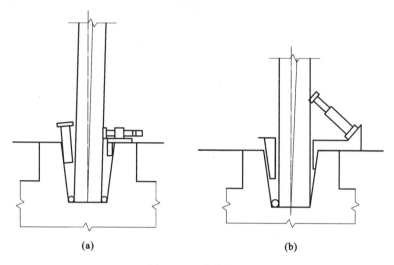

图 11.30　柱的校正
(a) 螺旋千斤顶平顶法;(b) 千斤顶斜顶法

⑤ 柱的最后固定

柱的最后固定的方法是在柱脚与杯口之间浇筑细石混凝土,其强度等级应比原构件混凝土强度等级提高一级。细石混凝土浇筑分两次进行。柱子最后固定如图 11.31 所示。

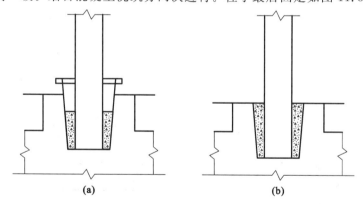

图 11.31　柱子最后固定
(a) 第一次浇筑细石混凝土;(b) 第二次浇筑细石混凝土

2. 吊车梁的吊装

(1)绑扎、吊升、对位和临时固定

吊车梁绑扎时,两根吊索要等长,绑扎点对称设置,吊钩对准梁的重心,以使吊车梁起吊后能基本保持水平,如图 11.32 所示。

(2)校正及最后固定

吊车梁的校正主要包括标高校正、垂直度校正和平面位置校正等。吊车架的标高主要取决于柱子牛腿的标高。平面位置的校正主要包括直线度和两吊车梁之间的跨距。吊车梁直线

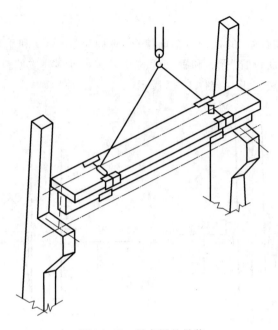

图 11.32 吊车梁的吊装

度的检查校正方法有通线法、平移轴线法和边吊边校法等。

吊车梁的最后固定,是在吊车梁校正完毕后,用连接钢板等与柱侧面、吊车梁顶端的预埋铁件相焊接,并在接头处支模浇筑细石混凝土。

3. 屋架的吊装

(1) 屋架的绑扎

屋架的绑扎点应选在上弦节点处,左右对称,绑扎中心(即各支吊索的合力作用点)必须高于屋架重心,使屋架起吊基本保持水平,不晃动、不倾翻。吊索水平线的夹角不宜小于 45°,以免屋架承受过大的横向压力,必要时可采用横吊梁。屋架的绑扎如图 11.33 所示。

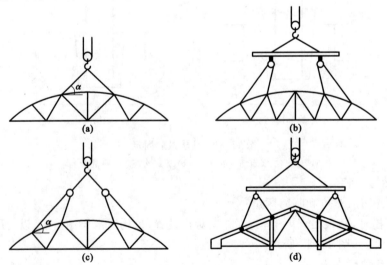

图 11.33 屋架的绑扎

(a)屋架跨度小于或等于 18 m 时;(b)屋架跨度大于 18 m 时;(c)屋架跨度大于或等于 30 m 时;(d)三角形组合屋架

（2）屋架的吊升、对位与临时固定

屋架的吊升是将屋架吊离地面约 300 mm，然后将屋架转至安装位置下方，再将屋架吊升至柱顶上方约 300 mm 后，缓缓放至柱顶进行对位。屋架对位后应立即进行临时固定。

（3）屋架的校正及最后固定

屋架垂直度的检查与校正方法是在屋架上弦安装 3 个卡尺，一个安装在屋架上弦中点附近，另两个安装在屋架两端。屋架垂直度的校正可通过转动工具式支撑（图 11.34）的螺栓加以纠正，并垫入斜垫铁。屋架校正后应立即电焊固定。

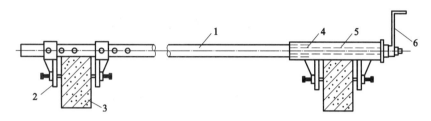

图 11.34　工具式支撑的构造

1—钢管；2—撑脚；3—屋架上弦；4—螺母；5—螺杆；6—摇把

4. 天窗架及屋面板的吊装

天窗架常采用单独吊装；也可与屋架拼装成整体同时吊装，以减少高空作业，但对起重机的起重量和起重高度要求较高。天窗架单独吊装时，需待两侧屋面板安装后进行，并应用工具式夹具或绑扎圆木进行临时加固，如图 11.35 所示。

屋面板的吊装一般多采用一钩多块叠吊或平吊法（图 11.36），以发挥起重机的效能，提高生产率。吊装顺序应由两边檐口左右对称逐块吊向屋脊，避免屋架承受半跨荷载。屋面板对位后，应立即焊接牢固，并应保证有 3 个角点焊接。

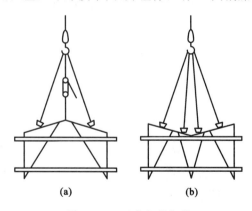

图 11.35　天窗架的绑扎

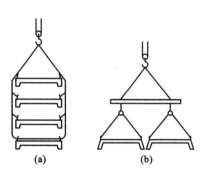

图 11.36　屋面板吊装

（a）多块叠吊；（b）多块平吊

项目12 钢网架结构安装

12.1 网架结构的组件及优点

网架结构是由多根杆件按照某种有规律的几何图形通过节点连接起来的空间结构。

12.1.1 网架结构的组件

1. 网架结构的杆件

网架结构的杆件主要采用圆钢管,常用的钢管规格有:$\phi48\times3.5$、$\phi60\times3.5$、$\phi75.5\times3.75$、$\phi88.5\times4$、$\phi114\times4$、$\phi140\times4.5$、$\phi159\times10$、$\phi159\times12$、$\phi165\times4.5$、$\phi180\times14$ 等。

2. 网架结构的特点

网架结构的形式很多,有焊接钢板节点、焊接空心球节点、螺栓球节点、直接相贯节点和接钢管节点等。

螺栓球节点是我国应用较早且应用最为广泛的节点形式之一,它由螺栓、钢球、销子(或螺钉)、套筒和锥头或封板等零件组成,如图12.1所示,这种节点适用于钢管连接。在螺栓球球体的同一个坐标平面内,若每个螺栓孔夹角为45°,则整个球可有18个孔。采用这种螺栓球进行组合相当灵活,既适用于一般的网架结构,也适用于任何形式的空间桁架结构。此外,对于双层网壳结构、塔架、平台和脚手架等也都可以采用螺栓球节点。目前我国螺栓球节点网架的杆件内力,最大拉力值一般可达到 70 t,最大悬挂吊车约为 5 t。

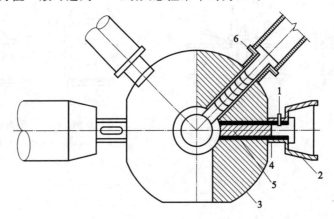

图 12.1 螺栓球节点

1—销子;2—锥头;3—钢球;4—套筒;5—螺栓;6—封板

螺栓球节点网架的杆件长度一般为 2~3 m,包装简单,可以用集装箱运输,也可运到运输条件差的地方;同时因为这种节点没有现场焊接,安装比较方便,不产生焊接变形和焊接应力,没有节点偏心,受力状态好;螺栓球节点因为能够在工厂生产,产品质量容易保证,也可减少施工现场作业量,大大加快建设速度。

12.1.2 网架结构的优点

(1) 空间工作传力途径简捷,是一种较好的大跨度、大柱网屋盖结构。

(2) 质量轻,经济指标好。与同等跨度的平面钢屋架相比,当跨度在 30 m 以下时,可节省用钢量 5%～10%;当跨度在 30 m 以上时,可节省用钢量 10%～20%;当跨度在 50 m 以上时,可节省的用钢量更多。

(3) 刚度大,抗震性能好。1976 年唐山大地震后,京津地区的大中跨度网架,如首都体育馆、北京国际俱乐部等网架屋盖,经检查都未发现任何损坏。

(4) 施工安装简便。网架杆件和节点比较单一,尺寸不大,储存、装卸、运输、拼装都比较方便。

(5) 网架杆件和节点便于定型化、商品化,可在工厂中成批生产,有利于提高生产效率。

(6) 网架的平面布置灵活,屋盖平垫有利于吊顶、安装管道和设备。网架的建筑造型轻巧、美观、大方,便于建筑处理和装饰,为广大建筑设计人员所乐于选用。

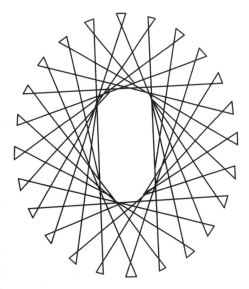

图 12.2　鸟巢网架平面图

中国国家体育场鸟巢是目前世界上最大跨度的网架结构,由瑞士赫尔佐格-德梅隆建筑事务所与中国建筑设计研究院联合设计,其屋盖主体结构是两向不规则斜交的平面桁架系组成的约为 340 m×290 m 的椭圆平面网架结构。网架外形呈微弯形双曲抛物面,周边支承在不等高的 24 根立体桁架柱上,每榀桁架与约为 140 m×70 m 的长椭圆内环相切或接近相切。鸟巢网架平面图如图 12.2 所示。

12.2　钢网架结构拼装的施工原则

(1) 合理分割,即把网架根据实际情况合理地分割成各种单元体,使其经济地拼成整个网架。可有以下几种方案:

① 直接由单根杆件、单个节点总拼成网架。

② 由小拼单元总拼成网架。

③ 由小拼单元拼成中拼单元,总拼成网架。

(2) 尽可能多地争取在工厂或预制场地焊接,尽量减少高空作业量,因为这样可以充分利用起重设备将网架单元翻身而能较多地进行平焊。

(3) 节点尽量不单独在高空就位,而是和杆件连接在一起拼装,在高空仅安装杆件。

12.3　钢网架结构安装施工

12.3.1　钢网架拼装作业准备

拼装场地应平整,必要时应经过压实。拼装场地的面积应与拼装构件的尺寸和数量相适应,应做好拼装场地的安全措施、防火措施、排水措施。拼装前应对拼装胎具进行检测,防止胎位移动和变形。拼装胎位应留出适当的焊接变形余量,防止拼装杆件变形。

12.3.2　钢网架结构安装施工方法

1. 高空散装法

高空散装法是指小拼单元或散件(单根杆件及单个节点)直接在设计位置进行总拼的方法,分全支架法(即搭设满堂脚手架)和悬挑法两种。全支架法可将杆件和节点件在支架上总拼或以各网格为小拼单元在高空总拼;悬挑法是为了节省支架,将部分网架悬挑。高空散装法适用于非焊接连接(螺栓球节点或高强螺栓连接)的各种类型网架安装,在大型的焊接连接网架安装施工中也有采用。

高空散装法的施工顺序为:支撑架搭设→网架结构的安装→支撑架的拆除,如图 12.3 所示。

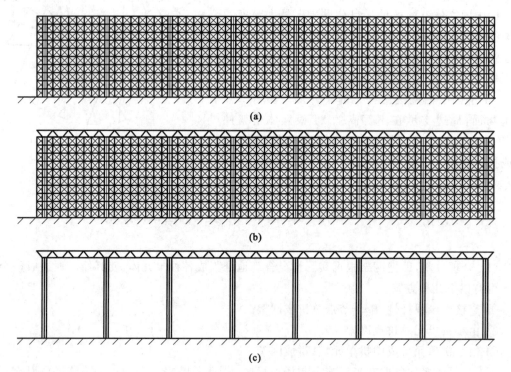

图 12.3　高空散装法施工顺序

(a) 支撑架搭设;(b) 网架结构的安装;(c) 支撑架的拆除

2. 分条或分块安装法

将网架分割成若干条状或块状单元,每个条(块)状单元在地面拼装后,再由起重机吊装到设计位置总拼成整体,此法称分条(分块)安装法,如图 12.4 所示。由于条(块)状单元是在地面拼装,因而高空作业量较高空散装法大为减少,拼装支架也减少很多,又能充分利用现有起重设备,故较为经济。分条或分块安装适用于网架分割后的条(块)状单元刚度较大的各类中小型网架,如两向正交正放四角锥、正放抽空四角锥等网架。

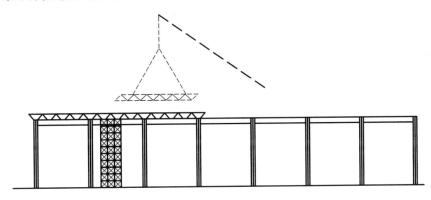

图 12.4　分条(分块)安装法

3. 高空滑移法

高空滑移法是将网架条状单元在建筑物上事先设置的滑轨上由一端滑移到另一端,就位后总拼成整体的安装方法,其施工过程如图 12.5 所示。此条状单元可以在地面拼成后用起重机吊至支架上,在设备能力不足时也可用小拼单元甚至散件在高空拼装平台上拼成条状单元。滑移时滑移单元应保证成为几何不变体系。高空滑移法适用于正放四角锥、正放抽空四角锥、两向正交正放四角锥等网架。

4. 整体吊装法

将网架在地面总拼成整体后,用起重设备将其吊装至设计位置的方法称为整体吊装法。用整体吊装法安装网架时,可以就地与柱错位总拼或在场外总拼,此法适用于各种网架,更适用于焊接连接网架(因地面总拼易于保证焊接质量和几何尺寸的准确性)。其缺点是需要较大的起重能力。整体吊装法大致上可分为桅杆吊装法和多机抬吊法两类。当用桅杆吊装时,由于桅杆机动性差,网架只能就地与柱错位总拼,待刚架抬吊至高空后,再进行旋转或平移至设计位置。由于桅杆的起重量大,故大型网架多用此法,但需大量的钢丝绳、大型卷扬机及劳动力,因而成本较高。如用多根中小型钢管桅杆整体吊装网架,则成本较低。此法适用于各类型的网架。

5. 整体提升法

将网架在地面就位拼成整体,用起重设备垂直地将网架整体提升至设计标高并固定的方法,称为整体提升法,其施工过程如图 12.6 所示。提升时可利用结构柱作为提升网架的临时支撑结构,也可另设格构式提升架或钢管支柱。提升设备可用千斤顶或升板机,此法适用于周边支撑及多点支撑网架。

6. 整体顶升法

将网架在地面就位拼成整体,用起重设备垂直地将网架整体顶升至设计标高并固定的方法,称为整体顶升法。顶升的概念是千斤顶位于网架之下,一般是利用结构柱作为网架顶升的临时支撑结构。此法适用于周边支撑及多点支撑的大跨度网架。

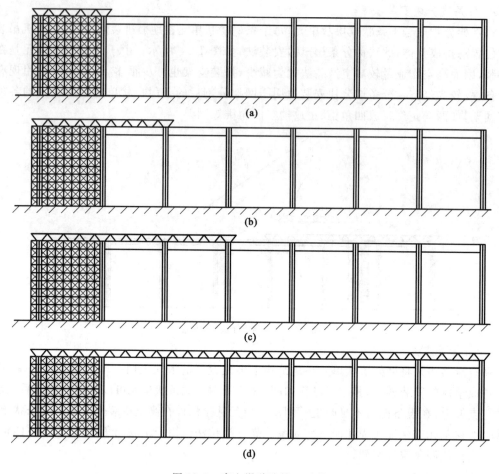

图 12.5　高空滑移法施工过程

(a) 支架搭设并安装第一块单元;(b) 第一块单元移动,第二块单元安装并连接第一块单元;

(c) 第一、二块单元滑动,第三块单元安装并连接第一、二块单元;(d) 最后一块单元安装并连接前面的单元

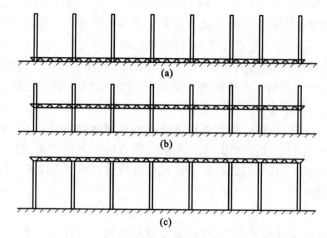

图 12.6　整体提升法施工过程

(a) 地面组装;(b) 提升途中;(c) 提升完毕

12.3.3 安装屋面檩条

网架结构的屋面系统中檩条布置在网架节点上,受网架网格大小限制,檩条的檩距一般为 1.5～3 m,跨度一般只有 3～6 m。目前,网架结构中使用的檩条大多为冷弯薄壁型钢檩条。

12.3.4 安装屋面板

网架结构的屋面板一般宜选用具有轻质、高强、耐久、保温、隔热、隔声、抗震及防水等性能的建筑材料,同时要求材料构造简单、施工方便,并能工业化生产。网架采用的屋面材料主要有彩色压型钢板、铝塑复合板、纯铝板、铝镁锰板、不锈钢板、夹胶玻璃及阳光板等,当前应用最为广泛的是彩色压型钢板。

项目 13　屋面防水工程

13.1　屋面工程防水等级及设防要求

屋面工程应根据建筑物的性质、重要程度、使用功能以及防水层合理使用年限，按不同等级进行设防，具体要求见表 13.1。

表 13.1　屋面防水等级和设防要求

项目	屋面防水等级			
	Ⅰ级	Ⅱ级	Ⅲ级	Ⅳ级
建筑物类别	特别重要或对防水有特殊要求的建筑	重要建筑和高层建筑	一般建筑	非永久性建筑
防水层合理使用年限	20 年	15 年	10 年	5 年
防水层选用材料	宜选用合成高分子防水卷材、高聚物改性沥青防水卷材、金属板材、合成高分子防水涂料、细石混凝土等材料	宜选用高聚物改性沥青防水卷材、合成高分子防水卷材、金属板材、合成高分子防水涂料、高聚物改性沥青防水涂料、细石混凝土、平瓦、油毡瓦等材料	宜选用三毡四油沥青防水卷材、高聚物改性沥青防水卷材、合成高分子防水卷材、金属板材、高聚物改性沥青防水涂料、合成高分子防水涂料、细石混凝土、平瓦、油毡瓦等材料	可选用二毡三油沥青防水卷材、高聚物改性沥青防水涂料等材料
设防要求	三道或三道以上防水设防	二道防水设防	一道防水设防	一道防水设防

13.2　卷材防水屋面

卷材防水屋面适用于防水等级为Ⅰ～Ⅳ级的屋面防水，具有质量轻、防水性能好的优点，其防水层柔性好，能适用一定程度的结构震动和胀缩变形。不同建筑防水等级使用卷材材料品种及厚度限值参见表 13.2。

表 13.2　不同建筑防水等级使用卷材材料品种及厚度限值(mm)

材料类别	Ⅰ级	Ⅱ级	Ⅲ级	Ⅳ级
合成高分子防水卷材	不应小于1.5	不应小于1.2	不应小于1.2	—
高聚物改性沥青防水卷材	不应小于3.0	不应小于3.0	不应小于4.0	—
沥青防水卷材和沥青复合胎柔性防水卷材	—	—	三毡四油	二毡三油
自粘聚酯胎改性沥青防水卷材	不应小于2.0	不应小于2.0	不应小于3.0	—
自粘橡胶沥青防水卷材	不应小于1.5	不应小于1.5	不应小于2	—

卷材屋面根据是否保温分为不保温卷材屋面和保温卷材屋面,保温卷材屋面根据保温层和防水层的关系可分为普通保温卷材屋面和倒置式保温卷材防水屋面(保温层设置在防水层上面)。卷材防水屋面构造如图 13.1 所示。各构造层技术要求如下:

结构层宜采用整体现浇钢筋混凝土结构。如采用预制屋面板时,板缝用强度等级大于 C20 的微膨胀细石混凝土灌缝。当板缝大于 40 mm 或上窄下宽时,缝中放置 $\phi12\sim\phi14$ 构造钢筋;当板刚度较差时,板面应加做配筋细石混凝土整浇层。

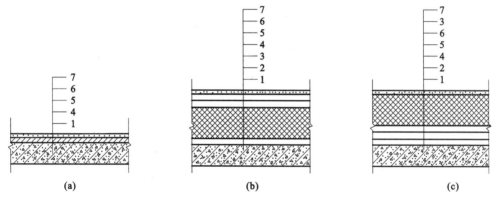

图 13.1　卷材屋面构造
(a) 不保温卷材屋面;(b) 保温卷材屋面;(c) 倒置式保温屋面
1—结构层;2—隔气层;3—保温层;4—找平层;5—基层处理剂;6—防水层;7—保护层

隔气层应采用防水涂料或防水卷材空铺。当采用沥青防水涂料时,其耐热度应比内、外最高温度高出 20～25 ℃。

隔热层常采用架空隔热层、蓄水屋面、种植屋面等三种形式。

架空隔热层的高度应按照屋面宽度或坡度确定。如设计无要求,一般以 100～300 mm 为宜。当屋面宽度大于 10 m 时,应设置通风屋脊。架空隔热制品支座底面的卷材、涂膜防水层上应采取加强措施。

蓄水屋面应采用刚性防水层或在卷材、涂膜防水层上面再做刚性防水层,防水层应采用耐腐蚀、耐霉烂、耐穿刺性能好的材料。蓄水屋面应划分为若干蓄水区,每区的边长不宜大于 10 m,在变形缝的两侧应分成两个互不连通的蓄水区;长度超过 40 m 的蓄水屋面应做横向伸缩缝一道。蓄水屋面应设置人行通道。蓄水屋面所设排水管、溢水口和给水管等,应在防水层施工前安装完毕。每个蓄水区的防水混凝土应一次浇筑完毕,不得留施工缝。

种植屋面的防水层应采用耐腐蚀、耐霉烂、耐穿刺性能好的材料。种植屋面采用卷材防水层时,上部应设置细石混凝土保护层。种植屋面应有 $1\%\sim3\%$ 的坡度。种植屋面四周应设挡墙,挡墙下部应设泄水孔,孔内侧放置疏水粗细骨料。种植覆盖层的施工应避免损坏防水层。

其他构造层,分节详细阐述。

13.2.1 保温层施工

屋面保温层可采用松散材料保温层、板状保温层和整体保温层等。

1. 松散材料、板状材料保温层施工

(1)松散保温材料主要有工业矿渣、膨胀蛭石及膨胀珍珠岩等,其质量应符合表 13.3 要求。

表 13.3 松散保温材料质量要求

项目	膨胀蛭石	膨胀珍珠岩	工业矿渣
粒径(mm)	3~15	$\geqslant0.15$,<0.15 的含量不大于 8%	5~40,不得含有石块、土块、重矿渣和未燃尽的煤渣
堆积密度(kg/m³)	≤300	≤120	500~800
导热系数[W/(m·K)]	≤0.14	≤0.07	0.16~0.25

(2)板状保温材料质量应符合表 13.4 的规定。

表 13.4 板状保温材料质量要求

项目	聚苯乙烯泡沫塑料类		硬质聚氨酯泡沫塑料	泡沫玻璃	微孔混凝土类	膨胀蛭石(珍珠岩)制品
	挤压	模压				
表观密度(kg/m³)	≥32	15~30	≥30	≥150	500~700	300~800
导热系数[W/(m·K)]	≤0.03	≤0.041	≤0.027	≤0.062	≤0.22	≤0.26
抗压强度(MPa)	—	—	—	≥0.4	≥0.4	≥0.3
在 10% 形变下的压缩应力(MPa)	≥0.15	≥0.06	≥0.15	—	—	—
70 ℃,48 h 后尺寸变化率(%)	≤2.0	≤5.0	≤5.0	≤0.5	—	—
吸水率(体积比,%)	≤1.5	≤6	≤3	≤0.5	—	—
外观质量	板的外形基本平整,无严重凹凸不平;厚度允许偏差为 5%,且不大于 4 mm					

(3)松散材料、板状保温层施工工艺

基层清理→管根堵孔、固定→弹线找坡度→铺设隔气层→保温层铺撒(设)→拍(刮)平→填补板缝→检查验收→抹找平层。

(4)松散材料、板状保温层施工质量要求

① 松散材料保温层施工应符合下列规定:

a. 基层应平整、干燥和干净;

b. 保温层含水率应符合设计要求;

c. 松散保温材料应分层铺设并压实,压实的程度与厚度应经试验确定;

d. 保温层施工完成后,应及时进行找平层和防水层的施工。雨季施工时,保温层应采取遮盖措施。

224

② 板状材料保温层施工应符合下列规定：

a. 基层应平整、干燥和干净；

b. 板状保温材料应紧靠在需保温的基层表面上，并应铺平垫稳；

c. 分层铺设的板块上下层接缝应相互错开，板间缝隙应采用同类材料嵌填密实；

d. 粘贴的板状保温材料应贴严、粘牢。

2. 整体保温层施工

整体保温层通常有水泥膨胀蛭石、水泥膨胀珍珠岩、沥青膨胀蛭石、沥青膨胀珍珠岩、硬质聚氨酯泡沫塑料等。

（1）整体保温层施工工艺

基层清理→管根堵孔、固定→弹线找坡度→铺设隔气层→现浇（喷）保温层→检查验收→抹找平层。

（2）整体保温层施工质量要求

① 水泥膨胀蛭石、水泥膨胀珍珠岩宜采用人工搅拌，并应拌和均匀，随拌随铺；虚铺厚度应根据试验确定，铺后拍实抹平至设计厚度。压实抹平后应立即抹找平层。

② 沥青膨胀蛭石、沥青膨胀珍珠岩宜用机械搅拌，并应色泽一致，无沥青团；压实程度根据试验确定，其厚度应符合设计要求，表面应平整。

③ 硬质聚氨酯泡沫塑料应按配比准确计量，发泡厚度均匀一致。

13.2.2 找平层施工

屋面找平层直接铺抹在结构层或保温层、找坡层上，屋面找平层按所用材料不同，可分为水泥砂浆找平层、细石混凝土找平层和沥青砂浆找平层。找平层应符合表 13.5 的要求。

表 13.5 找平层厚度和技术要求

类别	基层种类	厚度（mm）	技术要求
水泥砂浆找平层	整体混凝土	15～20	1：2.5～1：3（水泥：砂）体积比，水泥强度等级不低于32.5级
	整体或板状材料保温层	20～25	
	装配式混凝土板，松散材料保温层	20～30	
细石混凝土找平层	松散材料保温层	30～35	混凝土强度等级不低于 C20
沥青砂浆找平层	整体混凝土	15～20	1：8（沥青：砂）质量比
	装配式混凝土板，整体或板状材料保温层	20～25	

1. 施工工艺

（1）水泥砂浆和细石混凝土找平层施工工艺

基层清理验收→拉坡度线→做标准塌饼→嵌分格条→铺填砂浆或细石混凝土→刮平抹压→养护。

找平层施工前应对基层洒水湿润，并在铺浆前 1 h 刷素水泥浆一遍。找平层铺设按由远到近、由高到低的程序进行。在铺设时、初凝时和终凝前，均应抹平、压实，并检查平整度。

（2）沥青砂浆找平层施工工艺

基层清理验收→喷涂冷底子油→拉坡度线→嵌分格条→铺筑沥青砂浆→滚压密实平整。

冷底子油应均匀喷涂于洁净、干燥的基层上(1～2遍),沥青砂浆的虚铺厚度一般为压实厚度的1.3倍,刮平后滚压(局部用热烙铁烫压)至平整、密实、表面无蜂窝压痕为止。

2.施工质量

(1)水泥砂浆、细石混凝土或沥青砂浆的材料、配合比必须符合设计的规定和要求。

(2)找平层宜留设分格缝,并嵌填密封材料。分格缝应留设在板端缝处,其纵横缝的最大间距:水泥砂浆或细石混凝土找平层不宜大于6 m;沥青砂浆找平层不宜大于4 m。

(3)找平层的排水坡度应符合设计要求。平屋面采用结构找坡不应小于3‰,采用材料找坡宜为2‰;天沟、檐沟纵向找坡不应小于1‰,沟底水落差不得超过200 mm。

(4)找平层表面应平整,用2 m直尺检查,找平层与直尺间的空隙不应超过5 mm,空隙仅允许平缓变化,每米长度内不得多于一处。

(5)基层与凸出屋面结构(女儿墙、山墙、天窗壁、变形缝、烟囱等)的交接处和基层的转角处(如水落口、天沟、檐沟、屋脊等),均应做成圆弧,圆弧半径与基层种类有关,沥青防水卷材宜为100～150 mm,高聚物改性沥青防水卷材宜为50 mm,高分子防水卷材宜为30 mm。内部排水的水落口周围,找平层应做成略低的凹坑。

(6)水泥砂浆、细石混凝土找平层应平整、压光,不得有酥松、起砂、起皮现象;沥青砂浆找平层不得有拌和不匀、蜂窝现象。

13.2.3 卷材防水层施工

1.施工准备

(1)组织准备

屋面工程的防水层应委托具有资质的防水专业队伍进行施工,作业人员应持证上岗。防水层施工前,应按规定程序将施工企业的资质、业绩,作业人员的上岗证报监理审查,审查合格后方可进场施工。

(2)技术准备

施工前,施工单位应进行图纸会审,并形成会审纪要;应编制屋面工程施工方案或技术措施,并按规定程序报监理审批后实施;应严格按照三级交底制度进行交底。

(3)机具准备

准备好运输、熬制、刷油、清扫、铺贴卷材等施工操作中各种必备的工具、用具。施工机具应清洗干净、运转良好,现场应配有干粉灭火器、砂包等消防器材。

(4)材料准备

防水卷材、基层处理剂、胶结剂等材料进场前,应首先检查出厂质量证明书、试验报告和建筑防水材料产品准用证等质保资料,并按检验批进行规格尺寸和外观质量检验,全部指标达到标准规定时,即为合格。其中如有一项指标达不到要求,应在受检产品中加倍取样复检,全部达到标准规定为合格;复检时有一项指标不合格,则判定该产品外观质量为不合格。检验合格后方可进场。防水卷材进场后应按见证取样规定抽取试样,送委托的实验室制取试件进行物理性能试验,物理性能试验合格后,才能在屋面工程中使用。

防水卷材的抽样数量应符合下列规定:大于1000卷抽5卷,500～1000卷抽4卷,100～499卷抽3卷,100卷以下抽2卷;石油沥青同一批至少抽样一次;沥青玛璃脂每工作班至少抽样一次。

2. 卷材防水屋面施工

（1）施工工艺

检查验收基层→涂刷基层处理剂→测量放线→铺贴附加层→铺贴卷材防水层→淋（蓄）水试验→铺设保护层。

（2）卷材施工的一般要求

① 基层处理

铺设屋面防水层前，基层必须干净、干燥。干燥程度的简易检验方法是：将 1 m² 卷材平坦地干铺在找平层上，静置 3～4 h 后掀开检查，找平层覆盖部位与卷材上未见水印即可铺设。

基层处理剂可采用喷涂法或涂刷法施工。基层处理剂干燥后方可进行卷材铺贴。

② 铺贴顺序应先高跨后低跨；先细部节点后大面；由檐向脊，由远及近。

③ 铺设方向应根据屋面坡度、防水卷材种类而定。沥青防水卷材或高聚物改性沥青防水卷材：当屋面坡度小于 3% 时平行于屋脊铺贴；当屋面坡度大于 15% 或屋面有振动时垂直于屋脊铺贴；当屋面坡度在 3%～15% 之间时，既可平行于屋脊，又可垂直于屋脊。高分子防水卷材：当屋面坡度小于 3% 时平行于屋脊铺贴；当屋面坡度大于 3% 或屋面有振动时既可垂直于屋脊，也可平行于屋脊铺贴；当屋面坡度大于 25% 时，卷材搭接缝处应有固定措施（如钉钉或钉压条等），以防止下滑，并将固定点密封严密；平行于屋脊的搭接缝应顺水流方向搭接，垂直于屋脊的搭接缝应顺主导风向搭接。

④ 搭接法铺贴卷材时，上下层及相邻两幅卷材的搭接缝应错开。各种卷材搭接宽度应符合表 13.6 的要求。

表 13.6　卷材搭接宽度（mm）

卷材种类	铺贴方法	短边搭接		长边搭接	
		满粘法	空铺、点粘、条粘法	满粘法	空铺、点粘、条粘法
沥青防水卷材		100	150	70	100
高聚物改性沥青防水卷材		80	100	80	100
自粘聚合物改性沥青防水卷材		60	—	60	—
合成高分子防水卷材	胶粘剂	80	100	80	100
	胶粘带	50	60	50	60
	单缝焊	60，有效焊缝宽度不小于 25			
	双缝焊	80，有效焊缝宽度为 10×2+空腔宽			

⑤ 沥青卷材防水层施工环境气温不低于 5 ℃；高聚物改性沥青防水卷材防水层施工环境气温冷粘法不低于 5 ℃、热熔法不低于 －10 ℃；合成高分子防水卷材防水层施工环境气温冷粘法不低于 5 ℃、热风焊接法不低于 －10 ℃。

（3）附加层施工

铺贴卷材防水屋面时，檐口、天沟、山墙、变形缝、天窗壁、板缝、泛水和雨水管等部位的卷材应仔细按次序铺贴，并应加铺 1～2 层卷材附加层。铺设应由低到高使卷材按流水方向搭接铺贴、压实，表面平整，每铺完一层立即检查，发现有皱纹、开裂、粘结不牢不实、起泡等缺陷，应立即割开，浇灌严实后加贴一层卷材盖住。其做法见图 13.2～图 13.10。

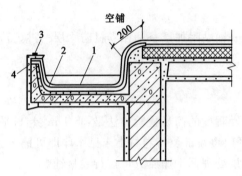

图 13.2　檐沟卷材铺设

1—防水层；2—附加层；3—水泥钉；4—密封材料

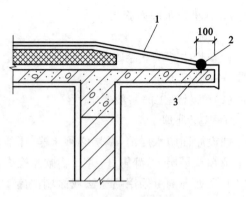

图 13.3　无组织排水檐口构造

1—防水层；2—密封材料；3—水泥钉

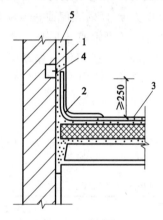

图 13.4　砖墙卷材泛水收头

1—密封材料；2—附加层；3—防水层；

4—水泥钉；5—防水处理

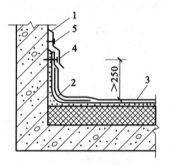

图 13.5　混凝土墙卷材泛水收头

1—密封材料；2—附加层；3—防水层；

4—金属或合成高分子盖板；5—水泥钉

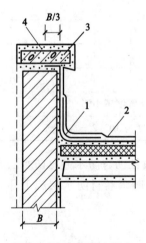

图 13.6　卷材泛水收头

1—附加层；2—防水层；3—压顶；4—防水处理

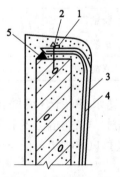

图 13.7　檐沟卷材收头

1—钢压条；2—水泥钉；3—防水层；4—附加层；5—密封材料

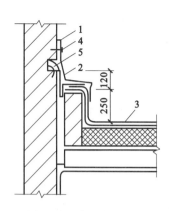

图 13.8　高低跨变形缝

1—密封材料;2—金属或高分子盖板;3—防水层;

4—金属压条钉子固定;5—水泥钉

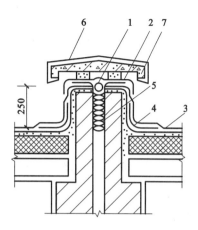

图 13.9　变形缝防水构造

1—衬垫材料;2—卷材盖板;3—防水层;4—附加层;

5—沥青麻丝;6—水泥砂浆;7—混凝土盖板

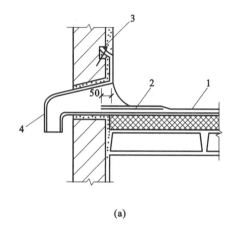

(a)

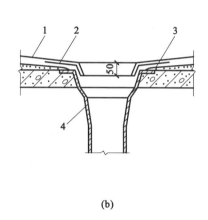

(b)

图 13.10　水落口构造

(a) 横式水落口;(b) 直式水落口

1—防水层;2—附加层;3—密封材料;4—水落口

（4）卷材防水层的粘结方法

卷材与基层的粘结方法有满粘法、空铺法、点粘法、条粘法。

① 满粘法（又称全粘法）　铺贴防水卷材时,卷材与基层采用全部粘结的施工方法。其优点是可提高防水性能;缺点是若找平层温度较高或屋面变形较大时,防水层易起鼓、开裂。适用于屋面面积较小、找平层干燥、屋面坡度较大或常有大风吹袭的屋面。

② 空铺法　铺贴防水卷材时,卷材与基层在周边一定宽度内粘结,其余部分不粘结的施工方法。但在檐口、屋脊和屋面转角处及凸出屋面的连接处,卷材与找平层应满粘,其粘结宽度不小于 800 mm。卷材与卷材搭接缝应满粘。叠层铺贴时,卷材与卷材之间应满粘。其优点是能减小基层变形对防水层的影响,有利于解决防水层起鼓、开裂;缺点是防水层一旦渗漏,水会在防水层下窜流而不易找到漏点。适于基层有较大变形、振动的屋面,或湿度大、找平层水汽难以由排气道排出的屋面或用于压埋法施工的屋面;但沿海大风地区不宜采用。

③ 点粘法　铺贴防水卷材时,卷材或打孔卷材与基层采用点状粘结的施工方法。要求粘

229

结5点/m²,每点面积为 100 mm×100 mm,卷材之间仍满粘。其优点是防水层适应基层变形的能力大;缺点是操作比较复杂。适用于排汽屋面或基层有较大变形的屋面。

④ 条粘法　铺贴防水卷材时,卷材与基层采用条状粘结的施工方法。每幅卷材与基层粘结面不少于两条,每条宽度不小于 150 mm;卷材与卷材搭接缝应满粘,叠层铺贴也满粘。其优点是防水层适应基层的变形能力大,有利于防止卷材起鼓、开裂;缺点是操作比较复杂,部分地方减少一油,影响防水功能。

(5) 沥青卷材防水层施工

沥青卷材常采用热粘法和冷粘法施工。

① 热粘法施工要点

a. 配制玛琋脂　玛琋脂的标号应视使用条件、屋面坡度和当地历年极端最高气温选定,其性能应符合要求。现场配制的玛琋脂配合比应由试验根据所用原材料试配后确定,在施工中按确定的配合比严格配料。熬制好的玛琋脂尽可能在本工作班内用完,当不能用完时应与新熬制的分批混合使用。必要时做性能检验。

b. 铺贴卷材　应采用搭接法,上下层及相邻两幅卷材的搭接缝应错开,其搭接顺序、搭接宽度应符合要求。浇涂玛琋脂时,每层玛琋脂的厚度宜控制在 1～1.5 mm,面层玛琋脂厚度宜为 2～3 mm。施工过程中还应注意玛琋脂的保温,并有专人进行搅拌,以防在油桶、油壶内发生胶凝、沉淀。

铺贴时两手按住卷材,均匀地用力将卷材向前推滚,使卷材与下层紧密粘结、碾平、压实,避免斜铺、扭曲,同时应将挤出的多余的玛琋脂及时刮去,仔细压紧、刮平,赶出气泡封严。如发现铺好的卷材出现气泡、空鼓或翘边等情况,可用小刀将卷材划破,再用玛琋脂贴紧、封死、赶平,最后在上面加贴一块卷材将缝盖住。

每铺完一段屋面卷材,经检查合格,应及时做保护层。

② 冷粘法施工要点

冷粘法施工方法和要求与热粘法基本相同,不同之处在于:

铺贴宜用刮油法。冷玛琋脂使用时应搅拌均匀。将冷玛琋脂倒在基层上,用刮板按弹线部位摊刮,厚度为 0.5～1.0 mm,面层玛琋脂厚度宜为 1～1.5 mm,宽度与卷材宽度相同,涂层要均匀,然后将卷材端部与冷玛琋脂粘牢,随即双手用力向前滚铺,铺后用压辊或压板压实,将气泡赶出。

在平面与立面交接处,应分别在卷材和基层上同时薄刮玛琋脂,隔 10～20 min 再粘贴卷材,并用刮板自上下两面往圆角中部挤压,并将上部钉牢在预埋的木条上。

(6) 高聚物改性沥青防水卷材防水层施工

改性沥青卷材依据其品种不同,可采用热熔法、冷粘法、自粘法施工。

① 热溶法施工要点

铺前先清理基层上的隆起异物和表面灰尘,涂刷基层处理剂(一般采用溶剂型改性沥青涂料或橡胶改性沥青胶结料),要求涂刷均匀,厚薄一致,待干燥后,按设计节点构造图做好节点增强处理,干燥后再按规范要求排布卷材定位、画线、弹出基准线。

热熔粘贴卷材时应平整顺直,搭接尺寸准确,不得扭曲,先将下层卷材表面的隔离纸烧掉,将卷材沥青膜底面朝下,对正粉线,用火焰喷枪对准卷材与基层的接口同时加热卷材与基层。喷枪头距加热面 50～100 mm,当烘烤到沥青熔化、卷材表面熔融至光亮黑色,应立即滚铺卷材,并用胶皮压辊滚压密实,排除卷材下面的空气,粘结牢固。边烘烤边推压,当端头只剩下300 mm左右时,将卷材翻放于隔板上加热,同时加热基层表面,粘贴卷材并压实。

卷材搭接时,先熔烧下层卷材上表面搭接宽度内的防粘隔离层,待溢出热熔的改性沥青后应随即刮封接口,其操作方法与卷材和基层的粘结相同。

② 冷粘法施工要点

铺贴时,先在构造节点部位及周边200 mm范围内均匀涂刷一层厚度不小于1 mm的弹性沥青胶粘剂,随即粘贴一层聚酯纤维无纺布,并在布上再涂一层1 mm厚的胶粘剂,构造成无接缝的增强层。

基层胶粘剂的涂刷可用胶皮刮板进行,要求涂刷均匀,不漏底、不堆积,厚度约为0.5 mm。采用空铺法、条粘法、点粘法应按规定的位置和面积涂刷胶粘剂。

胶粘剂涂刷后,应根据其性能控制涂刷与铺贴的间隔时间。平面与立面交接处,则先粘贴好平面,经过转角,由下往上粘贴卷材,粘贴时切勿拉紧,要轻轻沿转角压紧压实,再往上粘贴,同时排出空气,最后用手持压辊滚压密实,滚压时要从上往下进行,使之粘结牢固。

卷材铺贴应做到平整顺直,搭接尺寸准确,不得扭曲、皱折。搭接部位的接缝应涂满胶粘剂,滚压粘结密实,溢出的胶粘剂随即刮平封口。

卷材铺好与基层压粘后,应将搭接部位的结合面清除干净,然后采用油漆刷均匀涂刷接缝胶粘剂,不得出现露底、堆积现象。搭接缝全部粘贴后,缝口要用密封材料封严,密封时用刮刀沿缝刮涂,不能留有缺口,密封宽度不应小于10 mm。

③ 自粘法施工要点

清理基层,涂刷基层处理剂(稀释的乳化沥青或其他沥青防水涂料),节点附加增强处理、定位、弹基准线等工序均同冷粘法和热熔法铺贴卷材。

铺贴时,应按基准线的位置,缓缓剥开卷材背面的防粘隔离纸,将卷材直接粘贴于基层上,随撕随铺。卷材应保持自然松弛状态,不得拉得过紧或过松,不得折皱。每铺好一段卷材,应立即用胶皮辊压实粘牢。

卷材搭接部位宜用热风枪加热,加热后随即粘贴牢固,溢出的自粘胶随即刮平封口。

铺贴立面、大坡面卷材时,应采取加热后粘贴牢固。大面卷材铺贴完毕,所有卷材接缝处应用密封膏封严,宽度不应小于10 mm。

采用浅色涂料作保护层时,应待卷材铺贴完成,并经检验合格,清扫干净后涂刷。涂层应与卷材粘结牢固,厚薄均匀,避免漏涂。

(7) 合成高分子防水卷材防水层施工

合成高分子防水卷材依据其品种不同,可采用自粘法、冷粘法、热风焊接法施工。

自粘法的施工要点与高聚物改性沥青卷材要求基本相同,但对其搭接缝不能采用热风焊接的方法。

① 冷粘法施工要点

a. 涂刷胶粘剂:基层按弹线位置涂刷,要求涂刷均匀,切忌在一处反复涂刷,以免将底胶"咬起"形成凝胶而影响质量。条粘法、点粘法按规定位置和面积涂刷胶粘剂;同时将卷材平铺于施工面旁的基层上,用湿布抹去浮灰,画出长边和短边各不涂刷胶粘剂的部位,然后均涂刷胶粘剂,涂刷按一个方向进行,厚薄均匀,不露底,不堆积。

b. 铺贴卷材:胶粘剂大多需待溶剂挥发一部分后才能铺贴,因此须控制好胶粘剂涂刷与卷材铺贴的间隔时间,一般要求涂刷的胶粘剂达到表干程度,通常为 10～30 min,施工时以指触不粘手即可。操作工人刷好胶粘剂并将达到间隔时间的卷材抬起,使刷涂面朝下,将始端粘贴在定位线部位,然后沿基准线向前粘,并随即用胶辊用力向前、向两侧滚压,排除空气,使二者粘贴牢固,注意粘贴过程中卷材不得拉伸。

c. 搭接缝粘结:卷材接缝宽度范围内(满粘法不小于 80 mm,其他不小于 100 mm)用油漆刷蘸满接缝专用胶粘剂涂刷在卷材接缝部位的两个粘结面上,待间隔一定时间(一般为 20～30 min),以指触不粘时即进行粘贴。粘贴从一端顺卷材长边方向至短边方向进行,用手持压辊滚压,使卷材粘牢。

其他要点同高聚物改性沥青卷材冷粘法施工。

② 热风焊接法施工要点

a. 铺放卷材:将卷材展开铺放在需铺贴的位置,按弹线位置调整对齐,搭接宽度应准确,铺放平整顺直,不得皱折,然后将卷材向后一半对折,这时使用滚刷在屋面基层和卷材底面均匀涂刷胶粘剂(搭接缝焊接部位切勿涂胶),不应漏涂露底,亦不应堆积过厚,待胶粘剂溶剂手触不粘时,即可将卷材铺放在屋面基层上,并使用压辊压实,排出卷材底空气。另一半卷材,重复上述工艺将卷材铺粘。

b. 搭接缝焊接:整个屋面卷材大面铺贴完毕后,将卷材焊缝处擦洗干净,用热风机将上、下两层卷材热粘,用砂轮打磨,然后用温控热焊机进行焊接。注意在焊接过程中,不能玷污焊条,焊缝处不得有漏焊、跳焊或焊接不牢(加温过低),也不得损害非焊接部位卷材。

c. 收头处理、密封:用水泥钉或膨胀螺栓固定铝合金压条,压牢卷材收头,并用厚度不小于 5 mm 的油膏层将其封严,然后用砂浆覆盖,直口坡度较大时应加设钢丝网。如有留槽部位,则可将卷材弯入槽内,加点固定,再用密封膏封闭,砂浆覆盖。

3. 卷材防水层质量要求

(1) 卷材防水层所用卷材及其配套材料,必须符合设计要求。检查出厂合格证、质量检验报告和现场抽样复验报告。

(2) 卷材防水层不得有渗漏或积水现象。应做淋水或蓄水试验。

(3) 卷材防水层在天沟、檐沟、檐口、水落口、泛水、变形缝和伸出屋面管道的防水构造,必须符合设计要求。观察检查和检查隐蔽工程验收记录。

(4) 卷材防水层的搭接缝应粘(焊)结牢固,密封严密,不得有皱折、翘边和鼓泡等缺陷;防水层的收头应与基层粘结并固定牢固,缝口封严,不得翘边。观察检查。

(5) 卷材防水层上的撒布材料和浅色涂料保护层应铺撒或涂刷均匀,粘结牢固;水泥砂浆、块材或细石混凝土保护层与卷材防水层间应设置隔离层;刚性保护层的分格缝留置应符合设计要求。观察检查。

(6) 卷材的铺贴方向应正确,卷材搭接宽度的允许偏差为 -10 mm。观察和尺量检查。

4. 保护层

卷材防水层上必须设置保护层,以延长防水层的合理使用年限。各种保护层的做法和适用范围见表 13.7。

表 13.7　保护层类型、要求、特点和适应范围

名称	具体要求	特　点	适用范围
涂膜保护层	在防水层上涂刷一层与卷材材性相容、粘结力强而又耐风化的浅色涂料	质轻、价廉、施工简便,但寿命短、耐久性差(3～5 年),抗外力冲击能力差	常用于非上人屋面
金属膜保护层	在防水卷材上用胶粘剂铺贴一层镀铝膜,或最上一层防水卷材直接用带铝箔覆面的防水卷材	质轻,反射热辐射、抗臭氧,但寿命较短(一般 5～8 年)	常用于非上人卷材防水屋面和大跨度屋面
粒料保护层	在用热玛瑞脂粘贴的沥青防水卷材上,铺一层粒径 3～5 mm、色浅、耐风化和颗粒均匀的绿豆砂。在用冷玛瑞脂粘贴的沥青防水卷材上铺一层色浅、耐风化的细砂	传统做法,材料易得,但因是散状材料,施工繁琐、粘结不牢、易脱落	常用于一般工业与民用建筑的石油沥青防水卷材屋面和高聚物改性沥青防水卷材屋面
云母、蛭石保护层	在用冷沥青玛瑞脂粘贴的沥青防水卷材上铺一层云母或蛭石等片状材料	有一定的反射作用,但强度低,易被雨水冲刷	只能用于冷玛瑞脂粘贴的沥青防水卷材非上人屋面
水泥砂浆保护层	在防水层上加铺一层厚 20 mm水泥砂浆(上人屋面应加厚),并应设表面分格缝,间距 1～1.5 m	价廉,效果较好,但可能会延长工期,表面易开裂	常用于工业与民用建筑非大跨度的上人或非上人屋面
细石混凝土保护层	在防水层上先做隔离层,然后再在其上浇筑一层 30～35 mm 厚的细石混凝土(宜掺微膨胀剂),分格缝间距不大于 6 m	可与刚性防水层合一,与卷材构成复合防水,保护效果优良,耐外力冲击性强,但荷载大,造价高,维修不便	不能用于大跨度屋面
块材保护层	在防水层上先做隔离层,然后铺砌块材(水泥方格砖、异形地砖、缸砖等),嵌缝	效果优良,耐久性好,耐穿刺,但荷载大,造价高,施工麻烦	用于非大跨度的上人屋面
卵石保护层	在防水层上铺 30～50 mm 厚、粒径 20～30 mm 的卵石	工艺简单,易于维修,但荷载较大	用于有女儿墙的空铺卷材屋面

13.3　涂膜防水屋面

涂膜防水屋面适用于防水等级为Ⅲ级、Ⅳ级的屋面防水,也可作为Ⅰ级、Ⅱ级屋面多道防水设防中的一道防水层。不同建筑防水等级、涂料品种使用的涂膜厚度值参见表 13.8。

表 13.8　不同建筑防水等级使用涂膜防水材料厚度值

屋面防水等级	高聚物改性沥青防水涂料	合成高分子防水涂料和聚合物水泥防水涂料
Ⅰ级	—	不应小于 1.5 mm
Ⅱ级	不应小于 3 mm	不应小于 1.5 mm
Ⅲ级	不应小于 3 mm	不应小于 1.2 mm
Ⅳ级	不应小于 2 mm	—

涂膜防水屋面的构造如图 13.11 所示。

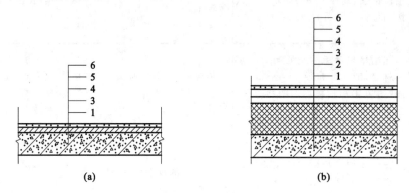

图 13.11　涂膜防水屋面构造

（a）不保温卷材屋面；（b）保温卷材屋面

1—结构层；2—保温层；3—找平层；4—基层处理剂；5—涂膜防水层；6—保护层

13.3.1　施工准备

1. 材料进场检验要求

涂膜防水屋面应采用高聚物改性沥青防水涂料、合成高分子防水涂料。

涂膜防水材料、胎体增强材料进场前,应首先检查出厂质量证明书、检验报告和建筑防水材料产品准用证等质保资料,并进行外观质量检验。外观质量检验全部指标达到标准规定时,即为合格;其中如有一项指标达不到要求,应在受检产品中加倍取样复检,全部达到标准规定为合格,复检时有一项指标不合格,则判定该产品外观质量为不合格。检验合格后方可进场,进场后应按见证取样规定抽取试样,送委托的实验室制取试件进行物理性能试验,物理性能试验合格后,才能在屋面工程中使用。

涂膜防水材料外观质量、抽样数量应符合表 13.9 的规定。

表 13.9　涂膜防水材料外观质量和抽样数量要求

材料名称	外观质量要求	抽样数量
高聚物改性沥青防水涂料	包装完好无损,且标明涂料名称、生产日期、生产厂名、产品有效期;无沉淀、凝胶、分层	每 10 t 为一批,不足 10 t 按一批抽样
合成高分子防水涂料	包装完好无损,且标明涂料名称、生产日期、生产厂名、产品有效期	
胎体增强材料	均匀,无团状,平整,无折皱	每 3000 m² 为一批,不足 3000 m² 按一批抽样

2. 配料和搅拌

单组分涂料,一般用铁桶或塑料桶密闭包装,打开桶盖即可使用,但使用前应将桶内涂料反复滚动,以使桶内涂料混合均匀,达到浓度一致,或将桶内涂料倒入开口容器中用搅拌器搅拌均匀后使用;若为双组分涂料,则先各自搅拌均匀后,在容器中先倒入主剂,然后倒入固化剂,并立即搅拌3~5 min,以颜色均匀一致为准,每次搅拌量不宜过多,以免时间过长发生凝聚或固化无法使用。

3. 涂层厚度控制试验

涂层厚度是涂膜防水质量的关键之一,因此,根据设计要求的每平方米涂料用量、涂料材性,事先试验确定每遍涂料的涂刷厚度、用量以及需要的涂刷遍(道)数。

4. 涂刷间隔时间试验

各种涂料都有不同的干燥时间(表干和实干),因此还应根据气候条件测定每遍涂料的间隔时间。

13.3.2　涂膜防水屋面施工

涂膜总厚度在3 mm以内的涂料称为薄质涂料,在3 mm以上的称为厚质涂料。合成高分子防水涂料和高聚物改性沥青防水涂料大多为薄质防水涂料。

1. 涂膜防水屋面施工工艺

(1) 水乳型或溶剂型薄质防水涂料二布三涂工艺流程:基层表面处理、修整→喷涂基层处理剂→细部节点附加增强处理→刷第一遍涂料→干燥→刷第二遍涂料→干燥、铺第一层胎体增强材料(干铺法),或铺第一层胎体增强材料、干燥(湿铺法)→刷第三层涂料→干燥→刷第四遍涂料→干燥、铺第二层胎体增强材料(干铺法),或铺第二层胎体增强材料、干燥(湿铺法)→刷第五遍涂料→干燥→刷第六遍涂料→撒铺保护层材料。

(2) 反应型薄质防水涂料一布三涂工艺流程:基层表面清理、修整→喷涂基层处理剂→细部节点附加增强处理→刮涂第一遍涂料→干燥、铺胎体增强材料(干铺法),或铺胎体增强材料、干燥(湿铺法)→刮涂第二遍涂料→干燥→刮涂第三遍涂料→撒铺保护层材料、养护(或干燥、做保护层)。

2. 涂膜防水施工

(1) 基层处理

基层要求平整、密实、干净、干燥,不得有酥松、起砂、起皮现象。如有裂缝,当裂缝小于0.3 mm时,可刮嵌密封材料,然后增强涂布防水涂料;当缝宽为0.3~0.5 mm时,用密封材料刮缝,厚2 mm,宽30 mm,上铺塑料薄膜隔离条后,再增强涂布;当缝宽大于0.5 mm时,应将裂缝剔凿成V字形,缝中嵌密封材料,再沿缝做100 mm宽一布二涂增强层。找平层分格缝应用密封材料填严密,缝表面再加做200~300 mm宽一布二涂增强层。

涂刷基层处理剂:若为水乳型防水涂料,可用掺0.2%~0.5%乳化剂的水溶液或软化水稀释;若为溶剂型防水涂料,可直接用涂料薄涂做基层处理剂;高聚物改性沥青防水涂料也可用沥青冷底子油。

基层处理剂涂刷时,可用刷涂或机械喷涂,使其尽量渗入基层表面毛细孔中,使之与基层牢固结合。

（2）涂膜防水层施工

涂层涂刷可用棕刷、长柄刷、圆辊刷、塑料或橡皮刮板等人工涂布，也可用机械喷涂。

涂料涂布应分条按先高跨后低跨、先细部节点后大面、由檐向脊、由远及近的顺序进行，分条宽度 0.8～1.0 m（与胎体增强材料宽度相一致），以免操作人员踩坏刚涂好的涂层。涂布时先立面后平面，涂布立面时宜采用刷涂法，涂布平面时宜采用刮涂法，大面积施工时宜采用喷涂法，以提高工作效率。

涂膜应根据防水涂料的品种分层分遍涂布，不得一次涂成。涂刷遍数、间隔时间、用量等，必须按事先试验确定的数据进行。在前一遍涂料干燥后，应将涂层上的灰尘、杂质清除干净，缺陷（如气泡、皱折、露底、翘边等）处理后，再进行后一遍涂料的涂刷。各遍涂料的涂刷方向应互相垂直，涂层之间的接槎，在每遍涂刷时应退槎 50～100 mm，接槎时也应超过 50～100 mm，避免在接槎处渗漏。

（3）铺设胎体增强材料

① 在涂刷第二遍或第三遍涂料时，即可铺设胎体增强材料。当屋面坡度小于 15％时应顺屋脊方向铺贴；当屋面坡度大于 15％时应垂直屋脊铺贴。

② 胎体增强材料可以选用单一品种，也可选用玻纤布与聚酯毡混合使用。混用时，应在上层采用玻纤布，下层采用聚酯毡。铺布时，不宜拉伸过紧或过松，过紧涂膜会有较大收缩而产生裂纹，过松会出现皱褶，极易使网眼中涂膜破碎。

③ 胎体增强材料长边搭接不少于 50 mm，短边搭接不少于 70 mm。采用两层胎体增强材料时，上下层不得互相垂直，且搭接缝应错开不少于 1/3 幅宽。

（4）收头处理

天沟、檐沟、檐口、泛水和立面涂膜防水层的收头，应用防水涂料多遍涂刷或用密封材料封严，封边宽度不得小于 10 mm，收头处的胎体增强材料应裁剪整齐。如有凹槽时应压入凹槽内，再用密封材料嵌严，不得有翘边、皱褶和露白等现象；若采用卷材防水时，卷材与涂膜的接缝应顺流水方向搭接，搭接宽度不应小于 100 mm；水管口四周与檐沟交接处应先用密封材料密封，再加做二布三涂附加层，伸入水落口的深度不少于 50 mm。

13.3.3　涂膜防水层质量验收

（1）防水涂料和胎体增强材料必须符合设计要求。检查出厂合格证、质量检验报告和现场抽样复验报告。

（2）涂膜防水层不得有渗漏或积水现象。应做淋水或蓄水试验。

（3）涂膜防水层在天沟、檐沟、檐口、水落口、泛水、变形缝和伸出屋面管道的防水构造，必须符合设计要求。观察检查和检查隐蔽工程验收记录。

（4）涂膜防水层的平均厚度应符合设计要求，最小厚度不应小于设计厚度的 80％。针测法或取样量测。

（5）涂膜防水层与基层应粘结牢固，表面平整，涂刷均匀，无流淌、皱褶、鼓泡、露胎体和翘边等缺陷。观察检查。

（6）涂膜防水层上的撒布材料或浅色涂料保护层应铺撒或涂刷均匀，粘结牢固；水泥砂浆、块材或细石混凝土保护层与涂膜防水层间应设置隔离层；刚性保护层的分格缝留置应符合设计要求。观察检查。

13.4　刚性防水屋面

刚性防水屋面适用于防水等级为Ⅰ～Ⅲ级的屋面防水，不适用于设有松散材料保温层的屋面以及受较大振动或冲击的屋面和坡度大于15％的建筑屋面。刚性防水层常采用细石混凝土刚性防水层和钢纤维混凝土刚性防水层两种做法。刚性防水屋面的构造如图13.12所示。

13.4.1　刚性防水屋面构造做法

刚性防水屋面防水层应做分格缝处理，一般设在预制屋面板的支承端，或现浇混凝土屋面支座处，屋脊及凸出屋面交接处，分格缝纵横间距均不大于 6 m，每仓以 20 m² 为宜，纵横向分格缝构造如图 13.13 所示。缝内嵌塑料油膏或聚氯乙烯胶泥等密封材料。

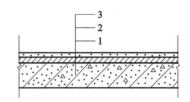

图 13.12　混凝土防水屋面构造
1—结构层；2—隔离层；3—细石（钢纤维）混凝土防水层

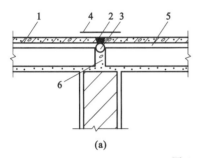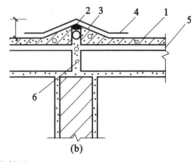

（a）　　　　　　　　　　　　　　　　（b）

图 13.13　分格缝防水构造
1—刚性防水层；2—密封材料；3—背衬材料；4—防水卷材；5—隔离层；6—细石混凝土

细石混凝土刚性防水层厚度不宜小于 40 mm，配置 $\phi 4$～$\phi 6$、间距 100～200 mm 的双向钢筋网片，钢筋网片在分格缝处断开，其保护层厚度不应小于 10 mm。

纤维混凝土刚性防水层厚度不宜小于 30 mm。对无保温层的防水屋面，一般在檐沟防水层四周出线处内配 $\phi 4@200$、长度 500～800 mm 钢筋网片；对有保温层的防水屋面，一般在防水层内配 $\phi 4@400$ 双向钢筋网片，以解决基层刚度不足引起屋面防水层开裂的问题。钢筋网片在伸缩缝处断开，断开间距 50 mm。

刚性防水屋面应留设不小于 3％的排水坡度。

刚性防水屋面的防水层与基层间宜设置隔离层，常采用在防水层与基层间设置纸筋灰、麻刀灰、1∶3 石灰砂浆、低强度等级砂浆、云母粉、滑石粉、塑料薄膜或干铺沥青、沥青玛瑞脂或平铺卷材的方法，目的是减少防水层与其他层次之间粘结力和摩擦力。

为提高防水层抗裂性能，可在板面施加预应力或用钢纤维混凝土。

13.4.2　细石混凝土刚性防水层施工

1. 施工准备
（1）基层处理

施工前将板面清扫干净,洒水冲洗湿润。表面先铺抹 1:1:9 水泥石灰砂浆找平层。如设隔离层,应等找平层达到一定强度后再在其上铺抹。

（2）材料准备

细石混凝土不得使用火山灰质水泥,当采用矿渣硅酸盐水泥时,应采用减少泌水性的措施。粗骨料含泥量不应大于 1%,细骨料含泥量不应大于 2%。

混凝土水胶比不应大于 0.55;每立方米混凝土水泥用量不得少于 330 kg;含砂率宜为 35%～40%;灰砂比宜为 1:2～1:2.5;混凝土强度等级不应低于 C20。

2. 刚性防水层施工

混凝土应按先远后近、先高后低的原则分仓浇筑,一个分仓内的混凝土必须一次浇筑完毕,不得留施工缝。浇筑前先刷水泥浆一层,随即将混凝土倒在板面上铺平,使其厚度一致,用平板振动器振实后,用铁滚筒十字交叉地往返滚压 5～6 遍至密实,表面泛浆,用木抹抹平压实。待混凝土初凝前再进行二遍压浆抹光,最后一遍待水泥收干时进行。

铺混凝土应严格控制钢筋网位置,将钢筋网提至上半部,使钢筋与屋面基层的距离约为防水层厚的 2/3。

分格缝木条做成上口宽 20～25 mm,下口宽 15～20 mm,高度等于防水层厚度。在铺设防水层前嵌好,在防水层抹压最后一遍时取出,所留凹槽用 1:3～1:2.5 水泥砂浆填灌,缝口留 15～20 mm 深。

混凝土终凝后,及时用草袋或薄膜覆盖浇水养护,并不少于 14 d。

防水层养护完毕干燥后,及时清除缝口杂质污垢,用嵌缝油膏嵌缝。

刚性防水屋面变形缝、泛水等部位防水构造做法如图 13.14～图 13.16 所示。

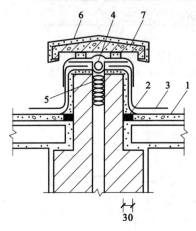

图 13.14　变形缝防水构造

1—刚性防水层;2—密封材料;

3—防水卷材;4—衬垫材料;5—沥青麻丝;

6—水泥砂浆;7—混凝土盖板

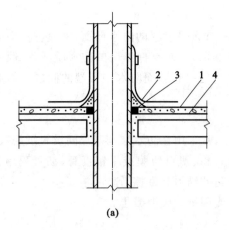 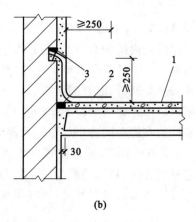

(a)　　　　　　　(b)

图 13.15　出屋面管、墙体泛水构造

(a) 出屋面管泛水;(b) 墙体泛水

1—刚性防水层;2—防水卷材或涂膜层;3—密封材料;4—隔离层

238

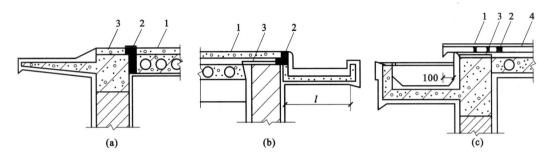

图 13.16 天沟、檐口防水构造

（a）自由落水檐口；（b）预制天沟檐口；（c）现浇天沟檐口

1—刚性防水层；2—密封材料；3—隔离层；4—加强负钢筋φ6@200 mm，l=1000 mm

13.4.3 钢纤维混凝土刚性防水层施工

1. 施工准备

（1）基层处理

对预制装配式屋面板，先用 1∶2 水泥砂浆灌板缝 10 mm 后，再用 C30 细石混凝土捣实灌满板缝。相邻板高差较大时，用 1∶2.5 水泥砂浆局部找平。对现浇板面，局部超高要凿平，过低时用细石混凝土或 1∶2.5 水泥砂浆填平。

对无保温层的防水屋面，应采用 1∶4 石灰砂浆隔离找平层，厚 20 mm，分两次铺设，找平、压光，表面不得有裂缝。

对有保温层的防水屋面，应在保温层中设排气道和排气孔，然后在保温层面上做 20 mm 厚 1∶3 水泥砂浆找平层，分两次找平，表面不得有收缩裂缝。

（2）材料准备

钢纤维直径 0.3～0.5 mm，长度 25～45 mm，长径比 60～80，是用普通低碳钢加工而成，要求钢纤维表面不生锈，并不得含有其他杂质。

普通硅酸盐水泥强度等级不低于 32.5 级。

砂采用中砂，含泥量不大于 1％；石子用 5～15 mm 碎石，且不大于钢纤维长度的 2/3，含泥量不大于 1％。

钢纤维混凝土强度等级不低于 C30，水泥用量不少于 350 kg/m³，水胶比不大于 0.5，砂率为 45％左右，宜采用加入减水率达 15％～20％的减水剂，以提高混凝土密实度。钢纤维使用量一般为混凝土体积的 1％～2％（其质量为 80～150 kg/m³），最大不超过 2.5％。

2. 刚性防水层施工

钢纤维混凝土搅拌时，宜采用强制式搅拌机，搅拌时可将钢纤维、水泥、砂石一次投入，干拌 1.5 min 后再加水湿拌 1.5 min。当采用自落式搅拌机搅拌时，先将钢纤维及石子投入干拌 1 min，再将水泥、黄砂投入干拌 1 min，最后边搅边加水湿拌 1.5 min 左右即成。

钢纤维混凝土浇筑应从屋面上端开始，每块分格缝内应自下而上，自一端向另一端进行。将混凝土用 2.5 m 长的刮板刮平，用平板振捣器振实，再用辊子来回滚压至表面泛浆，用木抹子拍平。泛水处的钢纤维混凝土应与防水层一起浇筑，严禁留施工缝。

在钢纤维混凝土防水层初凝后终凝前，用 1∶2.5 水泥砂浆罩面，厚度控制在 3～5 mm，用铁抹子抹平，待砂浆初凝后第二次压光，终凝前第三次压光。压光过程中表面不得撒干水

239

泥,表面不得有起砂、起壳现象。

钢纤维混凝土防水层必须设置分格缝,分格缝设置方法和要求与细石混凝土刚性防水相同。

其他施工要求同细石混凝土刚性防水屋面。

13.4.4 刚性防水层质量验收

(1) 原材料及配合比必须符合设计要求。检查出厂合格证、质量检验报告、计量措施和现场抽样复验报告。

(2) 防水层不得有渗漏或积水现象。应做淋水或蓄水试验。

(3) 防水层在天沟、檐沟、檐口、水落口、泛水、变形缝和伸出屋面管道的防水构造,必须符合设计要求。观察检查和检查隐蔽工程验收记录。

(4) 防水层应表面平整、压实抹光,不得有裂缝、起壳、起砂等缺陷。观察检查。

(5) 防水层的厚度和钢筋位置应符合设计要求。观察和尺量检查。

(6) 分格缝的位置和间距应符合设计要求。观察和尺量检查。

(7) 防水层表面平整度的允许偏差为 5 mm。用 2 m 靠尺和楔形塞尺检查。

13.5 屋面接缝密封材料嵌缝防水

屋盖系统的各个节点部位及各种接缝(以下统称为接缝)是屋面渗水、漏水的主要通道,密封处理质量的好坏直接影响屋面工程的质量。

屋面接缝密封材料嵌缝防水主要用于屋面构件与构件、各种防水材料的接缝及收头的密封防水处理和卷材防水屋面、涂膜防水屋面、刚性防水屋面及保温隔热屋面等配套使用,对保证屋面防水功能起着重要作用。

13.5.1 施工准备

1. 材料进场检验要求

屋面接缝密封材料应采用改性石油沥青密封材料、合成高分子密封材料。

密封材料进场前,应首先检查出厂质量证明书、试验报告和建筑防水材料产品准用证等质保资料,并进行外观质量检验。外观质量检验全部指标达到标准规定时,即为合格。其中如有一项指标达不到要求,应在受检产品中加倍取样复检,全部达到标准规定为合格;复检时有一项指标不合格,则判定该产品外观质量为不合格。检验合格后方可进场,进场后应按见证取样规定抽取试样送委托的实验室制取试件进行物理性能试验。物理性能试验合格后,才能在屋面工程中使用。

密封材料外观质量、抽样数量应符合表 13.10 的要求。

表 13.10 密封材料外观质量和抽样数量

材料名称	外观质量要求	抽样数量
改性石油沥青密封材料	黑色均匀膏状,无结块和未浸透的填料	每 2 t 为一批,不足 2 t 按一批抽样
合成高分子密封材料	均匀膏状物,无结皮、凝胶或不易分散的固体团状	每 1 t 为一批,不足 1 t 按一批抽样

13.5.2 屋面接缝密封材料嵌缝防水施工

1. 工艺流程

基层表面清理、修整→嵌填背衬材料→铺设防污条→涂刷基层处理剂→嵌填密封材料→抹平压光、修整→固化、养护→检查→保护层施工。

2. 施工要点

(1) 嵌填背衬材料、铺设防污条

将背衬材料加工成与接缝宽度和深度相符合的形状(或选购多种规格),然后将其压入到接缝里。

防污条要粘贴成直线,保持密封膏线条美观。

(2) 涂刷基层处理剂

将基层处理剂用刷子在接缝周边涂刷薄薄一层,要求刷匀,不得漏涂和出现气泡、斑点,表干后应立即嵌填密封材料,表干时间一般为 20～60 min,如超过 24 h 应重新涂刷。

(3) 嵌填密封材料

嵌填密封材料可采用热灌法和冷嵌法进行施工。

热灌法是采用塑化炉加热,将锅内材料加温,使其熔化,加热温度为 110～130 ℃,然后用灌缝车或鸭嘴壶将密封材料灌入缝中,浇灌时温度不宜低于 110 ℃,主要适用于平面接缝的密封处理。热灌时应从低处开始向上连续进行,先灌垂直屋脊板缝,遇纵横交叉时,应向平行屋脊的板缝两端各延伸 150 mm,并留成斜槎。灌缝一般宜分两次进行,第一次先灌缝深的 1/3～1/2,用竹片或木片将油膏沿缝两边反复刮擦,使之不露白槎,第二次灌满并略高出板面和板缝两侧各 20 mm。

冷嵌法包括批刮法和挤出法两种。批刮法通常密封材料不需加热,手工嵌填时可用腻子刀或刮刀将密封材料分次批刮到缝槽两侧的粘结面,然后将密封材料填满整个接缝;挤出法可采用专用的挤出枪,并根据接缝的宽度选用合适的枪嘴,将密封材料挤入接缝内。若采用管装密封材料时,可将包装筒塑料嘴斜向切开作为枪嘴,将密封材料挤入接缝内。冷嵌法适用于平面或立面及节点接缝的密封处理。

抹平压光、修整、固化、养护:密封材料嵌填完毕但未干前,用刮刀用力将其压平与修整,并立即揭去遮挡条,养护 2～3 d,养护期间不得碰损或污染密封材料。

保护层施工:密封材料表干后,按设计要求做表面保护层。如设计无规定时,可用密封材料稀释做一布二涂的涂膜保护层,宽度 200～300 mm。

13.5.3 质量验收

(1) 密封材料的质量必须符合设计要求。检查产品出厂合格证、配合比和现场抽样复验报告。

(2) 密封材料嵌填必须密实、连续、饱满,粘结牢固,无气泡、开裂、脱落等缺陷。观察检查。

(3) 嵌填密封材料的基层应牢固、干净、干燥,表面应平整、密实。观察检查。

(4) 密封防水接缝宽度的允许偏差为±10%,接缝深度为宽度的 0.5～0.7 倍。尺量检查。

(5) 嵌填的密封材料表面应平滑,缝边应顺直,无凹凸不平现象。观察检查。

项目 14　地下防水工程

14.1　地下工程防水等级和设防要求

根据地下工程的重要程度、使用功能及建筑物的不同类别,依据围护结构允许渗漏量的大小,将地下工程防水分为四级。地下工程的防水等级及设防要求详见表14.1。

表 14.1　地下工程防水等级和设防要求

防水等级	设防要求	适用范围
1 级	不允许渗水,结构表面无湿渍	防水要求较高的工程
2 级	不允许漏水,结构表面可有少量湿渍;工业与民用建筑:总湿渍面积不应大于总防水面积(包括顶板、墙面、地面)的1‰,任意 $100 \ m^2$ 防水面积上的湿渍不超过 1 处,单个湿渍的最大面积不大于 $0.1 \ m^2$;其他地下工程:总湿渍面积不应大于总防水面积的6‰;任意 $100 \ m^2$ 防水面积上的湿渍不超过 4 处,单个湿渍的最大面积不大于 $0.2 \ m^2$	人员经常活动的场所;在有少量湿渍的情况下不会使物品变质、失效的贮物场所及基本不影响设备正常运转和工程安全运营的部位;重要的战备工程
3 级	有少量漏水点,不得有线流和漏泥砂;任意 $100 \ m^2$ 防水面积上的漏水点数不超过 7 处,单个漏水点的最大漏水量不大于 $2.5 \ L/d$,单个湿渍的最大面积不大于 $0.3 \ m^2$	人员临时活动的场所;一般战备工程
4 级	有漏水点,不得有线流和漏泥砂;整个工程平均漏水量不大于 $2 \ L/(m^2 \cdot d)$,任意 $100 \ m^2$ 防水面积的平均漏水量不大于 $4 \ L/(m^2 \cdot d)$	对渗漏水无严格要求的工程

14.2　地下工程防水混凝土防水

地下工程防水混凝土防水主要利用结构自防水,是地下结构防水的主体。

地下工程防水混凝土防水中使用的材料主要有防水混凝土和止水带。

14.2.1　防水混凝土

防水混凝土是以调整混凝土配合比或在混凝土中掺入外加剂或使用特殊品种的水泥等方

法,提高混凝土自身的密实性、憎水性和抗渗性,使其能够满足抗渗设计强度等级的不透水混凝土。

1. 防水混凝土的分类

防水混凝土一般分为普通防水混凝土、外加剂(减水剂、氯化铁、引气剂、三乙醇胺、微膨胀剂等)防水混凝土和新型防水混凝土(纤维抗裂防水混凝土、自密实高性能防水混凝土、聚合物水泥混凝土等)三类。它们特点各异,可根据工程的不同防水要求进行选择。

2. 防水混凝土的材料及配制

(1) 防水混凝土的材料

① 水泥

在不受侵蚀性介质和冻融作用的条件下,宜采用普通硅酸盐水泥、硅酸盐水泥、火山灰质硅酸盐水泥、粉煤灰硅酸盐水泥;若选用矿渣硅酸盐水泥,则必须掺用高效减水剂。

在受侵蚀性介质作用的条件下,应按介质的性质选用相应的水泥。

在受冻融作用的条件下,应优先选用普通硅酸盐水泥,不宜采用火山灰质硅酸盐水泥和粉煤灰硅酸盐水泥。

不得使用过期或受潮结块的水泥;不得使用混入有害杂质的水泥;不得将不同品种或不同强度等级的水泥混合使用。

水泥强度等级不应低于32.5级。

② 石子

最大粒径不宜大于40 mm;吸水率不应大于1.5%;含泥量不得大于1%,泥块含量不得大于0.5%;不得使用碱活性骨料;泵送混凝土,石子最大粒径应为输送管径的1/4。

③ 砂

宜采用中砂;含泥量不得大于3.0%;泥块含量不得大于1.0%。

④ 水

应采用不含有害物质的洁净水。

⑤ 外加剂

外加剂的技术性能应符合国家或行业标准一等品及以上的质量要求。

⑥ 掺合料

粉煤灰的级别不应低于二级,掺量不宜大于20%;硅粉掺量不应大于3%;其他掺合料的掺量应经过试验确定。

(2) 防水混凝土配制

防水混凝土是根据工程设计所需抗渗等级要求进行配制的,在满足抗渗等级要求的同时尚应满足强度要求。

混凝土的抗渗等级用 P 表示,设计时按工程埋置深度确定,但最低不得小于P6(抗渗压力0.6 N/mm^2)级,P 取值详见表 14.2 的规定。

表 14.2　防水混凝土设计抗渗等级

工程埋置深度(m)	<10	10～20	20～30	30～40
设计抗渗等级(MPa)	P6	P8	P10	P12

抗渗等级是以 28 d 龄期的标准试件,按标准试验方法进行试验时所能承受的最大水压力来确定。根据混凝土试件在抗渗试验时所能承受的最大水压力,混凝土的抗渗等级划分为 P4、P6、P8、P10、P12 五个等级。相应表示混凝土抗渗试验时一组 6 个试件中 4 个试件未出现渗水时不同的最大水压力。

试配要求的抗渗水压值应比设计提高 0.2 MPa;试配时应采用水胶比最大的配合比作抗渗试验;水泥用量不得少于 300 kg/m³,掺有活料时水泥用量不得少于 280 kg/m³;砂率宜为 35%～45%;灰砂比宜为 1:2～1:2.5;水胶比不得大于 0.55;普通防水混凝土坍落度宜为 30～50 mm,泵送时坍落度宜为 100～140 mm。

(3) 抗渗试件制备

防水混凝土抗渗性能应采用标准条件下养护混凝土抗渗试件的试验结果评定。试件应在浇筑地点制作。

连续浇筑混凝土,每 500 m³ 应留置一组抗渗试件(一组为 6 个抗渗试件),且每项工程不得少于两组。采用预拌混凝土的抗渗试件,留置组数应视结构的规模和要求而定。

14.2.2 止水带

在地下防水混凝土工程细部构造中常用止水带。止水带有橡胶止水带、塑料止水带、铜板止水带和橡胶加钢边止水带等 5 种。目前我国多用橡胶止水带和塑料止水带。

橡胶止水带和止水橡皮是以天然橡胶与各种合成橡胶为主要原料,掺加各种助剂及填充料,经塑炼、混炼、压制成型,具有良好的弹性、耐磨性、耐老化性和抗撕裂性能,适应变形能力强、防水性能好。

塑料止水带是由聚乙烯树脂、增塑剂、稳定剂等原料经塑炼、造粒、挤出、加工成型,它具有耐老化、抗腐蚀、扯断强度高、耐久性好等特点。

1. 止水带外观质量及物理性质

(1) 外观质量

止水带表面不允许有开裂、缺胶、海绵状等影响使用的缺陷。中心孔偏心不允许超过管状断面厚度的 1/3;止水带表面允许有深度不大于 2 mm、面积不大于 16 mm² 的凹痕、气泡、杂质、明疤等缺陷不超过 4 处。高分子材料止水带的规格尺寸公差应符合表 14.3 的要求。

表 14.3 止水带尺寸

止水带公称尺寸		极限偏差
厚度 B(mm)	4～6	+1,0
	7～10	+1.3,0
	11～20	+2,0
宽度 L(%)		±3

(2) 物理性能

止水带的物理性能应符合表 14.4 的要求。

表 14.4　止水带物理性能

项目		性能要求		
		B 型	S 型	J 型
硬度(邵尔 A,度)		60±5	60±5	60±5
拉伸强度(MPa)		15	12	10
扯断伸长率(%)		380	380	300
压缩永久变形	70 ℃×24 h(%)	35	35	35
	23 ℃×168 h(%)	20	20	20
撕裂强度(MPa)		30	25	25
脆性温度(℃)		−45	−40	−40
热空气老化	70 ℃×168 h 硬度变化(邵尔 A,度)	+8	+8	—
	70 ℃×168 h 拉伸强度(MPa)≥	12	10	—
	70 ℃×168 h 扯断伸长率(%)≥	300	300	—
	100 ℃×168 h 硬度变化(邵尔 A,度)	—	—	+8
	100 ℃×168 h 拉伸强度(MPa)≥	—	—	9
	100 ℃×168 h 扯断伸长率(%)≥	—	—	250
臭氧老化 $50×10^{-8}$;20%,48 h		2 级	2 级	0 级
橡胶与金属粘合		断面在弹性体内		

注:① B 型适用于变形缝用止水带;S 型适用于施工缝用止水带;J 型适用于有特殊耐老化要求的接缝用止水带;

② 橡胶与金属粘合项仅适用于具有钢边的止水带。

2. 止水带进场验收

止水带进场前,应首先检查出厂质量证明书、试验报告和建筑防水材料产品准用证等质保资料,并进行外观质量检验,检验合格后方可进场,进场后按每月同标记的止水带产量为一批进行见证取样,送委托的实验室进行物理性能试验,物理性能试验合格后方可使用。

14.2.3　防水混凝土的施工

1. 施工准备

(1)熟悉施工图纸,进行图纸会审,充分了解和掌握防水设计要求,编制先进合理的施工方案,落实技术岗位责任制,做好技术交底以及执行"三检"(自检、交接检、专职检)等准备工作。

(2)确立相应资质的专业防水施工队伍,核查主要施工人员的有效执业资格证书。

(3)核查工程所选防水材料的出厂合格证书和性能检测报告,看是否符合设计要求及国家规定的相应标准。对进场防水材料应进行抽样复验、提出试验报告,不合格的防水材料严禁用于工程。

(4)合格的进场材料应按品种、规格妥善放置,有专人保管。

(5)工程施工所用工具、机械设备应配备齐全,并经过检修试验后备用。

(6) 做好防水混凝土的配合比试配工作,各项技术参数应符合现行规范要求。

(7) 采取措施防止地面水流入基坑。做好基坑的降排水工作,要稳定保持地下水位在基底最低标高 0.5 m 以下,直至施工完毕。

(8) 做好施工现场消防、环保、文明工地等准备工作。

2. 防水混凝土施工

(1) 防水混凝土应按质量配合比进行配料。拌制混凝土所用材料的品种、规格和用量,每工作检查不应少于两次。每盘混凝土各组成材料计量结果的偏差应符合表 14.5 的规定。

(2) 防水混凝土必须采用机械搅拌。搅拌时间不应小于 120 s。掺外加剂时,应根据外加剂的技术要求确定搅拌时间。

(3) 防水混凝土运输过程中应防止出现离析和坍落度减小现象。若有离析、泌水产生,则应进行二次搅拌。混凝土在浇筑地点须检查坍落度,每工作班至少检查两次。且实测坍落度与要求坍落度之间的偏差应符合表 14.6 的规定。

表 14.5　混凝土组成材料计量结果的允许偏差

混凝土组成材料	每盘计量(%)	累计计量(%)
水泥、掺合料	±2	±1
粗、细骨料	±3	±2
水、外加剂	±2	±1

注:累计计量适用于微机控制计量的搅拌站。

表 14.6　混凝土坍落度允许偏差

要求坍落度(mm)	允许偏差(mm)
≤40	±10
50～90	±15
≥100	±20

(4) 防水混凝土的自由倾落度不得超过 1.5 m,否则应采用串筒、溜槽或开门子板下料。混凝土应分段、分层、均匀连续浇筑,尽可能不留或少留施工缝。每层厚度不宜超过 300～400 mm,相邻两层浇筑时间间隔不应超过 2 h,夏季可适当缩短。并采用振捣器振捣密实,振捣时间宜为 10～30 s,至开始泛浆和不冒气泡为准,并应避免漏振、欠振和超振。掺加引气剂或引气型减水剂时,应采用高频插入式振捣器振捣密实。

(5) 模板要求拼缝严密、支撑牢固,固定模板用的螺栓、套管及埋于结构中的管道等应加焊止水环,并须满焊。固定模板用的螺栓必须穿过混凝土结构时,可采用工具式螺栓、螺栓加堵头、螺栓上加焊方形止水环、预埋套管加焊止水环等做法,详见图 14.1～图 14.4。

止水环尺寸及环数应符合设计规定。如设计无规定,则止水环应为 10 cm×10 cm 的方形止水环,且至少有一环。

(6) 防水混凝土终凝后(浇筑后 4～6 h)即应覆盖,浇水湿润养护不少于 14 d,并保持表面湿润。

(7) 拆模时防水混凝土的强度等级必须大于设计强度等级的 70%;拆模时,混凝土表面温度与环境温度之差不应大于 15 ℃;并勿损坏防水混凝土结构。

(8) 防水混凝土拆模后,最好在结构外侧再设置一道柔性或刚性防水层,待整个防水工程验收合格后,及时回填分层夯实。

(9) 大体积防水混凝土应采取降低水化热、浇筑温度,加快散热等措施,以防产生温度收缩裂缝。

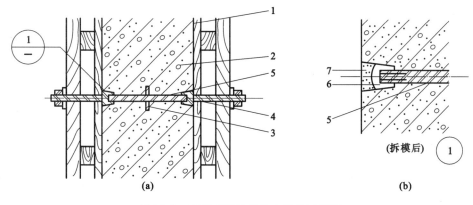

图 14.1　工具式螺栓的防水做法示意图

1—模板；2—结构混凝土；3—止水环；4—工具式螺栓；5—固定模板用螺栓；6—嵌缝材料；7—聚合物水泥砂浆

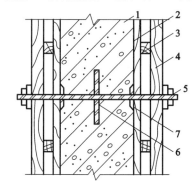

图 14.2　螺栓加堵头做法示意图

1—围护结构；2—模板；3—小龙骨；4—大龙骨；

5—螺栓；6—止水环；7—堵头

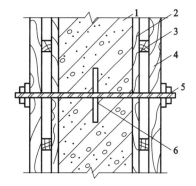

图 14.3　螺栓加焊止水环做法示意图

1—围护结构；2—模板；3—小龙骨；

4—大龙骨；5—螺栓；6—止水环

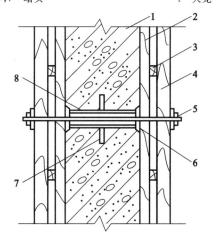

图 14.4　预埋套管支撑做法示意图

1—防水结构；2—模板；3—小龙骨；4—大龙骨；5—螺栓；6—垫木；7—止水环；8—预埋套管

3. 防水混凝土细部防水构造

地下工程中变形缝、施工缝、后浇带、穿墙管道、预埋铁件等细部是防水的薄弱环节，应采取措施对这些细部加强处理，以防渗漏。

（1）变形缝防水处理

① 止水带施工要求

防水混凝土工程中的变形缝通常做成平缝,缝内填塞聚苯乙烯泡沫、纤维板、塑料、浸泡过沥青的木丝板、毛毡、麻丝等材料,并嵌油膏或密封材料。变形缝的防水措施通常采用埋设止水带的方式。

止水带在混凝土浇筑前必须妥善地固定在专用的钢筋套中,并在止水带的边缘处用镀锌铁丝绑牢,以防位移,固定方法如图 14.5 所示。

底板止水带做法参见图 14.6,侧壁止水带做法参见图 14.7。

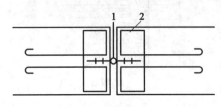

图 14.5 止水带的固定方法
1—止水带;2—钢筋套

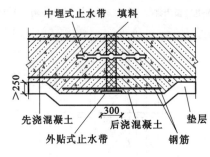

图 14.6 底板止水带

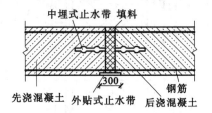

图 14.7 侧墙止水带

② 施工工艺

底板变形缝的施工工艺:底板混凝土垫层施工→底板防水施工→对变形缝的位置及尺寸进行放线→底板钢筋施工→底板止水带固定→先浇筑混凝土侧模封闭→先浇筑混凝土施工→先浇筑混凝土养护→先浇筑混凝土侧模拆除→定位固定填缝材料→后浇混凝土施工→后浇混凝土养护。

侧墙变形缝施工工艺:侧墙变形缝位置及尺寸放线→侧墙钢筋施工→侧墙外模及变形缝处侧模封闭→侧墙先浇混凝土施工→混凝土养护→定位固定填缝材料→后浇混凝土侧模封闭→后浇混凝土施工→后浇混凝土养护。

③ 施工要点

止水带宽度和材质的物理性能应符合设计要求,且无裂缝和气泡;接头应采用热接,不得叠接,接缝平整、牢固,不得有裂口和脱胶现象。

中埋式止水带中心线应和变形缝中心线重合,止水带不得穿孔或用铁钉固定。

变形缝设置中埋式止水带时,混凝土浇筑前应校正止水带位置,表面清理干净,止水带损坏处应修补;顶、底板止水带的下侧混凝土应振捣密实,边墙止水带内外侧混凝土应均匀,保持止水带位置正确、平直,无卷曲现象。

变形缝处增设的卷材或涂料防水层,应按设计要求施工。

（2）施工缝

地下工程的施工缝分为水平施工缝和垂直施工缝两种。工程中多用水平施工缝,垂直施工缝尽量利用变形缝。

① 施工缝留置

底板防水混凝土不得留置施工缝。

地下室墙体与底板之间的施工缝,留在高出底板表面300 mm的墙体上。

地下室顶板、拱板与墙体的施工缝,留在拱板、顶板与墙交接处之下150～300 mm处。

垂直施工缝应避开地下水和裂隙水较多的地段。

墙体上有孔洞时,施工缝应距孔洞边缘不宜小于300 mm。

② 水平施工缝的防水构造

水平施工缝构造如图14.8所示。

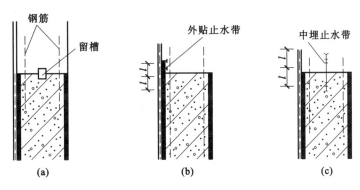

图14.8　水平施工缝构造

(a)施工缝中设置遇水膨胀止水条;(b)外贴止水带;(c)中埋止水带

③ 施工要点

浇筑混凝土前,应清理前期混凝土表面,清理时必须用水冲洗干净。再铺30～50 mm厚的1:1水泥砂浆或者刷涂界面剂,然后及时浇筑混凝土。

使用遇水膨胀止水条时要特别注意防水。由于需先留沟槽,受钢筋影响,操作不方便,很难填实,如果后浇混凝土未浇之前逢雨就会膨胀,这样将失去止水的作用。另外,清理施工缝表面杂物时,冲水之后应立即浇捣混凝土,不能留有膨胀的时间。

中埋止水带宜用一字形,但要求墙体厚度不小于300 mm。

(3)后浇带

① 后浇带设置

后浇带设置的宽度与墙、板的厚度密切相关。当墙、板厚度小于200 mm时,宽度为800 mm;当墙、板厚度大于200 mm时,宽度为1000 mm;地下室底板后浇带宽度为1000 mm。

后浇带应设置在结构受力和变形较小的部位。后浇带间距一般每30～60 m设置一条。

后浇带接缝处的断面形式,应根据墙、板厚度的实际情况选定,一般为平面形。当墙、板厚度大于300 mm时,可留设成阶梯形。

② 后浇带的防水构造

后浇带处的防水层不得断开,必须是一个整体,并采取设附加层和外贴止水带的措施,如图14.9所示。

后浇带两侧底板(建筑)产生沉降差,后浇带下方

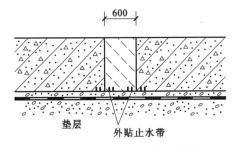

图14.9　后浇带外贴止水带防水做法

防水层受拉伸或撕裂，为此，局部加厚垫层，并附加钢筋，沉降差可以使垫层产生斜坡而不会断裂，如图 14.10 所示。

后浇带防水还可以采用超前止水方式，如图 14.11 所示。其做法是将底板局部加厚，并设止水带，宜用外贴式止水带。由于底板局部加厚一般不超过 25 cm，不宜设中埋止水带。

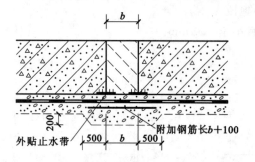
图 14.10　后浇带外贴止水带附加钢筋防水做法

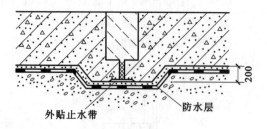
图 14.11　后浇带超前止水防水做法

③ 施工要点

后浇带两侧混凝土龄期达到 42 d 后再施工，当高层建筑的后浇带应在结构顶板浇筑混凝土 14 d 后进行。

后浇带混凝土施工前，后浇带部位和外贴式止水带应严格保护，严防落入杂物和损伤外贴式止水带。

后浇带施工前应将其表面浮浆和杂物清除干净，水平缝应先铺净浆再铺 30～50 mm 厚 1：1 水泥砂浆或涂刷混凝土界面剂；垂直缝应涂刷水泥净浆或混凝土界面剂。接缝处理完毕，应及时浇筑混凝土。

后浇带的模板应采用钢板网，后浇带施工时钢板网不必拆除。

后浇带混凝土应采用补偿收缩混凝土浇筑，其强度等级不应低于两侧混凝土。

后浇带混凝土应选择在气温低于两侧先浇筑混凝土的气温时浇筑，或在气温较低的季节或在一天中气温最低的时间浇筑。

后浇带混凝土浇筑后应覆盖保湿养护，养护时间不得少于 28 d。

（4）穿墙管

给排水管、电缆管和供暖管道穿过地下室外墙时，应做好防水处理。

穿墙管埋设方式有两种：一种是固定式防水法，一种是套管式防水法。无论采用何种方式，必须与墙外防水层相结合，严密封堵，不能与外墙防水层离开。为了保证防水施工和管道的安装方便，穿墙管位置应离开内墙角或凸出部位 250 mm。如果几根穿墙管并列，管与管之间间距应大于 300 mm。

当结构变形或管道伸缩量较少时，穿墙管可采用主管直接埋入混凝土内的固定式防水方法。根据接缝止水做法的不同又分为止水环固定式和遇水膨胀橡胶圈止水固定式两种。金属止水环应与主管满焊，止水圈应用粘结剂满粘固定在主管上，并应涂缓胀剂。其防水构造如图 14.12所示。

当结构变形或管道伸缩量较大或有更换要求时，应采用套管式防水法。根据接缝止水做法的不同又分为套管加焊止水环法和套管外壁粘贴膨胀止水条法。其防水构造如图 14.13所示。

250

当穿墙管线较多时,宜相对集中设置,且应采用穿墙盒法。穿墙盒的封口钢板应与墙上的预埋角钢焊牢。其防水构造如图 14.14 所示。

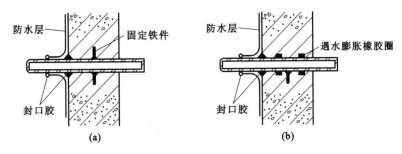

图 14.12　固定式穿墙管防水构造

(a) 止水环固定式;(b) 遇水膨胀橡胶圈止水固定式

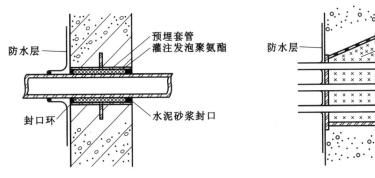

图 14.13　套管式穿墙管防水构造　　　　图 14.14　穿墙群管防水构造

穿墙管的墙外部分和墙内部分容易被触动,防水措施受冲撞导致漏水,所以墙外回填土时不得冲压或夯撞,应有保护措施,还应考虑建筑下沉时不要因沉降而使管道受力弯曲。

固定式穿墙管施工方便,易做防水,但要考虑墙厚和管径。如果管径小于 50 mm,可以直埋;若大于 50 mm,应做套管。

(5) 预埋件

预埋件受外力作用较大,为防止扰动周围混凝土,破坏防水层,预埋件端至墙外表面厚度不得小于 250 mm。如达不到 250 mm 应局部加厚或采取其他防水措施,其防水构造做法如图 14.15所示。

外露螺栓应满焊止水环或翼环,也可在迎水面的螺栓周围留凹槽,嵌填防水密封膏,堵塞渗水通道。

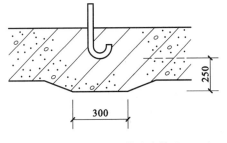

图 14.15　预埋件防水构造

14.2.4　防水混凝土的施工质量验收

(1) 防水混凝土的原材料、配合比及坍落度必须符合设计要求。检查出厂合格证、质量检验报告、计量措施和现场抽样试验报告。

(2) 防水混凝土的抗压强度和抗渗压力必须符合设计要求。检查混凝土抗压、抗渗试验报告。

（3）防水混凝土的变形缝、施工缝、后浇带、穿管道、埋设件等设置和构造，均须符合设计要求，严禁有渗漏。观察检查和检查隐蔽工程验收记录。

（4）防水混凝土结构表面应坚实、平整，不得有露筋、蜂窝等缺陷；埋设件位置应正确。观察和尺量检查。

（5）防水混凝土结构表面的裂缝宽度不应大于 0.2 mm，并不得贯通。用刻度放大镜检查。

（6）防水混凝土结构厚度不应小于 250 mm，其允许偏差为（−10，+15）mm；迎水面钢筋保护层厚度不应小于 50 mm，其允许偏差为 +10 mm。尺量检查和检查隐蔽工程验收记录。

14.3　地下工程卷材防水

卷材防水层是一种柔性防水层，它具有良好的韧性和延伸性，能适应一定的侧压力、振动和变形，所以卷材防水在地下工程中得以广泛的应用。

14.3.1　地下工程卷材防水铺贴方案

地下防水工程中一般把卷材防水层设置在建筑结构的外侧，称为外防水。它与卷材防水层设在结构内侧的内防水相比较，具有以下优点：外防水的防水层在迎水面，受压力水的作用紧压在结构上，防水效果良好，而内防水的卷材防水层在背水面，受压力水的作用容易局部脱开；外防水造成渗漏机会比内防水少。因此，地下工程一般多采用外防水。外防水有两种设置方法，即"外防外贴法"和"外防内贴法"。

1. 外防外贴法

外防外贴法是将立面卷材防水层直接铺设在需防水结构的外墙外表面，如图 14.16 所示。

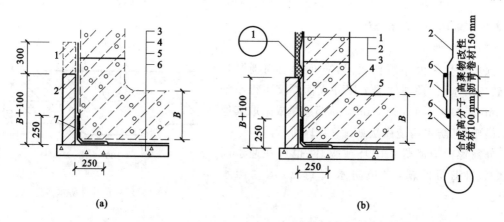

图 14.16　外防外贴法

（a）甩槎：1—临时保护墙；2—永久保护墙；3—细石混凝土保护层；4—卷材防水层；5—水泥砂浆找平层；
6—混凝土垫层；7—卷材加强层

（b）接槎：1—结构墙体；2—卷材防水层；3—卷材保护层；4—卷材加强层；5—结构底板；6—密封材料；7—盖缝条

（1）外防外贴法施工顺序

① 先浇筑需防水结构的底面混凝土垫层。

② 在垫层上砌筑永久性保护墙,墙下铺一层干油毡。墙的高度不小于需防水结构底板厚度再加 100 mm。

③ 在永久性保护墙上用石灰砂浆接砌临时保护墙,墙高为 300 mm。

④ 在永久性保护墙上抹 1∶3 水泥砂浆找平层,在临时保护墙上抹石灰砂浆找平层,并刷石灰浆。如用模板代替临时性保护墙,应在其上涂刷隔离剂。

⑤ 待找平层基本干燥后,即可根据所选卷材的施工要求进行铺贴。

⑥ 在大面积铺贴卷材之前,应先在转角处粘贴一层卷材附加层,然后进行大面积铺贴,先铺平面、后铺立面。在垫层和永久性保护墙上应将卷材防水层空铺,而在临时保护墙(或模板)上应将卷材防水层临时贴附,并分层临时固定在其顶端。

⑦ 当不设保护墙时,从底面折向立面的卷材的接槎部位应采取可靠的保护措施。

⑧ 浇筑需防水结构的混凝土底板和墙体。

⑨ 在需防水结构外墙外表面抹找平层。

⑩ 主体结构完成后,铺贴立面卷材时,应先将接槎部位的各层卷材揭开,并将其表面清理干净,如卷材有局部损伤,应及时进行修补。卷材接槎的搭接长度,高聚物改性沥青卷材为 150 mm,合成高分子卷材为 100 mm。当使用两层卷材时,卷材应错槎接缝,上层卷材应盖过下层卷材。待卷材防水层施工完毕,并经过检查验收合格后,即应及时做好卷材防水层的保护结构。

(2) 外防外贴法特点

优点是:由于绝大部分卷材防水层直接贴在结构外表面,所以防水层较少受结构沉降变形影响;由于是后贴立面防水层,所以浇捣结构混凝土时不会损坏防水层,只需注意保护底板与留槎部位的防水层即可,便于检查混凝土结构及卷材防水层的质量,且容易修补。

缺点是:工序多、工期长,需要一定工作面;土方量大,模板需用量大;卷材接头不易保护好,施工烦琐,影响防水层质量。

2. 外防内贴法

外防内贴法是浇筑混凝土垫层后,在垫层上将永久保护墙全部砌好,将卷材防水层铺贴在垫层和永久保护墙上,如图 14.17 所示。

(1) 外防内贴法的施工程序

① 在已施工好的混凝土垫层上砌筑永久保护墙,保护墙全部砌好后,用 1∶3 水泥砂浆在垫层和永久保护墙上抹找平层。保护墙与垫层之间须干铺一层油毡。

② 找平层干燥后即涂刷冷底子油或基层处理剂,干燥后方可铺贴卷材防水层,铺贴时应先铺立面、后铺平面,先铺转角、后铺大面。在转角处应铺贴卷材附加层,附加层可为两层同类油毡或一层抗拉强度较高的卷材,并应仔细粘贴紧密。

③ 卷材防水层铺完经验收合格后即应做好保护层。立面可抹水泥砂浆、贴塑料板或用氯丁系胶粘剂粘铺石油沥青纸胎油毡;平面可抹水泥砂浆,或浇筑不小

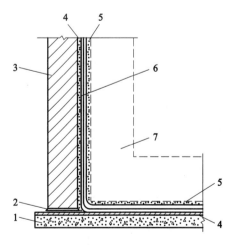

图 14.17 外防内贴法
1—混凝土垫层;2—干铺油毡;
3—永久性保护墙;4—找平层;5—保护层;
6—卷材防水层;7—需防水的结构

于 50 mm 厚的细石混凝土。

④ 防水结构应将防水层压紧。如为混凝土结构,则永久保护墙可当一侧模板;结构顶板卷材防水层上的细石混凝土保护层厚度不应小于 70 mm,防水层如为单层卷材,则其与保护层之间应设置隔离层。

⑤ 结构完工后,方可回填土。

(2) 外防内贴法的特点

优点是:工序简便,工期短;节省施工占地,土方量较小;节约外墙外侧模板;卷材防水层无需临时固定留槎,可连续铺贴,质量容易保证。

缺点是:受结构沉降变形影响,容易断裂、产生漏水;卷材防水层及混凝土结构的抗渗质量不易检验;如发生渗漏,修补卷材防水层困难。

14.3.2 地下卷材防水施工一般规定

(1) 基层表面应平整、洁净、干燥,不得有空鼓、松动、起皮、起砂现象,阴阳角均应做成圆弧。

(2) 防水层铺贴后严禁再行打眼、开洞,以免引起渗漏水。

(3) 找平层干燥后,先在基面上涂刷或喷涂基层处理剂。当基面较潮湿时,应涂刷固化型胶结剂或潮湿界面隔离剂。

(4) 正式铺贴卷材前,应先对阴阳角、转角等部位做附加增强处理,附加层宽度一般为 300～500 mm。

(5) 外防外贴法施工时,应先铺平面后铺立面,第一幅卷材应铺在平、立面相交处,平面和立面各占半幅,待第一幅卷材铺贴完后,再在其上弹基准线铺贴卷材。外防内贴法施工,应先铺立面后铺平面。

(6) 两幅卷材短边和长边的搭接缝宽度不应小于 100 mm;采用多层卷材时,上下两层和相邻两幅卷材的搭接缝应错开 1/3～1/2,且两层卷材不得相互垂直铺贴。搭接缝处应用建筑密封材料嵌缝,缝宽不小于 10 mm,然后再用封口条做进一步密封处理,封口条宽度为120 mm。

(7) 地下工程卷材铺贴方法主要采用冷粘、自粘法和热熔法,底板垫层混凝土平面部位的卷材铺贴宜采用空铺法、点粘法、条粘法,其他部位应采用满粘法。

(8) 卷材防水层完工并经验收合格后,应及时做保护层。保护层可采用永久保护墙、抹水泥砂浆、贴塑料板或苯泡沫塑料板等方法。

(9) 防水层施工期间,应降低地下水位至板底垫层以下 500 mm。防水层铺贴高度应高出地下水位 0.5～1.0 m。

14.3.3 地下工程卷材防水细部处理

1. 变形缝防水处理

在变形缝处应增加卷材附加层,附加层可视实际情况采用合成高分子防水卷材、高聚物改性沥青防水卷材等。

在结构厚度的中央埋设止水带,止水带的中心圆环应正对变形缝正中。变形缝内可用浸过沥青的木丝板填塞,缝口用优质密封膏嵌封,如图 14.18 所示。

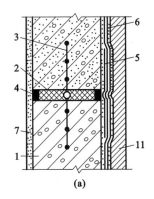 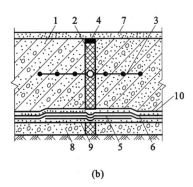

(a)　　　　　　　　　　　　(b)

图 14.18　变形缝处防水做法

(a) 墙体变形缝；(b) 底板变形缝

1—需防水结构；2—浸过沥青的木丝板；3—止水带；4—填缝油膏；5—卷材附加层；6—卷材防水层；

7—水泥砂浆面层；8—混凝土垫层；9—水泥砂浆找平层；10—水泥砂浆保护层；11—保护墙

2. 管道埋设件处防水处理

管道埋设件与卷材防水层连接处做法如图 14.19 所示。

为了避免因结构沉降造成管道变形破坏，应在管道穿过结构处埋设套管，套管上附有法兰盘，套管应在浇筑结构时按设计位置预埋准确。卷材防水层应粘贴在套管的法兰盘上，粘贴宽度至少为 100 mm，并用夹板将卷材压紧。粘贴前应将法兰盘及夹板上的尘垢和铁锈清除干净，刷上沥青。夹紧卷材的夹板下面应垫上软金属片、石棉纸板、防水卷材等。

3. 砖石结构穿墙管道防水处理

穿过砖石结构的管道，可在其周围浇筑细石混凝土，厚度不宜小于 300 mm；找平层在管道根部应抹成圆角，其直径不小于 50 mm，以利卷材铺贴严密，如图 14.20 所示。

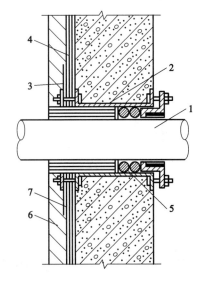 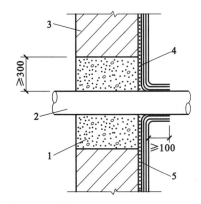

图 14.19　卷材防水层与管道埋设件连接处做法

1—管道；2—套管；3—夹板；4—卷材防水层；

5—填缝材料；6—保护墙；7—附加卷材层衬垫

图 14.20　砖石结构穿墙管处卷材防水层做法

1—细石混凝土；2—穿墙管；3—砖石结构；

4—水泥砂浆找平层；5—卷材防水层

14.3.4 地下工程卷材防水施工质量验收

卷材防水层的施工质量检验数量,应按铺贴面积每 100 m² 抽查 1 处,每处 10 m²,且不得少于 3 处。

(1)卷材防水层所用卷材及主要配套材料必须符合设计要求。检查出厂合格证、质量检验报告和现场抽样试验报告。

(2)卷材防水层及其转角处、变形缝、穿墙管道等细部做法均须符合设计要求。观察检查和检查隐蔽工程验收记录。

(3)卷材防水层的基层应牢固,基层表面应洁净平整,不得有空鼓、松动、起砂和脱皮现象;基层阴阳角处应做成圆弧形。观察检查和检查隐蔽工程验收记录。

(4)卷材防水层的搭接缝应粘(焊)结牢固,密封严密,不得有皱褶、翘边和鼓泡等缺陷。观察检查。

(5)侧墙卷材防水层的保护层与防水层应粘结牢固、结合紧密,厚度均匀一致。观察检查。

(6)卷材搭接宽度的允许偏差为 −10 mm。观察和尺量检查。

14.4 地下工程涂膜防水

14.4.1 地下工程涂膜防水层的设置方案一

地下工程涂膜防水层根据设置部位可分为内防水法、外防水法、内外结合防水法。一般情况下,当室外有动水压力或水位较高且土质渗透性大时,应采用外防水法;部分防潮工程或工程已渗漏而采取补救措施时,才采用内防水法。地下工程涂膜防水构造做法如图 14.21~图 14.23 所示。

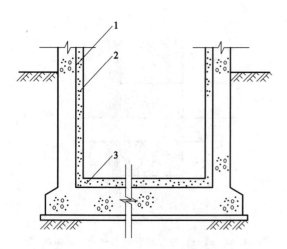

图 14.21 地下工程内防水涂层构造
1—防水涂层;2—砂浆或饰面砖保护层;
3—细石混凝土保护层

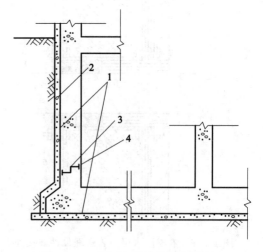

图 14.22 地下工程外防水涂层构造
1—防水涂层;2—砂浆或砖保护层;
3—施工缝;4—嵌缝材料

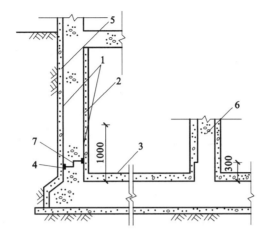

图 14.23　地下工程内、外防水涂层构造

1—防水涂层；2—砂浆保护层；3—细石混凝土保护层；4—嵌缝材料；

5—砂浆或砖墙保护层；6—内隔墙、柱；7—施工缝

14.4.2　地下工程涂膜施工一般规定

（1）基层要求平整、坚实、洁净和干燥，含水率不得大于9％。当含水率较高或环境湿度大于85％时，应在基面涂刷一层潮湿隔离剂。

（2）防水涂料涂布前，应在基层上先涂刷或喷涂一层与防水涂料材性相容的基层处理剂，要求涂刷均匀，不得堆积或露白见底。

（3）对于阴阳角、穿墙管道、预埋件、变形缝等细部构造，应采用一布二涂或二布三涂附加增强层。

（4）确保涂膜防水层的厚度，无论采用何种涂料，都应采取"多遍薄涂"的操作工艺，每遍涂刷均匀，厚薄一致，不得有露底、漏涂和堆积现象，并在每遍涂层干燥成膜经认真检查修整后方可涂刷后一遍涂料，但两遍涂料施工时间间隔不宜过长。

（5）每遍涂层涂刷时，应交替改变涂刷方向，同层涂层的先后搭接宽度宜为30～50 mm，每遍涂层宜一次连续涂刷完成。当面积较大必须留施工缝时，对施工缝应严加保护，接涂前应将甩槎面处理干净，搭接缝宽度应大于100 mm。

（6）防水层施工完，验收合格后及时施工保护层。

14.4.3　地下工程涂膜防水细部处理

1. 阴、阳角做法

在基层涂布底层涂料之后，应先进行增强涂布，同时将玻璃纤维布铺贴好，然后再涂布第一道、第二道涂膜，做法如图14.24所示。

2. 管道根部做法

将管道用砂纸打毛，并用溶剂洗除油污，管道根部周围基层应清洁干燥；在管道根部周围及基层涂刷底层涂料；底层涂料固化后做增强涂布；增强层固化后再涂刷涂膜防水层。管道根部做法如图14.25所示。

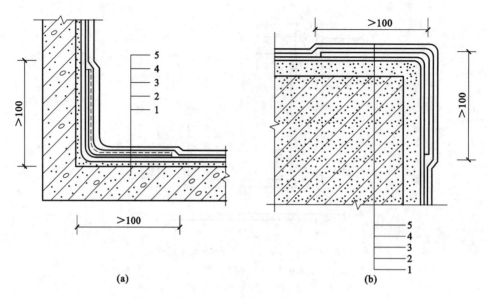

图 14.24　地下工程涂膜防水阴、阳角做法

（a）阴角做法；（b）阳角做法

1—需防水结构；2—水泥砂浆找平层；3—底涂层（底胶）；4—玻璃纤维布增强涂布层；5—涂膜防水层

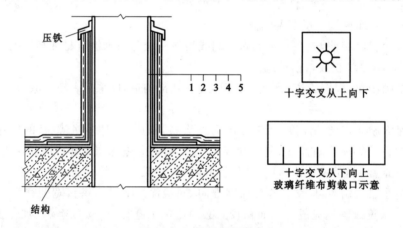

图 14.25　管道根部做法

1—穿墙管；2—底涂层（底胶）；3—铺十字交叉玻璃纤维布，并用铜线绑扎增强层；4—增强涂布层；5—第二道涂膜防水层

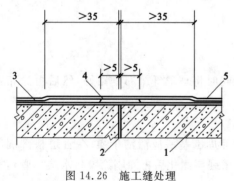

图 14.26　施工缝处理

1—混凝土结构；2—施工缝；3—底层涂料；

4—10 mm 自粘胶条或一边粘贴的胶条；5—涂膜防水层

3. 施工缝做法

涂刷底层涂料，固化后铺设 1 mm 厚、10 mm 宽的橡胶条，然后再涂布涂膜防水层，做法如图 14.26 所示。

14.4.4　涂料防水层的质量验收

涂料防水层的施工质量检验数量，应按涂层面积每 100 m² 抽查 1 处，每处 10 m²，且不得少于 3 处。

（1）涂料防水层所用材料及配合比必须符合设计要求。检查出厂合格证、质量检验报告、计量措施和现场抽样试验报告。

（2）涂料防水层及其转角处、变形缝、穿墙管道等细部做法均须符合设计要求。观察检查和检查隐蔽工程验收记录。

（3）涂料防水层的基层应牢固，基面应洁净、平整，不得有空鼓、松动、起砂和脱皮现象；基层阴阳角处应做成圆弧形。观察检查和检查隐蔽工程验收记录。

（4）涂料防水层应与基层粘结牢固，表面平整，涂刷均匀，不得有流淌、皱褶、鼓泡、露胎体和翘边等缺陷。观察检查。

（5）涂料防水层的平均厚度应符合设计要求，最小厚度不得小于设计厚度的 80%。针测法或割取 20 mm×20 mm 实样用卡尺测量。

（6）侧墙涂料防水层的保护层与防水层粘结牢固，结合紧密，厚度均匀一致。观察检查。

项目 15　装 饰 工 程

15.1　一般抹灰施工

15.1.1　材料

15.1.1.1　一般抹灰的材料

（1）胶凝材料

在抹灰工程中,胶凝材料主要有水泥、石灰、石膏等。常用的水泥有硅酸盐水泥、普通硅酸盐水泥和矿渣硅酸盐水泥等,标号在32.5级以上。不同品种的水泥不得混用,不得采用未做处理的受潮、结块的水泥,出厂已超过3个月的水泥应经试验后方可使用。

在抹灰工程中采用的石灰为块状生石灰经熟化陈伏后淋制成的石灰膏。为保证过火生石灰的充分熟化,以避免后期熟化引起抹灰层的起鼓和开裂,生石灰的熟化时间一般应不少于15 d,如用于拌制罩面灰,则应不少于30 d。抹灰用的石灰膏可用优质块状生石灰磨细而成的生石灰粉代替,可省去淋灰作业而直接使用,但为保护抹灰质量,其细度要求过 4800 孔/cm² 的筛。但用于拌制罩面灰时,生石灰粉仍要经一定时间的熟化,熟化时间不少于 3 d,以避免出现干裂和爆灰现象。

抹灰用石膏是在建筑石膏(P 型半水石膏)中掺入缓凝剂及掺合料制作而成。在抹灰过程中如需加速凝结,可在其中掺入适量的食盐;如需进一步缓凝,可在其中掺入适量的石灰浆或明胶。

（2）砂

一般抹灰砂浆中采用普通中砂(细度模数为 3.0～2.6),或与粗砂(细度模数为 3.7～3.1)混合掺用。抹灰用砂要求颗粒坚硬洁净,含黏土、淤泥不超过 3%,在使用前需过筛,去除粗大颗粒及杂质。应根据现场砂的含水率及时调整砂浆拌和用水量。

（3）纤维材料

麻刀、纸筋、玻璃纤维是抹灰砂浆中常掺加的纤维材料,在抹灰层中主要起拉结作用,以提高其抗裂能力和抗拉强度,同时可增加抹灰层的弹性和耐久性,使其不易脱落。麻刀应均匀、干燥,不含杂质,长度以 20～30 mm 为宜,用时将其敲打松散。纸筋(即粗草纸)分干、湿两种,拌和纸筋灰用的干纸筋应用水浸透、捣烂,湿纸筋可直接掺用,罩面纸筋应机碾磨细。

玻璃纤维丝配制抹面灰浆可耐热、耐久、耐腐蚀,其长度以 10 mm 左右为宜,但使用时要采取保护措施,以防其刺激皮肤。

基层:室内砖墙常用石灰砂浆或水泥砂浆;室外砖墙常采用水泥砂浆;混凝土基层常采用素水泥浆、混合砂浆或水泥砂浆;硅酸盐砌块基层应采用水泥混合砂浆或聚合物水泥砂浆;板条基层抹灰常采用麻刀灰和纸筋灰。因基层吸水性强，故砂浆稠度应较小，一般为 100～200 mm。若有防潮、防水要求，则应采用水泥砂浆抹底层。中层：采用的材料与基层相同，但稠度可大一些，一般为 70～80 mm。面层：室内墙面及顶棚抹灰常采用麻刀（玻璃纤维）灰、纸筋灰或石膏灰，也可采用大白腻子。室外抹灰可采用水泥砂浆、聚合物水泥砂浆或各种装饰砂浆。砂浆稠度为 100 mm 左右。

15.1.1.2　装饰抹灰材料

有彩色水泥、白水泥和各种颜料及石粒，石粒中较为常用的是大理石石粒，具有多种色泽。

15.1.2　分类

一般抹灰按做法和质量要求分为普通抹灰、中级抹灰和高级抹灰三级，当无设计要求时，都按普通抹灰验收。

普通抹灰由一底层、一面层构成。施工要求分层赶平、修整，表面压光。

中级抹灰由一底层、一中层、一面层构成。施工要求阳角找方，设置标筋，分层赶平、修整，表面压光。

高级抹灰由一底层、数层中层、一面层构成。施工要求阴阳角找方，设置标筋，分层赶平、修整，表面压光。

15.1.3　施工

抹灰工程的施工顺序：先室外后室内，先上面后下面，先地面后顶棚。完成室外抹灰，拆除脚手架，堵上脚手眼再进行室内抹灰；屋面工程完工后，内外抹灰最好从上往下进行，保护已完成墙面的抹灰；室内一般先完成地面抹灰后，再开始顶棚和墙面抹灰。抹灰工程应分层进行，由底灰、中层和面层组成。分层施工主要是为了保证抹灰质量，做到表面平整，避免裂缝，粘结牢固。当底层和中层并为一起操作时，则可只分为底层和面层。

各层的作用分别为：底层起抹面层与基体粘结和初步找平的作用；中层起保护墙体和找平作用；面层起装饰作用。

15.1.3.1　一般抹灰砂浆的配制

一般抹灰砂浆拌和时通常采用质量配合比，材料应称量搅拌。配料的误差，水泥应在 ±2％以内，砂子、石灰膏应控制在±5％以内。砂浆应搅拌均匀，一次搅拌量不宜过多，最好随拌随用。拌好的砂浆堆放时间不宜过久，应控制在水泥初凝前用完。

抹灰砂浆的拌制可采用人工拌制或机械拌制。一般中型以上工程均采用机械搅拌。机械搅拌可采用纸筋灰搅拌机和灰浆搅拌机。

搅拌不同种类的砂浆应注意不同的加料顺序。拌制水泥砂浆时应先将水与砂子共拌，然后按配合比加入水泥，继续搅拌至均匀、颜色一致、稠度达到要求为止。拌和混合砂浆或石灰砂浆应先加入少量水及少量砂子和全部石灰膏，拌制均匀后，再加入适量的水和砂子继续拌和，待砂浆颜色一致、稠度合乎要求为止。搅拌时间一般不少于 2 min。聚合物水泥砂浆一般宜先将水泥砂浆搅拌好，然后按配合比规定的数量把聚乙烯醇缩甲醛胶（107 胶）按 1：2 的比例用水稀释后加入，继续搅拌至充分混合。

15.1.3.2　抹灰工具

常用手工抹灰工具有以下几种：

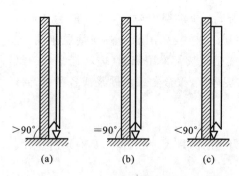

$>90°$ (a) $=90°$ (b) $<90°$ (c)

图 15.1　托线板

1. 抹子

抹子是将灰浆施于抹灰面上的主要工具,有铁抹子、钢皮抹子、压子、塑料抹子、木抹子、阴阳角抹子等若干种,分别用于抹制底层灰、面层灰、压光、搓平压实、阴阳角压光等抹灰操作。

2. 木制工具

主要有木杠、刮尺、靠尺、靠尺板、方尺、托线板等,分别用于抹灰层的找平、做墙面楞角、测阴阳角的方正和靠吊墙面的垂直度。其中托线板的构造如图 15.1 所示。使用时将板的侧边靠紧墙面,根据中悬垂线偏离下端取中缺口的程度,即可确定墙面的垂直度及偏差。托线板也可用铝合金方通制作。

3. 其他工具

其他工具有毛刷、钢丝刷、茅草把、喷壶、水壶、弹线墨斗等,分别用于抹灰面的洒水、清刷基层、木抹子搓平时洒水及墙面洒水、浇水。

15.1.3.3　施工方法

1. 内墙一般抹灰

内墙一般抹灰操作的工艺流程为:

基体表面处理→浇水润墙→设置标筋→阳角做护角→抹底层、中层灰→窗台板、踢脚板或墙裙→抹面层灰→清理。

下面介绍各主要工序的施工方法及技术要求。

(1) 基体表面处理。为使抹灰砂浆与基体表面粘结牢固,防止抹灰层产生空鼓、脱落,抹灰前应对基体表面的灰尘、污垢、油渍、碱膜、跌落砂浆等进行清除。对墙面上的孔洞、剔槽等用水泥砂浆进行填嵌。门窗框与墙体交接处缝隙应用水泥砂浆或混合砂浆分层嵌堵。

不同材质的基体表面应相应处理,以增强其与抹灰砂浆之间的粘结强度。光滑的混凝土基体表面应凿毛或刷一道素水泥浆(水胶比为 0.37~0.40),如设计无要求,可不抹灰,用刮腻子处理;板条墙体的板条间缝不能过小,一般以 8~10 mm 为宜,使抹灰砂浆能挤入板缝空隙,保证灰浆与板条的牢固嵌接;加气混凝土砌块表面应清扫干净,并刷一道 1∶4 的 107 胶水溶液,以形成表面隔离层,缓解抹面砂浆的早期脱水,提高粘结强度;木结构与砖石砌体、混凝土结构等相接处,应先铺设金属网并绷紧牢固,金属网与各基体间的搭接宽度每侧不应小于 100 mm。

(2) 设置标筋。为有效地控制抹灰厚度,特别是保证墙面垂直度和整体平整度,在抹底层、中层灰前应设置标筋作为抹灰的依据。

设置标筋即找规矩,分为做灰饼和做标筋两个步骤。

做灰饼前,应先确定灰饼的厚度。先用托线板和靠尺检查整个墙面的平整度和垂直度,根据检查结果确定灰饼的厚度,一般最薄处不应小于 7 mm。先在墙面距地 1.5 m 左右的高度距两边阴角 100~200 mm 处,按所确定的灰饼厚度用抹灰基层砂浆各做一个 50 mm×50 mm 见方的矩形灰饼,然后用托线板或线坠在此灰饼面吊挂垂直,做对应上下的两个灰饼。上方和下方的灰饼应距顶棚和地面 150~200 mm,其中下方的灰饼应在踢脚板上口以上。随后在墙面上方和下方的左右两个对应灰饼之间,将钉子钉在灰饼外侧的墙缝内,以灰饼为准,在钉子间拉水平横线,沿线每隔 1.2~1.5 m 补做灰饼,如图 15.2 所示。

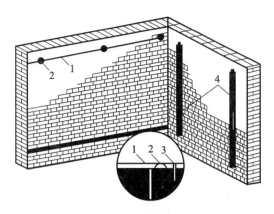

图 15.2　灰饼示意图

1—水平横线；2—灰饼；3—钉子；4—竖向标筋

　　标筋是以灰饼为准在灰饼间所做的灰埂，作为抹灰平面的基准。具体做法是：用与底层抹灰相同的砂浆在上下两个灰饼间先抹一层，再抹第二层，形成宽度为 100 mm 左右、厚度比灰饼高出 10 mm 左右的灰埂，然后用木杠紧贴灰饼搓动，直至把标筋搓得与灰饼齐平为止。最后要将标筋两边用刮尺修成斜面，以便与抹灰面接槎顺平。标筋的另一种做法是采用横向水平标筋，此种做法与垂直标筋相同。同一墙面的上下水平标筋应在同一垂直面内。标筋通过阴角时，可用带垂球的阴角尺上下搓动，直至上下两条标筋形成相同且角顶在同一垂线上的阴角。阳角可用长阳角尺同样合在上下标筋的阳角处搓动，形成角顶在同一垂线上的标筋阳角。水平标筋的优点是可保证墙体在阴、阳转角处的交线顺直，并垂直于地面，避免出现阴、阳交线扭曲不直的弊病。同时，水平标筋通过门窗框时，由标筋控制，可使墙面与框面接合平整。横向水平标筋如图 15.3 所示。

　　（3）做护角。为保护墙面转角处不易遭碰撞损坏，在室内抹面的门窗洞口及墙角、柱面的阳角处应做水泥砂浆护角，如图 15.4 所示。护角高度一般不低于 2 m，每侧宽度不小于 50 mm。具体做法是：先将阳角用方尺规方，靠门框一边以门框离墙的空隙为准，另一边以墙面灰饼厚度为依据。最好在地面上画好准线，按准线用砂浆粘好靠尺板，用托线板吊直，方尺找方。然后在靠尺板的另一边墙角分层抹 1∶2 水泥砂浆，与靠尺板的外口平齐。然后把靠尺板移动至已抹好护角的一边，用钢筋卡子卡住，用托线板吊直靠尺板，把护角的另一面分层抹好。取下靠尺板，待砂浆稍干时，用阳角抹子和水泥素浆捋出护角的小圆角，最后用靠尺板沿顺直方向留出预定宽度，将多余砂浆切出 40°斜面，以便抹面时与护角接槎。

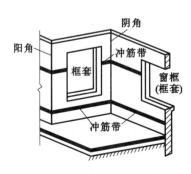

图 15.3　横向水平标筋

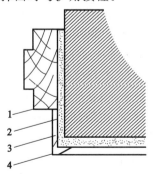

图 15.4　护角示意图

1—门框；2—底层灰；3—面层灰；4—护角

263

（4）抹底层、中层灰。待标筋有一定强度后，即可在两标筋间用力抹上底层灰，用木抹子压实搓毛。待底层灰收水后，即可抹中层灰，抹灰厚度应略高于标筋。中层抹灰后，随即用木杠沿标筋刮平，不平处补抹砂浆，然后再刮，直至墙面平直为止。紧接着用木抹子搓压，使表面干整密实。阴角处先用方尺上下核对方正（水平横向标筋可免去此步），然后用阴角器上下抽动扯平，使室内四角方正为止。

（5）抹面层灰。待中层灰有 6～7 成干时，即可抹面层灰。操作一般从阴角或阳角处开始，自左向右进行。一人在前抹面灰，另一人在后找平整，并用铁抹子压实赶光。阴、阳角处用阴、阳角抹子捋光，并用毛刷蘸水将门窗圆角等处刷干净。高级抹灰的阳角必须用拐尺找方。

2. 外墙一般抹灰

外墙一般抹灰的工艺流程为：基体表面处理→浇水润墙→设置标筋→抹底层、中层灰→弹分格线、嵌分格条→抹面层灰→起分格条→养护。

外墙抹灰的做法与内墙抹灰大部分相似，下面只介绍其特殊的几点：

（1）抹灰顺序。外墙抹灰应先上部后下部，先檐口再墙面。大面积的外墙可分块同时施工。

高层建筑的外墙面可在垂直方向适当分段，如一次抹完有困难，可在阴、阳角交接处或分格线处间断施工。

（2）嵌分格条，抹面层灰及分格条的拆除。待中层灰 6～7 成干后，按要求弹分格线。分格条为梯形截面，浸水湿润后两侧用黏稠的素水泥浆与墙面抹成 45°角粘接。嵌分格条时，应注意横平竖直，接头平直。如当天不抹面层灰，分格条两边的素水泥浆应与墙面抹成 60°角。

面层灰应抹得比分格条略高一些，然后用刮杠刮平，紧接着用木抹子搓平，待稍干后再用刮杠刮一遍，用木抹子搓磨出平整、粗糙、均匀的表面。

面层抹好后即可拆除分格条，并用素水泥浆把分格缝勾平整。如果不是当即拆除分格条，则必须待面层达到适当强度后才可拆除。

3. 顶棚一般抹灰

顶棚抹灰一般不设置标筋，只需按抹灰层的厚度在墙面四周弹出水平线作为控制抹灰层厚度的基准线。若基层为混凝土，则需在抹灰前在基层上用掺 10% 的 107 胶水溶液或水胶比为 0.4 的素水泥浆刷一遍作为结合层。抹底灰的方向应与楼板及木模板木纹方向垂直。抹中层灰后用木刮尺刮平，再用木抹子搓平。面层灰宜两遍成活，两道抹灰方向垂直，抹完后按同一方向抹压赶光。顶棚的高级抹灰应加钉长 350～450 mm 的麻束，间距为 400 mm，并交错布置，分别按放射状梳理抹进中层灰浆内。

15.1.3.4 质量要求

一般抹灰面层的外观质量应符合下列规定：

（1）普通抹灰：表面光滑、洁净，接槎平整。

（2）中级抹灰：表面光滑、洁净，接槎平整，灰线清晰、顺直。

（3）高级抹灰：表面光滑、洁净，颜色均匀，无抹纹，灰线平直方正、清晰美观。

抹灰工程的面层不得有爆灰和裂缝。各抹灰层之间及抹灰层与基体间应粘接牢固，不得有脱层、空鼓等缺陷。

一般抹灰的允许偏差和检验方法如表 15.1 所示。

表 15.1　一般抹灰的允许偏差和检验方法

| 项次 | 项　目 | 允许偏差（mm） | | 检 验 方 法 |
		普通抹灰	高级抹灰	
1	立面垂直度	4	3	用 2 m 垂直检测尺检查
2	表面平整度	4	3	用 2 m 靠尺和塞尺检查
3	阴阳角方正	4	3	用直角测尺检查
4	分格条（缝）直线度	4	3	拉 5 m 线，不足 5 m 拉通线，用钢直尺检查
5	墙裙、勒脚上口直线度	4	3	拉 5 m 线，不足 5 m 拉通线，用钢直尺检查

抹灰层厚度：抹灰层的平均总厚度要求内墙普通抹灰不得大于 18 mm，中级抹灰不得大于 20 mm，高级抹灰不得大于 25 mm；外墙抹灰，墙面不得大于 20 mm，勒脚及凸出墙面部分不得大于 25 mm；顶棚抹灰，当基层为板条、空心砖或现浇混凝土时不得大于 15 mm，预制混凝土不得大于 18 mm，金属网顶棚抹灰不得大于 20 mm。

抹灰层每层的厚度要求为：水泥砂浆每层宜为 5～7 mm，水泥混合砂浆和石灰砂浆每层厚度宜为 7～9 mm。面层抹灰经过赶平压实后的厚度，麻刀灰不得大于 3 mm，纸筋灰、石膏灰不得大于 2 mm。

15.1.3.5　抹灰施工注意事项

（1）找规矩：抹灰前必须找好规矩，即四角规方，横线找平，立线吊直，弹出准线、墙裙和踢脚线。

（2）设标筋：设置标筋，控制中层灰的厚度。抹灰前，弹出水平线及竖直线，设置标筋，作为抹灰找平的标准。高级抹灰、装饰抹灰及饰面工程，应在弹线时找方。

（3）抹底层灰：底灰宜用粗砂，中层灰和面灰宜用中砂。

（4）抹中层灰：待底层灰凝结后抹中层灰，中层灰每层厚度一般为 5～7 mm，中层砂浆同底层砂浆。抹中层灰时，以灰筋为准满铺砂浆，然后用大木杠紧贴灰筋，将中层灰刮平，最后用木抹子搓平。

（5）抹面层灰：当中层灰干后，普通抹灰可用麻刀灰罩面，高级抹灰应用纸筋灰罩面，用铁抹子抹平，并分两遍连续适时压实收光。如中层灰已干透发白，应先适度洒水湿润后，再抹罩面灰。

（6）底层砂浆与中层砂浆的配合比应基本相同。中层砂浆的强度不能高于底层，底层砂浆的强度不能高于基层，以免砂浆凝结过程中产生较大的收缩应力，破坏强度较低的底层或基层，使抹灰层产生开裂、空鼓或脱落。一般混凝土基层上不能直接抹石灰砂浆，而水泥砂浆也不得抹在石灰砂浆层上。

（7）冬季施工，抹灰砂浆应采取保温措施。涂抹时，砂浆温度不宜低于 5 ℃。砂浆抹灰硬化初期不得受冻，气温低于 5 ℃时，室外抹灰所用的砂浆可掺入混凝土防冻剂，其掺入量由试验确定。作涂料墙面的抹灰砂浆中不得掺入含氯盐的防冻剂，以免引起涂层表面泛碱、咬色。

（8）外檐窗台、窗楣、雨篷、阳台、压顶和凸出腰线等，上面应做流水坡度，下面应做滴水线或滴水槽，其深度和宽度均应小于 10 mm，并应整齐一致。

15.2 装饰抹灰施工

装饰抹灰面层材料有水磨石、水刷石、斩假石、干粘石、假面砖、拉毛灰、喷涂、滚涂等。

装饰抹灰一般均采用水泥砂浆做底层,面层厚度和施工方法依据材料要求不同而定。抹灰工程应分层进行。当抹灰总厚度大于或等于 35 mm 时应采取加强措施。抹灰层与基层之间及各抹灰层之间必须粘结牢固,抹灰层应无脱层、空鼓,面层应无爆灰和裂缝。

15.2.1 水磨石

现制水磨石一般适用于地面施工,墙面水磨石通常采用水磨石预制贴面板镶贴。

地面现制水磨石的施工工艺流程为:

基层处理→抹底、中层灰→弹线,贴镶嵌条→抹面层石子浆→水磨面层→涂草酸磨洗→打蜡上光。

1. 弹线,贴镶嵌条

在中层灰验收合格相隔 24 h 后,即可弹线并镶嵌条。嵌条可采用玻璃条或铜条。玻璃条规格为宽×厚＝10 mm×3 mm,铜条规格为宽×厚＝10 mm×(1～1.2)mm。镶嵌条时,先用靠尺板与分格线对齐,将其压好,然后把嵌条与靠尺板贴紧,用素水泥浆在嵌条另一侧根部抹成八字形灰埂,其灰浆顶部比嵌条顶部低 3 mm 左右。然后取下靠尺板,在嵌条另一侧抹上对称的灰埂,如图 15.5 所示。

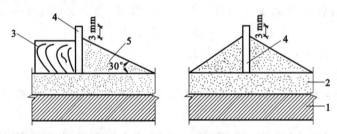

图 15.5　水磨石贴镶条示意图

1—混凝土基层;2—底层、中层抹灰;3—靠尺板;4—嵌条;5—素水泥浆灰埂

2. 抹水泥石子浆

将嵌条稳定好,浇水养护 3～5 d 后,抹水泥石子面层。具体操作为:清除地面积水和浮灰,接着刷素水泥浆一遍,然后铺设面层水泥石子浆,铺设厚度高于嵌条 1～2 mm。铺完后,在表面均匀撒一层石粒,拍实压平,用滚筒压实,待出浆后,用抹子抹平,24 h 后开始养护。

3. 磨光

开磨时间以石粒不松动为准。通常磨四遍,使全部嵌条外露。第一遍磨后将泥浆冲洗干净,稍干后擦同色水泥浆,养护 2～3 d。第二遍用 100～150 号金刚砂洒水后将表面磨至平滑,用水冲洗后养护 2 d。第三遍用 180～240 号金刚砂或油石洒水后磨至表面光亮,用水冲洗擦干。第四遍在表面涂擦草酸溶液(草酸溶液为热水∶草酸＝1∶0.35 质量比,冷却后备用),再用 280 号油石细磨,直至磨出白浆为止。冲洗后晾干,待地面干燥后进行打蜡。

水磨石的外观质量要求为:表面平整、光滑,石子显露均匀,不得有砂眼、磨纹和漏磨,嵌条位置准确,全部露出。

15.2.2　水刷石

水刷石是常用的一种外墙装饰抹灰。面层材料的水泥可采用彩色水泥、白水泥或普通水泥。颜料应选耐碱、耐光、分散性好的矿物颜料。骨料可选用中、小八厘石粒,玻璃碴、粒砂等,骨料颗粒应坚硬、均匀、洁净,色泽一致。

水刷石的施工工艺流程为:

基层处理→抹底层、中层灰→弹线,贴分格条→抹面层石子浆→冲刷面层→起分格条及浇水养护。

1. 抹面层石子浆

待中层砂浆初凝后,酌情将中层抹灰层润湿,马上用水胶比为0.4的素水泥浆满刮一遍,随即抹面层石子浆。石子浆面层稍收水后,用铁抹子把面层浆满压一遍,把露出的石子棱尖轻轻拍平,然后用刷子蘸水刷一遍,再通压一遍。如此反复刷压不少于三遍,最后用铁抹子拍平,使表面石子大面朝外,排列紧密均匀。

2. 冲刷面层

冲刷面层是影响水刷石质量的关键环节。此工序应待面层石子浆刚开始初凝(手指按上去不显指痕,用刷子刷表面而石粒不掉)时进行。冲刷分两遍进行,第一遍用软毛刷蘸水刷掉面层水泥浆,露出石粒。第二遍紧接着用喷雾器向四周相邻部位喷水。把表面水泥浆冲掉,石子外露约为1/2粒径,使石子清晰可见,均匀密布。喷水顺序应由上至下,喷水压力要合适,且应均匀喷洒。喷头离墙10~20 cm。前道工序完成后用清水(水管或水壶)从上到下冲净表面。冲刷的时间要严格掌握,过早或过度则石子显露过多,易脱落;冲刷过晚则水泥浆冲刷不净,石子显露不够或饰面浑浊,影响美观。冲刷的顺序应由上而下分段进行,一般以每个分格线为界。为保护未喷刷的墙面面层,冲刷上段时,下段墙面可用牛皮纸或塑料布贴盖,将冲刷的水泥浆外排。若墙面面积较大,则应先罩面先冲洗、后罩面后冲洗。罩面顺序也是先上后下,这样既可保证各部分的冲刷时间,又可保护下段墙面不受到损坏。

3. 起分格条

冲刷面层后,适时起出分格条,用小线抹子顺线溜平,然后根据要求用素水泥浆做出凹缝并上色。

水刷石的外观质量要求是:石粒清晰,分布均匀,紧密平整,色泽一致,不得有掉粒和接槎痕迹。

15.2.3　斩假石

斩假石是一种在硬化后的水泥石子浆面层上用斩斧等专用工具斩琢,形成有规律剁纹的一种装饰抹灰方法。其骨料宜采用小八厘石粒或石屑,成品的色泽和纹理与细琢面花岗石或白云石相似。

斩假石的施工工艺流程为:

基层处理→抹底层、中层灰→弹线,贴分格条→抹面层水泥石子浆→养护→斩剁面层。

1. 抹面层

在已硬化的水泥砂浆中层(1∶2水泥砂浆)上洒水湿润,弹线并贴好分格条,用素水泥浆刷一遍,随即抹面层。面层石粒浆的配比为 1：1.25 或 1：1.5,稠度为 5～6 cm,骨料采用 2 mm粒径的米粒石,内掺 0.3 mm 左右粒径的白云石屑。面层抹面厚度为 12 mm,抹后用木抹子打磨拍平,不要压光,但要拍出浆,随势上下溜直,每分格区内一次抹完。抹完后,随即用软毛刷蘸水顺剁纹的方向把水泥浆轻刷掉露出石粒。但注意不要用力过重,以免石粒松动。抹完 24 h 后浇水养护。

2. 斩剁面层

在正常温度(15～30 ℃)下,面层养护 2～3 d 后即可试剁,试剁时以石粒不脱掉、较易剁出斧迹为准。采用的斩剁工具有斩斧、多刃斧、花锤、扁凿、齿凿、尖锥等。斩剁的顺序一般为先上后下,由左至右,先剁转角和四周边缘,后剁大面。斩剁前应先弹顺线,相距约 10 cm,按线斩剁,以免剁纹跑斜。剁纹深度一般以 1/3 石粒粒径为宜。为了美观,一般在分格缝和阴、阳角周边留出 15～20 mm 的边框线不剁。斩剁完后,墙面应用清水冲刷干净,起出分格条,用钢丝刷刷净分格缝。按设计要求,可在缝内做凹缝并上色。

斩假石的外观质量标准是:剁纹均匀顺直,深浅一致,不得有漏剁处。阳角处横剁或留出不剁的边条应宽窄一致,棱角不得有损坏。

以上介绍的三种装饰抹灰的共同特点是采用适当的施工方法,显露出面层中的石粒,以呈现天然石粒的质感和色泽,达到装饰目的。所以此类装饰抹灰又称为石碴类装饰抹灰。该类装饰抹灰还有干粘石、扒拉石、拉假石、喷粘石等做法。

15.2.4　拉条灰

拉条灰是以砂浆和灰浆做面层,然后用专用模具在墙面拉制出凹凸状平行条纹的一种内墙装饰抹灰方法。这种装饰抹灰墙面广泛用于剧场、展览厅等公共建筑物作为吸声墙面。

拉条灰的施工工艺流程为:

基层处理→抹底层、中层灰→弹线,贴拉模轨道→抹面层灰→拉条→取木轨道,修整饰面。

1. 弹线,贴轨道

轨道是由断面为 8 mm×20 mm 的杉木条制成,其作用是作为拉灰模具的竖向滑行控制依据。具体做法是:弹出轨道的安装位置线(即横向间隔线),用黏稠的水泥浆将木轨道依线粘贴。

轨道应垂直平行,轨面平整。

2. 抹面层灰,拉条

待木轨道安装牢固后,润湿墙面,刷一道 1：0.4 的水泥净浆,紧接着抹面灰并拉条成型。面层灰根据所拉灰条的宽窄、配比有所不同,一般窄条形拉条灰灰浆配比为水泥：细纸筋石灰膏：砂=1：0.5：2;宽条形拉条灰灰浆分层采用两种配比,第一层(底层)采用混合砂浆,配比为水泥：纸筋石灰膏：砂=1：0.5：2.5,第二层(面层)采用纸筋水泥石灰膏,配比为水泥：细纸筋石灰膏=1：0.5。操作时用拉条模具靠在木轨道上,从上至下多次上浆拉动成型。操作面不论多高都要一次完成。墙面太高时可搭脚手步架,各层站人,逐级传递拉模,做到换人不换模,使灰条上下顺直,表面光滑密实。做完面层后,取下木轨道,然后用细纸筋石灰浆搓压抹平,使其无接槎,光滑通顺。面层完全干燥后,可按设计要求用涂料刷涂面层。

拉条灰的模具和成型后的墙面如图 15.6 所示。

拉条灰的外观质量标准为:拉条清晰顺直,深浅一致,表面光滑洁净,上下端头齐平。

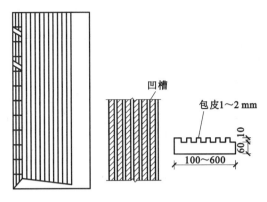

图 15.6　拉条灰的模具和成型的墙面

15.2.5　拉毛灰

拉毛灰是在尚未凝结的面层灰上用工具在表面触拉,靠工具与灰浆间的粘结力拉出大小、粗细不同的凸起毛头的一种装饰抹灰方法,可用于有一定声学要求的内墙面和一般装饰的外墙面。

拉毛灰的施工工艺流程为:

基层处理→抹底层灰→弹线,粘贴分格条→抹面层灰,拉毛→养护。

1. 抹底层灰

底层灰分室内和室外两种,室内一般采用 1∶1.6 水泥石灰混合砂浆,室外一般采用 1∶2 或 1∶3 水泥砂浆。抹灰厚度为 10～13 mm,灰浆稠度为 8～11 cm,抹后表面用木抹子搓毛,以利于与面层的粘结。

2. 抹面层灰,拉毛

待底层灰 6～7 成干后即可抹面层灰和拉毛,两种操作应连续进行,一般一人在前抹面层灰,另一人在后紧跟着拉毛。拉毛分拉细毛、中毛、粗毛三种,每一种所采用的面层灰浆配比、拉毛工具及操作方法都有所不同。一般小拉毛灰采用水泥:石灰膏＝1∶(0.1～0.2)的灰膏,而大拉毛灰采用水泥:石灰膏＝1∶(0.3～0.5)的灰膏。为抑制干裂,通常可加入适量的砂子和纸筋。同时应掌握好其稠度,太软易流浆,拉毛变形;太硬又不易拉毛操作,也不易形成均匀一致的毛头。

拉细毛时,采用白麻缠绕的麻刷,正对着墙面抹灰面层一点一拉,靠灰浆的塑性和麻刷与灰膏间的粘附力顺势拉出毛头。拉中毛时,采用硬棕毛刷,正对墙面放在面层灰浆上,粘着后顺势拉出毛头。拉粗毛时,采用平整的铁抹子,轻按在墙面面层灰浆上,待有吸附感觉时,顺势慢拉起铁抹子,即可拉出毛头。拉毛灰要注意"轻触慢拉",用力均匀,快慢一致,切忌用力过猛,提拉过快,致使露出底灰。如发现拉毛大小不均,应及时抹平重拉。为保持拉毛均匀,最好在一个分格内由一人操作。应及时调整花纹、斑点的疏密。

拉毛灰的外观质量标准为:花纹、斑点分布均匀,不显接槎。

15.2.6　干粘石

干粘石表面应色泽一致,不露浆,不漏粘,石粒应粘结牢固、分布均匀,阳角处应无明显黑边。

干粘石施工工序为：

清理基层→湿润墙面→设置标筋→抹底层砂浆→抹中层砂浆→弹线和粘贴分格条→抹面层砂浆→撒石子→修整拍平。

15.2.7 假面砖

假面砖表面应色泽平整、沟纹清晰、留缝整齐、色泽一致，应无掉角、脱皮、起砂等缺陷。

其施工工序一般为先做底层，接着抹饰面灰，再做假面砖。

15.2.8 喷涂、弹涂、滚涂

喷涂、弹涂、滚涂是聚合物砂浆装饰外墙面的施工方法，是在水泥砂浆中加入一定的聚乙烯醇缩甲醛胶(或 107 胶)、颜料、石膏等材料形成。

（1）喷涂外墙饰面

喷涂外墙饰面是用空气压缩机将聚合物水泥砂浆喷涂在墙面底子灰上形成饰面层。

（2）弹涂外墙饰面

弹涂外墙饰面是在墙体表面刷一道聚合物水泥色浆后，用弹涂器分几遍将不同色彩的聚合物水泥色浆弹在已涂刷的涂层上，形成 3～5 mm 大小的扁圆形花点，再喷甲基硅醇钠憎水剂，共三道工序组成的饰面层。

（3）滚涂外墙饰面

先将带颜色的聚合物砂浆均匀涂抹在底层上，随即用平面或带有拉毛、刻有花纹的橡胶、泡沫塑料辊子滚出所需要的图案和花纹。

装饰抹灰工程质量的允许偏差和检验方法如表 15.2 所示。

表 15.2　装饰抹灰工程质量的允许偏差和检验方法

项次	项　目	允许偏差(mm)				检 验 方 法
		水刷石	斩假石	干粘石	假面砖	
1	立面垂直度	5	4	5	5	用 2 m 垂直检测尺检查
2	表面平整度	3	3	5	4	用 2 m 靠尺和塞尺检查
3	阴阳角方正	3	3	4	4	用直角测尺检查
4	分格条(缝)直线度	3	3	3	3	拉 5 m 线，不足 5 m 拉通线，用钢直尺检查
5	墙裙、勒脚上口直线度	3	3	—	—	拉 5 m 线，不足 5 m 拉通线，用钢直尺检查

15.3　饰面工程施工

饰面工程是将块材镶贴(安装)在基层上，以形成饰面层的施工。块料面层施工有饰面板的安装、饰面砖的粘贴。小块料采用直接粘贴的方法施工，大块料(边长大于 400 mm)采用安装的方法施工。

15.3.1 釉面砖施工

釉面砖一般用于室内墙面装饰。施工时,墙面底层用1:3水泥砂浆打底,表面划毛;在基层表面弹出水平和垂直方向的控制线,自上向下、从左向右进行横竖预排瓷砖,以使接缝均匀整齐;如有一行以上的非整砖,应排在阴角和接地部位。

15.3.2 镶贴陶瓷锦砖

陶瓷锦砖可用于内、外墙面装饰。镶贴陶瓷锦砖时,根据已弹好的水平线稳定好平尺板,如图15.7所示,然后在已湿润的底子灰上刷素水泥浆一层,再抹2~3 mm厚1:3水泥纸筋灰粘结层,并用靠尺刮平。陶瓷锦砖背面向上,将1:0.2:1的水泥石灰砂浆抹在背面约2~3 mm厚,随即进行粘贴,然后用拍板依次拍实直至拍到水泥石灰砂浆填满缝隙为止。紧接着浇水湿润纸板,约半小时后轻轻揭掉,用小刀调整缝隙,用湿布擦净砖面。48 h后用1:1水泥砂浆勾大缝,其他小缝用素水泥浆擦缝,颜色按设计要求。

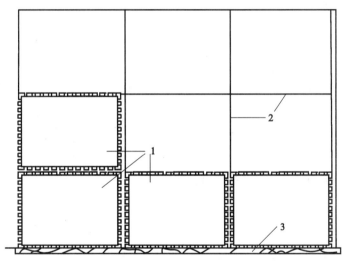

图15.7 陶瓷锦砖镶贴示意图

1—陶瓷锦砖贴纸;2—陶瓷锦砖按纸板尺寸弹线分格(留出缝隙);3—平尺板

15.3.3 镶贴玻璃马赛克

玻璃马赛克多用于外墙饰面。

基层打底灰(同一般抹灰)完毕后,在墙上做2 mm厚的普通硅酸盐水泥净浆层,把玻璃马赛克背面向上平放,并在其上抹一层薄薄的水泥浆,刮浆闭缝。然后将玻璃马赛克逐张沿已经标志的横、竖、厚度控制线铺贴,随即用木抹子轻轻拍击压实,使玻璃马赛克与基层牢固粘结。待水泥初凝后湿润纸面,由上向下轻轻揭掉纸面,用毛刷刷净杂物,用相同水泥浆擦缝。

15.3.4 饰面砖施工质量验收要求

(1)饰面砖的品种、规格、颜色和性能应符合设计要求。

(2)饰面砖粘贴工程的找平、防水、粘结和勾缝材料及施工方法应符合设计要求及国家现行产品标准和工程技术标准。

(3) 饰面砖粘贴必须牢固。

(4) 满粘法施工的饰面砖工程应无空鼓、裂缝。

(5) 饰面砖表面应平整、洁净,颜色一致,无裂痕和缺损。

(6) 阴阳角处搭接方式、非整砖使用部位应符合设计要求。

(7) 墙面凸出物周围的饰面砖应整套割吻合,边缘应整齐。

(8) 饰面砖接缝应平直、光滑,填嵌应连续、密实,宽度和深度应符合设计要求。

(9) 有排水要求的部位做滴水线(槽)。

饰面砖粘贴的允许偏差和检验方法如表 15.3 所示。

表 15.3　饰面砖粘贴的允许偏差和检验方法

项次	项　目	允许偏差(mm)		检 验 方 法
		外墙面砖	内墙面砖	
1	立面垂直度	3	2	用 2 m 垂直检测尺检查
2	表面平整度	4	3	用 2 m 靠尺和塞尺检查
3	阴阳角方正	3	3	用直角测尺检查
4	接缝直线度	3	2	拉 5 m 线,不足 5 m 拉通线,用钢直尺检查
5	接缝高低差	1	0.5	用钢直尺和塞尺检查
6	接缝宽度	1	1	用钢直尺检查

15.3.5　大理石、花岗石、水磨石饰面板的安装

1. 小规格饰面板镶贴

(1) 踢脚线粘贴

用 1∶3 水泥砂浆打底,厚约 12 mm,用刮尺刮平、划毛。待底子灰凝固后,将经过湿润的饰面板背面均匀地抹上厚 2~3 mm 的素水泥浆,随即将其贴于墙面,用木槌轻敲,使其与基层粘结紧密。随之用靠尺找平,使相邻各块饰面板接缝齐平,高差不超过 0.5 mm,并将边口和挤出拼缝的水泥擦净。

(2) 窗台板安装

安装窗台板时,先校正窗台的水平,确定窗台的找平层厚度,在窗口两边按图纸要求的尺寸在墙上剔槽。

清除窗台上的垃圾杂物,洒水润湿。用 1∶3 干硬性水泥砂浆或细石混凝土抹找平层,用刮尺刮平,均匀地撒上干水泥,待水泥充分吸水呈水泥浆状态,再将湿润后的板材平稳地安上,以木槌轻轻敲击,使其平整并与找平层有良好粘结。在窗口两侧墙上的剔槽处要先浇水润湿,板材伸入墙面的尺寸要相等。板材放稳后,应用水泥砂浆或细石混凝土将嵌入墙的部分塞密堵严。

(3) 碎拼大理石

① 矩形块料　对于锯割整齐而大小不等的正方形大理石边角块料,以大小搭配的形式镶

拼在墙面上,缝隙间距1～1.5 mm,镶贴后用同色水泥色浆嵌缝,可嵌平缝,也可嵌凸缝,擦净后上蜡打光。

② 冰状块料　将锯割整齐的各种多边形大理石板碎料搭配成各种图案,缝隙可做成凹凸缝,也可做成平缝,用同色水泥色浆嵌抹,擦净后上蜡打光。平缝的间隙可以稍小,凹凸缝的间隙可在10～12 mm,凹凸2～4 mm。

③ 毛边碎料　选取不规则的毛边碎块,因不能密切吻合,故镶拼的接缝比以上两种块料要大,应注意大小搭配,乱中有序,生动自然。

2. 安装饰面板

当板边长大于400 mm或镶贴高度超过1 m时,可用安装方法施工。

基层处理和找平层砂浆的涂抹方法与装饰抹灰基本相同。

湿法铺贴工艺适用于板材厚为20～30 mm的大理石、花岗石或预制水磨石板,墙体为砖墙或混凝土墙。

饰面板安装前,大饰面板须进行打眼,如图15.8所示。

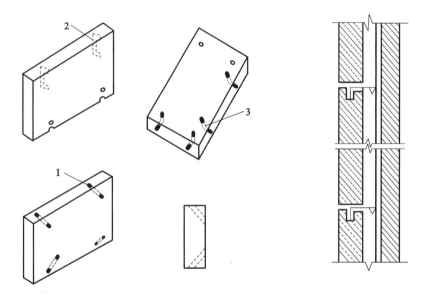

图15.8　饰面板安装示意图
1—板面打斜眼;2—板面打两面牛鼻子眼;3—打三面牛鼻子眼

饰面板安装时,在竖向基体上预挂钢筋网,按事先找好的水平线和垂直线进行预排,然后在最下一行两头用块板找平找直,拉上横线,用铜丝或镀锌铁丝绑扎板材并灌水泥砂浆粘牢。块材和基层间的缝隙一般为20～50 mm,即为灌浆厚度。

干法铺贴是在饰面板材上直接打孔或开槽,用连接件与结构基体用膨胀螺栓或其他架设金属相连接而不需要灌注砂浆或细石混凝土。饰面板与墙体之间留出40～50 mm的空腔。

干法铺贴工艺主要采用扣件固定。

15.3.6　金属饰面板安装

1. 金属板材

常用的金属饰面板有不锈钢板、铝合金板、铜板、薄钢板等。

不锈钢材料耐腐蚀、耐气候、防火、耐磨性均良好,具有较高的强度,抗拉能力强,并且具有质软、韧性强、便于加工等特点,是建筑物室内外墙体和柱面常用的装饰材料。

铝合金耐腐蚀、耐气候、防火,具有可进行轧花,涂不同色彩,压制成不同波纹、花纹和平板冲孔的加工特性,适用于中、高级室内装修。

铜板具有不锈钢板的特点,其装饰效果金碧辉煌,多用于高级装修的柱、门厅入口、大堂等建筑局部。

2. 不锈钢板、铜板施工工艺

不锈钢板、铜板比较薄,不能直接固定于柱、墙面上,为了保证安装后表面平整、光洁无钉孔,需用木方、胶合板做好胎模,组合固定于墙、柱面上。

柱面不锈钢板、铜板饰面安装如图 15.9 所示。

墙面不锈钢板、铜板饰面安装如图 15.10 所示。

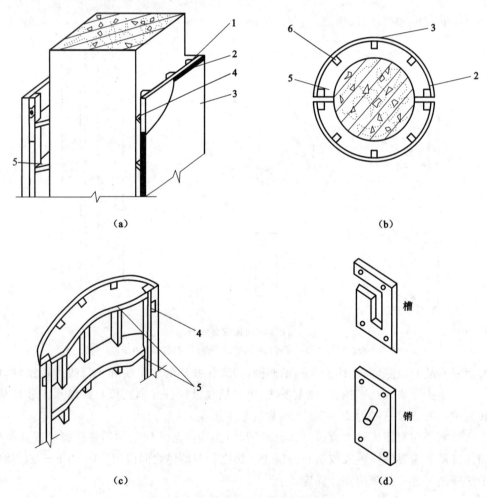

图 15.9 柱面不锈钢板、铜板饰面安装

(a) 方柱;(b) 圆柱;(c) 圆柱胎;(d) 销件

1—木骨架;2—胶合板;3—不锈钢板;4—销件;5—中密度板;6—木质竖筋

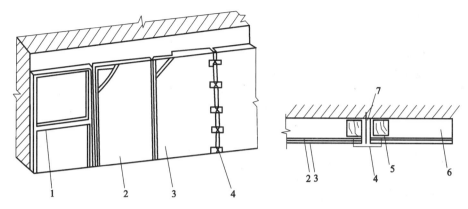

图 15.10　墙面不锈钢板、铜板饰面安装

(a)不锈钢板、铜板饰面;(b)板缝构造

1—骨架;2—胶合板;3—饰面金属板;4—临时固定木条;5—竖筋;6—横筋;7—玻璃胶

15.3.7　木质饰面板施工

常用的木质饰面板是硬木板条。要求硬木板条纹理清晰,常用于室内墙面或墙裙。

1. 骨架安装

在墙上弹好位置线,先固定饰面四边骨架龙骨,再固定中间龙骨。

2. 硬木板条饰面铺钉

硬木条应隔一定间距铺设,如图 15.11 所示。

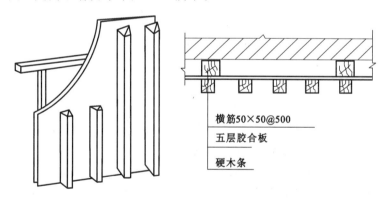

图 15.11　硬木板条饰面铺钉示意图

15.3.8　饰面板安装工程验收质量要求

(1)饰面板的品种、规格、颜色和性能应符合设计要求,木龙骨面板和塑料面板的燃烧性能等级应符合设计要求。

(2)饰面板孔和槽的数量、位置和尺寸应符合设计要求。

(3)饰面板安装工程的预埋件(或后置埋件)和边接件的数量、规格、位置、连接方法和防腐处理必须符合设计要求。后置埋件的现场拉拔强度必须符合设计要求。饰面板安装必须牢固。

(4)饰面板表面应平整、洁净,颜色一致,无裂痕和缺损。石材表面应无泛碱等污染。

(5)饰面板嵌缝应密实、平直,宽度和深度应符合设计要求,嵌填材料色泽应一致。

(6)采用湿作业法施工的饰面工程,石材背面应进行防碱处理。饰面板与基体之间的灌注材料应饱满、密实。

(7)饰面板上的孔洞应套割吻合,边缘应整齐。

饰面板安装的允许偏差和检验方法如表15.4所示。

表15.4 饰面板安装的允许偏差和检验方法

项次	项 目	允许偏差(mm)							检验方法
		石材			瓷板	木材	塑料	金属	
		光面	剁斧石	蘑菇石					
1	立面垂直度	2	3	3	2	1.5	2	2	用2m垂直检测尺检查
2	表面平整度	2	3	—	1.5	1	3	3	用2m靠尺和塞尺检查
3	阴阳角方正	2	4	4	2	1.5	3	3	用直角测尺检查
4	接缝直线度	2	4	4	2	1	1	1	拉5m线,不足5m拉通线,用钢直尺检查
5	墙裙、勒脚上口直线度	2	3	3	2	2	2	2	拉5m线,不足5m拉通线,用钢直尺检查
6	接缝高低差	0.5	3	—	0.5	0.5	1	1	用钢直尺和塞尺检查
7	接缝宽度	1	2	2	1	1	1	1	用钢直尺检查

15.4 涂饰工程施工

15.4.1 涂饰材料质量要求

涂料由胶结剂、颜料、溶剂和辅助材料等组成。

(1)外墙材料 由主要成膜物质、次要成膜物质、辅助成膜物质和其他外加剂、分散剂等组成。常用的有硅酸盐类无机涂料、乳液涂料等。

(2)内墙涂料 内墙涂料较多,主要有乳液涂料和水溶型涂料两类。

(3)地面涂料 主要成膜物质是合成树脂或高分子乳液加掺合材料,如过氯乙烯地面涂料、聚乙烯醇缩甲醛厚质地面涂料、聚醋酸乙烯乳液厚质地面涂料等。

(4)顶棚涂料 除了采取传统的刷浆工艺和选用内墙涂料外,为了提高室内的吸音效果,可采用凹凸起伏较大、质感明显的装饰涂料。

(5)防火涂料 高聚物粘结剂一般具有可燃性。乳胶涂料因混入大量的无机填料及颜料而比较难燃,再选择适当的粘结剂、增塑剂及添加剂等来进一步提高涂膜的难燃性及防火性。

15.4.2 基层处理

新建建筑物的混凝土或抹灰基层涂饰涂料前应涂刷抗碱封闭底漆;旧墙面涂饰涂料前应清除疏松的旧装修层并涂刷界面剂;混凝土或抹灰基层涂刷溶剂型涂料时,含水率不得大于8%,涂刷乳液型溶剂时含水率不得大于10%,木材基层的含水率不得大于12%;基层腻子应平整、坚实、牢固,无粉化、起皮和裂缝;厨房、卫生间墙面必须使用耐水腻子。

　　木材表面上的灰尘、污垢等施涂前应清理干净,木材表面的缝隙、毛刺、掀岔和脂囊修整后应用腻子填补,并用砂纸磨光。

　　金属表面施涂前应将灰尘、油渍、鳞皮、锈斑、焊渣、毛刺等清除干净。潮湿的表面不得施涂涂料。

15.4.3　涂饰施工

15.4.3.1　涂饰工程的基本工序及施工方法

涂料工程的基本工序如表15.5～表15.8所示。

表 15.5　混凝土及抹灰外墙表面薄涂料工程的主要工序

项次	工序名称	乳胶薄涂料	溶剂型薄涂料	无机薄涂料
1	修补	+	+	+
2	清扫	+	+	+
3	填补缝隙、局部刮腻子	+	+	+
4	磨平	+	+	+
5	第一遍涂料	+	+	+
6	第二遍涂料	+	+	+

表 15.6　混凝土及抹灰内墙、顶棚表面薄涂料工程的主要工序

项次	工序名称	水性涂料涂饰						溶剂型涂料涂饰	
		水溶性涂料		无机涂料		乳液性涂料			
		普通	高级	普通	高级	普通	高级	普通	高级
1	清扫	+	+	+	+	+	+	+	+
2	填补缝隙、局部刮腻子	+	+	+	+	+	+	+	+
3	磨平	+	+	+	+	+	+	+	+
4	第一遍满刮腻子	+	+	+	+	+	+	+	+
5	磨平	+	+	+	+	+	+	+	+
6	第二遍满刮腻子		+		+		+		+
7	磨平		+		+	+	+	+	+
8	干性油打底							+	+
9	第一遍涂料	+	+	+	+	+	+	+	+
10	复补腻子		+		+	+	+		+
11	磨平		+		+	+	+	+	+
12	第二遍涂料	+	+	+	+	+	+	+	+
13	磨平						+	+	+
14	第三遍涂料						+	+	+
15	磨平								+
16	第四遍涂料								+

表 15.7 混凝土及抹灰外墙表面复层涂料工程的主要工序

项次	工序名称	合成树脂乳液复层涂料	硅溶胶类复层涂料	水泥系复层涂料	反应固化型复层涂料
1	修补	+	+	+	+
2	清扫	+	+	+	+
3	填补缝隙、局部刮腻子	+	+	+	+
4	磨平	+	+	+	+
5	施涂封底涂料	+	+	+	+
6	施涂主层涂料	+	+	+	+
7	滚压	+	+	+	+
8	第一遍罩面涂料	+	+	+	+
9	第二遍罩面涂料	+	+	+	+

表 15.8 木料表面施涂溶剂型混色涂料的主要工序

项次	工序名称	普通涂饰	高级涂饰
1	清扫、起钉子、除油污等	+	+
2	铲去脂囊、修补平整	+	+
3	磨砂纸	+	+
4	节疤处点漆片	+	+
5	干性油或带色干性油打底	+	+
6	局部刮腻子、磨光	+	+
7	第一遍满刮腻子	+	+
8	磨光	+	+
9	第二遍满刮腻子		+
10	磨光		+
11	刷涂底涂料		+
12	第一遍涂料		+
13	复补腻子	+	+
14	磨光	+	+
15	湿布擦净	+	+
16	第二遍涂料	+	+
17	磨光(高级涂料用水砂纸)	+	+
18	湿布擦净	+	+
19	第三遍涂料	+	+

常用的施工方法有刷涂、滚涂、喷涂、弹涂和抹涂。

15.4.3.2 质量验收要求

1. 水性涂料涂饰

水性涂料涂饰工程所用涂料的品种、型号和性能应符合设计要求;应均匀涂饰、粘结牢固,不得有漏涂、透底、起皮和掉粉;涂料工程应待涂层完全干燥后,方能进行验收。检查时所用材料品种、颜色等应符合设计和选定的样品要求。

薄涂料的涂饰质量和检验方法如表 15.9 所示。

表 15.9　薄涂料的涂饰质量和检验方法

项次	项　目	普通涂饰	高级涂饰	检验方法
1	颜色	均匀一致	均匀一致	观察
2	泛碱、咬色	允许有少量轻微	不允许	
3	流坠、疙瘩	允许有少量轻微	不允许	
4	砂眼、刷纹	允许有少量轻微砂眼,刷纹通顺	无砂眼,无刷纹	
5	装饰线、分色线填线度允许偏差(mm)	2	1	拉 5 m 线,不足 5 m 拉通线,用钢尺检查

厚涂料的涂饰质量和检验方法如表 15.10 所示。

表 15.10　厚涂料的涂饰质量和检验方法

项次	项　目	普通涂饰	高级涂饰	检验方法
1	颜色	均匀一致	均匀一致	观察
2	泛碱、咬色	允许有少量	不允许	
3	点状分布	—	疏密均匀	

复合涂料的涂饰质量和检验方法如表 15.11 所示。

表 15.11　复合涂料的涂饰质量和检验方法

项次	项　目	质量要求	检验方法
1	颜色	均匀一致	观察
2	泛碱、咬色	不允许	
3	喷点疏密程度	均匀,不允许连片	

2. 溶剂型涂料涂饰

溶剂型涂料涂饰工程所用涂料的品种、型号和性能应符合设计要求;颜色、光泽、图案应符合设计要求;应涂饰均匀、粘结牢固,不得有漏涂、透底、起皮和反锈。

色漆的涂饰质量和检验方法如表 15.12 所示。

清漆的涂饰质量和检验方法如表 15.13 所示。

表 15.12　色漆的涂饰质量和检验方法

表 15.12　色漆的涂饰质量和检验方法

项次	项　目	普通涂饰	高级涂饰	检验方法
1	颜色	均匀一致	均匀一致	观察(手摸)
2	光泽、光滑	光泽基本均匀,光滑无挡手感	光泽基本均匀一致,光滑	
3	刷纹	刷纹通顺	无刷纹	
4	裹棱、流坠、皱皮	明显处不允许	不允许	
5	装饰线、分色线填线度允许偏差(mm)	2	1	拉 5 m 线,不足 5 m 拉通线,用钢尺检查

表 15.13　清漆的涂饰质量和检验方法

项次	项　目	普通涂饰	高级涂饰	检验方法
1	颜色	均匀一致	均匀一致	观察(手摸)
2	木纹	棕眼刮平、木纹清楚	棕眼刮平、木纹清楚	
3	光泽、光滑	光泽基本均匀,光滑无挡手感	光泽基本均匀一致,光滑	
4	刷纹	无刷纹	无刷纹	
5	裹棱、流坠、皱皮	明显处不允许	不允许	拉 5 m 线,不足 5 m 拉通线,用钢尺检查

3. 涂料的安全技术

涂料材料和所用设备必须有专人保管,各类储油原料的桶必须有封盖。涂料库房内必须有消防设备,要隔绝火源,与其他建筑物相距应有 25～40 m。使用喷灯时,油不得加满。操作者做好自身保护工作,坚持穿戴安全防护具。使用溶剂时,应防护好眼睛、皮肤。熬胶、烧油应离开建筑物 10 m 以外。

15.5　裱糊工程施工

裱糊工程是将普通壁纸、塑料壁纸等用胶粘剂裱糊在内墙面的一种装饰工程。这种装饰施工简单,美观耐用,增加了装饰效果。

壁纸类型通常有普通类型、塑料壁纸、纤维织物壁纸和金属壁纸。

普通类型是纸基壁纸,有良好透气性,价格便宜,但不能清洗,易断裂,目前已很少使用。塑料壁纸是以聚氯乙烯塑料薄膜为面层,以专用纸为基层,在纸上涂布或热压复合成型;其强度高,可擦洗,使用广泛。纤维织物壁纸是用玻璃纤维、丝、羊毛、棉麻等纤维织成壁纸,这种壁纸强度好,质感柔和、高雅,能形成良好的环境气氛。金属壁纸是一种采用印花、压花、涂金属粉等工序加工而成的高档壁纸,有富丽堂皇之感,一般用于高级装修中。

15.5.1 裱糊的主要工序

裱糊的主要工序如表 15.14 所示。

表 15.14　裱糊的主要工序

项次	工序名称	抹灰面混凝土				石膏板面				木料面			
		复合壁纸	PVC布	墙布	带背胶壁纸	复合壁纸	PVC布	墙布	带背胶壁纸	复合壁纸	PVC布	墙布	带背胶壁纸
1	清扫基层、填补缝隙、磨砂纸	+	+	+	+	+	+	+	+	+	+	+	+
2	接缝处糊条					+	+	+	+	+	+	+	+
3	找补腻子、磨砂纸					+	+	+	+				
4	满刮腻子、磨平	+	+	+	+								
5	涂刷涂料一遍									+	+	+	+
6	涂刷底胶一遍	+				+				+			
7	墙面画准线	+				+				+			
8	壁纸浸水湿润		+		+				+		+		+
9	壁纸涂刷胶粘剂	+				+				+			
10	基层涂刷胶粘剂	+	+	+		+	+	+		+	+	+	
11	纸上墙、裱糊	+	+	+	+	+	+	+	+	+	+	+	+
12	拼缝、搭接、对花	+	+	+	+	+	+	+	+	+	+	+	+
13	赶压胶粘剂、气泡	+	+	+	+	+	+	+	+	+	+	+	+
14	裁边		+				+				+		
15	擦净挤出的胶液	+	+	+	+	+	+	+	+	+	+	+	+
16	清理修整	+	+	+	+	+	+	+	+	+	+	+	+

15.5.2　裱糊工程施工的基本程序

（1）基层处理：要求基层平整、洁净，有足够强度，并适宜与墙纸牢固粘贴。对局部麻点、凹坑须先用腻子找平，再满刮腻子，用砂纸磨平。然后在表面满刷一遍底胶或底油。

（2）弹分格线：底胶干燥后，在墙面基层上弹水平、垂直线，作为操作时的标准。

（3）裁纸：根据墙纸规格及墙面尺寸统筹规划裁纸，墙面上下要预留裁制尺寸，一般两端应多留 30～40 mm。

（4）焖水：先将墙纸在水槽中浸泡几分钟，或在墙纸背后刷清水一道，或墙纸刷胶后叠起静置 10 min，使墙纸湿润，然后再裱糊。

（5）刷胶：墙面和墙纸各刷粘结剂一道，阴阳角处应增刷 1～2 遍，刷胶应满而匀，不得漏刷。

（6）裱贴：

① 裱贴墙纸时，首先要垂直，后对花纹拼缝，再用刮板用力抹压平整。先贴长墙面，后贴

281

短墙面。

②裱糊墙纸时,阳角处不得拼缝。

③粘贴的墙纸应与挂镜线、门窗贴脸板和中踢脚板等紧接,不得有缝隙。

④在吊顶面上裱贴壁纸,第一段通常要贴近主窗,与墙壁平行的部位。长度小于 2 m 时,则可与窗户成直角粘贴。

⑤墙纸粘贴后,若发现有空鼓、气泡时,可用针刺放气,再注射挤进粘结剂。

15.5.3 施工要点

(1)刷底层涂料。被贴墙面要刷一遍底层涂料,要求均匀而薄,不得有漏刷、流淌等缺陷。

(2)墙面弹线。目的是使墙纸粘贴后的花纹、图案、线条纵横贯通,必须在底层涂料干后弹水平线、垂直线,作为操作时的标准。墙纸水平式裱贴时,弹水平线;竖向裱贴时,弹垂直线。

(3)裁纸。根据墙纸规格及墙面尺寸统筹规划裁纸,纸幅应编号,按顺序粘贴。

(4)浸水。塑料墙纸遇水或胶水开始自由膨胀,5～10 min 后胀定,干后则自行收缩。

(5)墙纸的粘贴。墙面和墙纸各刷胶粘剂一遍,阴阳角处应增涂胶粘剂 1～2 遍,刷胶要求薄而均匀,不得漏刷。墙面涂刷胶粘剂的宽度应比墙纸宽 20～30 mm。

(6)成品保护。在交叉流水作业中,人为的损坏、污染、施工期间与完工后的空气湿度和温度变化等因素,都会严重影响墙纸饰面的质量,因此,应做好成品保护工作。

15.5.4 质量要求

(1)壁纸和墙布的种类、规格、图案、颜色、燃烧性能等级必须符合设计要求及国家现行的有关标准;

(2)裱糊后各幅拼接应横平竖直,拼接处花纹、图案应吻合,不留缝,不搭接,不显拼缝;

(3)壁纸、墙布应粘贴牢固,不得有漏贴、补贴、脱层、空鼓和翘边。

15.6 楼地面工程施工

15.6.1 基层施工

(1)抄平弹线,统一标高。检查墙、地、楼板的标高,并在各房间内弹离楼地面高 500 mm 的水平控制线,房间内一切装饰都以此为基准。

(2)楼面的基层是楼板,对于预制板楼板,应做好板缝灌浆、堵塞和板面清理工作。

(3)地面基层为土质时,应是原土或夯实回填土。回填土夯实同基坑回填土夯实要求。

15.6.2 垫层施工

1. 碎砖垫层

碎砖料应分层铺均匀,每层虚铺厚度不大于 200 mm,适当洒水后进行夯实。碎砖料可用人工或机械方法夯实,夯至表面平整。

2. 三合土垫层

三合土垫层是用石灰、砾石和砂的拌合料铺设而成,其厚度一般不小于100 mm。

石灰应用消石灰;拌合物中不得含有有机杂质;三合土的配合比(体积比)一般采用1∶2∶4或1∶3∶6(消石灰∶砂∶砾石)。

三合土可用人工或机械夯实,夯打应密实,表面平整。最后一遍夯打时,宜浇筑石灰浆,待表面灰浆晾干后进行下一道工序施工。

3. 混凝土垫层

混凝土垫层用厚度不小于60 mm、强度等级不低于C10的混凝土铺设而成。混凝土的配合比由计算确定,坍落度宜为10~30 mm,要拌和均匀。混凝土采用表面振动器捣实,浇筑完后,应在12 h内覆盖浇水养护不少于7 d。混凝土强度达到1.2 MPa以后,才能进行下道工序施工。

15.6.3 整体面层施工

1. 水泥砂浆地面

水泥砂浆地面面层的厚度为20 mm,用强度等级不低于32.5 MPa的水泥和中粗砂拌和配制,配合比为1∶2或1∶2.5。

施工时,应清理基层,同时将垫层湿润,刷一道素水泥浆,用刮尺将满铺水泥砂浆按控制标高刮平,用木抹子拍实,待砂浆终凝前,用铁抹子原浆收光。终凝后覆盖浇水养护,这是水泥砂浆面层不起砂的重要保证措施。

2. 水磨石地面

水磨石地面施工工艺流程如下:

基层清理→浇水冲洗湿润→设置标筋→铺水泥砂浆找平层→养护→嵌分格条→铺抹水泥石子浆→养护→研磨→打蜡抛光。

(1)嵌分格条 在找平层上按设计要求的图案弹出墨线,按墨线固定分格条,如图15.12所示。

(2)铺水泥石子浆 分格条粘嵌养护3~5 d后,将找平层表面清理干净,刷水泥浆一道,随刷随铺面层水泥石子浆。

如在同一平面上有几种颜色的水磨石,应先做深色、后做浅色,先做大面、后做镶边,待前一种色浆凝固后,再抹后一种色浆。

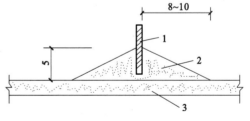

图15.12 粘贴分格条
1—分格条;2—素水泥浆;3—垫层

(3)研磨 水磨石的开磨时间与水泥强度和气温高低有关,应先试磨,在石子不松动时方可开磨。一般开磨时间见表15.15。

(4)抛光 在水磨石面层施工工序完成后,将地面冲洗干净,晾干后,在水磨石面层上满涂一层蜡,稍干后再用磨光机研磨,或用钉有细帆布的木块代替油石,装在磨石机上研磨出光亮后,再涂蜡研磨一遍,直到光滑洁亮为止。

表 15.15 水磨石面层开磨时间

序号	平均温度(℃)	开磨时间(d)	
		机磨	人工磨
1	20~30	2~3	1~2
2	10~20	3~4	1.5~2.5
3	5~10	5~6	2~3

3. 整体面层施工质量验收要求

(1)设整体面层时,其水泥类基层的抗压强度不得小于 1.2 MPa;表面应粗糙、洁净、湿润,不得有积水。铺设前宜涂刷界面处理剂。

(2)整体面层施工后,养护时间不应少于 7 d;抗压强度应达到 5 MPa 后,方准上人行走;抗压强度达到设计要求后,方可正常使用。

(3)不采用掺有水泥拌合料做踢脚线时,不得用石灰砂浆打底。

(4)整体面层的允许偏差如表 15.16 所示。

表 15.16 整体面层的允许偏差

项次	项 目	允许偏差(mm)						检验方法
		水泥混凝土面层	水泥砂浆面层	普通水磨石面层	高级水磨石面层	水泥钢屑(铁)面层	防油渗混凝土和不发火(防爆)面层	
1	表面平整度	5	4	3	2	4	5	用 2 m 靠尺和楔形塞尺检查
2	踢脚线上口平直	4	4	3	3	4	4	拉 5 m 线和用钢尺检查
3	缝格平直	3	3	3	2	3	3	

15.6.4 块材地面

15.6.4.1 地砖、马赛克施工

马赛克(陶瓷锦砖)常用于游泳池、浴室、厕所、餐厅等面层,具有耐酸碱、耐磨、不渗水、易清洗、色泽多样等优点。

铺设马赛克所用水泥强度等级不宜低于 32.5 级;采用硅酸盐水泥、普通硅酸盐水泥或矿渣硅酸盐水泥;砂应采用中粗砂;水泥砂浆铺设时配合比为 1∶2。

地砖地面的施工同马赛克地面施工要求。

15.6.4.2 块材面层施工质量验收要求

(1)设板块面层时,其水泥类基层的抗压强度不得小于 1.2 MPa。

(2)铺设板块面层的结合层和板块间的填缝采用水泥砂浆。

(3)板块的铺砌应符合设计要求;当设计无要求时,宜避免出现板块小于 1/4 边长的角料。

(4)板块类踢脚线施工时,不得用石灰砂浆打底。

(5)板块面层的允许偏差如表 15.17 所示。

表 15.17　块材面层的允许偏差

项次	项目	允许偏差（mm）									检验方法
		缸砖面层	水泥花砖面层	水磨石板块面层	大理石和花岗石面层	塑料板面层	水泥混凝土板面层	活动地板面层	条石面层	块石面层	
1	表面平整度	4	3	3	1	2	4	2	10	10	用 2 m 靠尺和楔形塞尺检查
2	缝格平直	3	3	3	2	3	3	2.5	8	8	拉 5 m 线和用钢尺检查
3	接缝高低差	1.5	0.5	1	0.5	0.2	1.5	0.4	2	—	用钢尺和楔形塞尺检查
4	踢脚线上口平直	4	—	4	1	2	4	—	—	—	拉 5 m 线和用钢尺检查
5	板块间隙宽度	2	2	2	1	—	6	0.3	5	—	用钢直尺检查

15.6.5　木质地面施工

木质地面施工通常有架铺和实铺两种。

1. 基层施工

（1）高架木地板基层施工

① 地垄墙或砖墩　地垄墙应用水泥砂浆砌筑，砌筑时要根据地面条件设地垄墙的基础。

② 木搁栅　木搁栅通常是方框或长方框结构，木搁栅与木地板基板接触的表面一定要刨平，主次木方的连接可用榫结构或钉、胶结合的固定方法。无主次之分的木搁栅，木方的连接可用半槽式扣接法。

（2）一般架铺地板基层施工

一般架铺地板是在楼面上或已有水泥地坪的地面上进行，如图 15.13（b）所示。

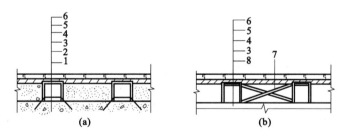

图 15.13　双层企口硬木地板构造
（a）实铺法；（b）空铺法

1—混凝土基层；2—预埋铁（铁丝或钢筋）；3—木搁栅；4—防腐剂；5—毛地板；6—企口硬木地板；7—剪刀撑；8—垫木

① 地面处理。检查地面的平整度，做水泥砂浆找平层，然后在找平层上刷两遍防水涂料或乳化沥青。

② 木搁栅。直接固定于地面的木搁栅所用的木方，可采用截面尺寸为 30 mm×40 mm 或 40 mm×50 mm 的木方。

③ 木搁栅与地面的固定。木搁栅直接与地面的固定常用埋木楔的方法，固定木方时可用

长钉将木搁栅固定在打入地面的木楔上。

2. 面层木地板铺设

木地板铺在基面或基层板上,铺设方法有钉接式和粘结式两种。

(1)钉接式:木地板面层有单层和双层两种。单层木地板面层是在木搁栅上直接钉直条企口板;双层木地板面层是在木搁栅架上先钉一层毛地板,再钉一层企口板。

(2)粘结式:粘结式木地板面层多用实铺式,将加工好的硬木地板块材用粘结材料直接粘贴在楼地面基层上。

拼花木地板粘贴前,应根据设计图案和尺寸进行弹线。对于成块制作好的木地板块材,应按所弹施工线试铺,以检查其拼缝高低、平整度、对缝等。符合要求后进行编号,施工时按编号从房中间向四周铺贴。

3. 木踢脚板的施工

木踢脚板应在木地板刨光后安装。木踢脚板接缝处应做暗榫或斜坡压槎,接缝一定要在防腐木块上。安装时木踢脚板与立墙贴紧,上口要平直,用明钉钉牢在防腐木块上,钉帽要砸扁并冲入板内 2~3 mm。

15.7　吊顶工程施工

15.7.1　吊顶的组成及其作用

吊顶是一种室内装修,具有保温、隔热、隔音和吸声作用,可以增加室内亮度和美观,是现代室内装饰的重要组成部分。

吊顶由吊筋、龙骨、面层三部分组成。

吊筋主要承受吊顶棚的重力,并将这一重力直接传递给结构层;同时,还能用来调节吊顶的空间高度。

15.7.2　吊顶工程的施工

现浇钢筋混凝土楼板吊筋做法如图 15.14 所示。

预制板缝中设吊筋如图 15.15 所示。

1. 龙骨安装

(1)木龙骨

木龙骨多用于板条抹灰和钢丝网抹灰吊顶顶棚,如图 15.16 所示。

(2)轻钢龙骨和铝合金龙骨

U45 型系列吊顶轻钢龙骨的主件及配件如表 15.18 所示。

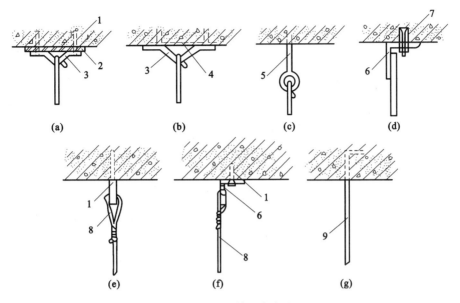

图 15.14　吊筋固定方法

（a）射钉固定；（b）预埋铁件固定；（c）预埋φ6钢筋吊环；（d）金属膨胀螺丝固定；

（e）射钉直接连接钢丝（或8号铁丝）；（f）射钉角铁连接法；（g）预埋8号镀锌铁丝

1—射钉；2—焊板；3—φ10钢筋吊环；4—预埋钢板；5—钢筋吊环；6—角钢；

7—金属膨胀螺丝；8—铝合金丝（8号、12号、14号）；9—8号镀锌铁丝

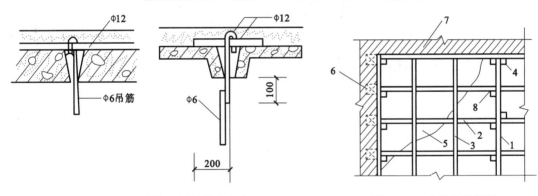

图 15.15　在预制板上设吊筋的方法

图 15.16　木质龙骨吊顶

1—大龙骨；2—小龙骨；3—横撑龙骨；4—吊筋；
5—罩面板；6—木砖；7—砖墙；8—吊木

表 15.18　U45型系列吊顶（不上人）轻钢龙骨主件及配件

名称	主件	配件		
	龙骨	吊挂件	接插件	挂插件
BD 大 龙 骨	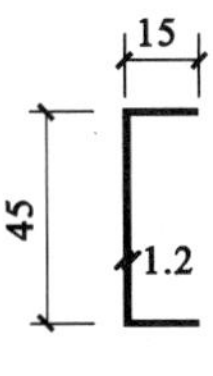	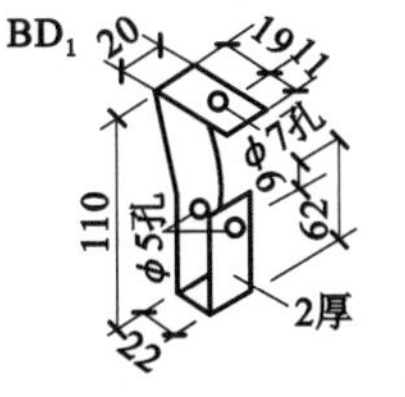	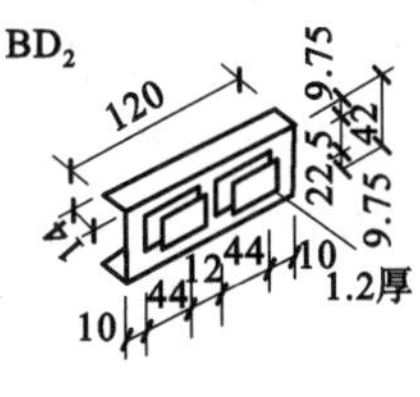	

名称	主件	配件		
	龙骨	吊挂件	接插件	挂插件
UZ 中龙骨	(图)	UZ₁ (图)	UZ₂ (图)	UZ₃ (图)
UX 小龙骨	(图)	UX₁ (图)	UX₂ (图)	UX₃ (图)

U 型龙骨吊顶安装如图 15.17 所示。

T 型铝合金龙骨安装如图 15.18 所示。

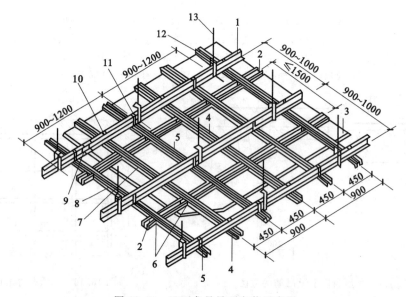

图 15.17　U 型龙骨吊顶安装示意图

1—BD 大龙骨；2—UZ 横撑龙骨；3—吊顶板；4—UZ 龙骨；5—UX 龙骨；6—UZ₃ 支托连接；7—UZ₂ 连接件；

8—UX₂ 连接件；9—BD₂ 连接件；10—UZ₁ 吊挂；11—UX₁ 吊挂；12—BD₁ 吊件；13—吊杆

（3）施工程序

吊顶有暗龙骨吊顶和明龙骨吊顶之分。

龙骨的安装顺序是：弹线定位→固定吊杆→安装主龙骨→固定次龙骨→固定横撑龙骨。

① 弹线定位　根据楼层标高水平线，用尺竖向量至顶棚设计标高，沿墙四周弹出顶棚标高水平线，并沿顶棚标高水平线在墙上画好龙骨分档位置线。

② 固定吊杆　按照墙上弹出的标高线和龙骨位置线，找出吊点中心，将吊杆焊接在预埋件上。

③ 安装主龙骨　吊杆安装在主龙骨上，根据龙骨的安装程序，因为主龙骨在上，所以吊件

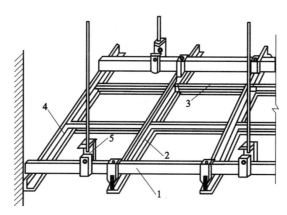

图 15.18　T 型铝合金龙骨吊顶安装示意图

1—大龙骨；2—大 T 型龙骨；3—小 T 型龙骨；4—角条；5—大吊挂件

同主龙骨相连，再将次龙骨用连接件与主龙骨固定。

④ 固定次龙骨　次龙骨垂直于主龙骨布置，交叉点用次龙骨吊挂件将其固定在主龙骨上。

⑤ 固定横撑龙骨　横撑龙骨应在次龙骨上截取。

2. 饰面板安装

饰面板的安装方法有：

（1）搁置法　将饰面板直接放在 T 型龙骨组成的格框内。

（2）嵌入法　将饰面板事先加工成企口暗缝，安装时将 T 型龙骨两肢插入企口缝内。

（3）粘贴法　将饰面板用胶粘剂直接粘贴在龙骨上。

（4）钉固法　将饰面板用钉、螺丝、自攻螺钉等固定在龙骨上。

（5）卡固法　多用于铝合金吊顶，板材与龙骨直接卡接固定。

吊顶的饰面板材包括纸面石膏装饰吸声板、石膏装饰吸声板、矿棉装饰吸声板、珍珠岩装饰吸声板、聚氯乙烯塑料天花板、聚苯乙烯泡沫塑料装饰吸声板、钙塑泡沫装饰吸声板、金属微穿孔吸声板、穿孔吸声石棉水泥板、轻质硅酸钙吊顶板、硬质纤维装饰吸声板、玻璃棉装饰吸声板等。选材时要考虑材料的密度、保温、隔热、防火、吸声、施工装卸等性能，同时应考虑饰面的装饰效果。

15.7.3　吊顶工程质量要求及检验方法

暗龙骨吊顶和明龙骨吊顶工程安装的允许偏差和检验方法如表 15.19 和表 15.20 所示。

表 15.19　暗龙骨吊顶工程安装的允许偏差和检验方法

项次	项目	允许偏差（mm）				检验方法
		纸面石膏板	金属板	矿棉板	木板、塑料板、搁栅	
1	表面平整度	3	2	2	2	用 2 m 靠尺和塞尺检查
2	接缝直线度	3	1.5	3	3	拉 5 m 线，不足 5 m 拉通线，用钢直尺检查
3	接缝高低差	1	1	1.5	1	用钢直尺和塞尺检查

289

表 15.20　明龙骨吊顶工程安装的允许偏差和检验方法

项次	项目	允许偏差（mm）				检验方法
		纸面石膏板	金属板	矿棉板	木板、塑料板、搁栅	
1	表面平整度	3	2	3	2	用 2 m 靠尺和塞尺检查
2	接缝直线度	3	2	3	3	拉 5 m 线,不足 5 m 拉通线,用钢直尺检查
3	接缝高低差	1	1	2	1	用钢直尺和塞尺检查

15.8　门窗工程施工

15.8.1　木门窗

木门窗宜在木材加工厂定型制作,不宜在施工现场加工制作。

门窗生产操作程序为:配料→截料→刨料→画线→凿眼→开榫→裁口→整理线角→堆放→拼装。

成批生产时,应先制作一樘实样。

（1）木门窗的制作允许偏差及检验

门窗制作的允许偏差和检验方法应符合表 15.21 的规定。

表 15.21　门窗制作的允许偏差和检验方法

项次	项目	构件名称	允许偏差（mm）		检验方法
			普通	高级	
1	翘曲	框	3	2	将框、扇平放在检查平台上,用塞尺检查
		扇	2	2	
2	对角线长度	框、扇	3	2	用钢尺检查,框量裁口里角,扇量外角
3	表面平整度	扇	2	2	用 1 m 靠尺和塞尺检查
4	高度、宽度	框	0,−2	0,−1	用钢尺检查,框量裁口里角,扇量外角
		扇	+2,0	+1,0	
5	裁口、线条结合处高低差	框、扇	1	0.5	用钢直尺和塞尺检查
6	相邻棂子两端间距	扇	2	1	用钢直尺检查

（2）木门窗的安装

木门窗框安装有先立门窗框（立口）和后塞门窗框两种。

① 先立框安装　立框安装是先立好门窗框,再砌筑两边的墙。施工时要注意以下几点:

a. 立门窗框前须对成品加以检查,进行校正规方,钉好斜拉条（不得小于 2 根）,无下坎的门框应加钉水平拉条,以防在运输和安装中变形。

b. 立门窗框前要事先准备好撑杆、木橛子、木砖或倒刺钉,并在门窗框上钉好护角条。

c. 立门窗框前要看清门窗框在施工图上的位置、标高、型号、门窗框规格、门扇开启方向及门窗框是里平、外平或是立在墙中等,按图立口。

d. 立门窗框时要注意拉通线,撑杆下端要固定在木橛子上。

e. 立框子时要用线锤找直吊正,并在砌筑砖墙时随时检查有否倾斜或移动。

② 后塞框安装　塞框安装是在砌墙时先留出门窗洞口,然后塞入门窗框。门窗框塞入后,先用木楔临时塞住,校正无误后,将门窗框钉牢在砌于墙内的木砖上来修刨门窗扇。

（3）玻璃安装

清理门窗裁口,沿裁口的全长均匀涂抹 1～3 mm 的底灰,用手将玻璃摊铺平正,轻压玻璃使部分底灰挤出槽口,待油灰初凝后,顺裁口刮平底灰,然后用小圆钉沿玻璃四周固定玻璃,钉距 200 mm,最后抹表面油灰即可。

木门窗安装的留缝限值、允许偏差和检验方法如表 15.22 所示。

表 15.22　木门窗安装的留缝限值、允许偏差和检验方法

项次	项目		留缝限值（mm）		允许偏差（mm）		检查方法
			普通	高级	普通	高级	
1	门窗槽对角线长度差		—	—	3	2	用钢直尺检查
2	门窗框正、侧面垂直度		—	—	2	1	用 1 m 靠尺和塞尺检查
3	框与扇、扇与扇接缝高低差		—	—	2	1	用钢直尺和塞尺检查
4	门窗扇对口		1～2.5	1.5～2	—	—	用塞尺检查
5	工业厂房双扇大门对口缝		2～5		—	—	用塞尺检查
6	门窗扇与上框间留缝		1～2	1～1.5	—	—	
7	门窗扇与侧框间留缝		2～2.5	1～1.5	—	—	
8	窗扇与下框间留缝		2～3	2～2.5	—	—	
9	门扇与下框间留缝		3～5	3～4	—	—	
10	双层门窗内外框间距		—	—	4	3	用钢直尺检查
11	无下框时门扇与地面间留缝	外门	4～7	5～6	—	—	用塞尺检查
		内门	5～8	6～7	—	—	
		卫生间门	8～12	8～10	—	—	
		厂房大门	10～20	—	—	—	

15.8.2　钢门窗

钢门窗安装工序为:弹控制线→立钢门窗、校正→门窗框固定→安装五金零件→安装纱门窗。

（1）弹控制线　门窗安装前应弹出离楼地面 500 mm 高的水平控制线,按门窗安装标高、尺寸和开启方向,在墙体预留洞口四周弹出门窗就位线。

（2）立钢门窗、校正　钢门窗采用后塞框法施工,安装时先用木楔块临时固定,木楔块应塞在四角和中梃处,然后用水平尺、对角线尺、线坠校正其垂直度与水平度。

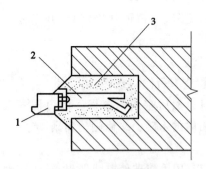

图 15.19　钢窗预埋铁脚
1—窗框;2—铁脚;
3—留洞 60 mm×60 mm×100 mm

（3）门窗框固定　门窗位置确定后,将铁脚与预埋件焊接或埋入预留墙洞内,用 1∶2 水泥砂浆或细石混凝土将洞口缝隙填实,养护 3 d 后取出木楔。门窗框与墙之间缝隙应填嵌饱满,并采用密封胶密封。钢窗铁脚的形状如图 15.19 所示。

（4）安装五金零件

① 安装零附件宜在内外墙装饰结束后进行;

② 安装零附件前,应检查门窗在洞口内是否牢固,开启应灵活,关闭要严密;

③ 五金零件应按生产厂家提供的装配图试装合格后,方可进行全面安装;

④ 密封条应在钢门窗涂料干燥后按型号安装压实;

⑤ 各类五金零件的转动和滑动配合处应灵活,无卡阻现象;

⑥ 装配螺钉拧紧后不得松动,埋头螺钉不得高于零件表面;

⑦ 钢门窗上的渣土应及时清除干净。

（5）安装纱门窗

高度或宽度大于 1400 mm 的纱窗,装纱前应在纱扇中部用木条临时支撑。检查压纱条和扇配套后,将纱裁成比实际尺寸宽 50 mm 的纱布,绷纱时先用螺丝拧入上下压纱条再装两侧压纱条,切除多余纱头。金属纱装完后集中刷油漆,交工前再将门窗扇安在钢门窗框上。

钢门窗安装的留缝限值、允许偏差和检查方法如表 15.23 所示。

表 15.23　钢门窗安装的留缝限值、允许偏差和检查方法

项次	项目		留缝限值（mm）	允许偏差（mm）	检 查 方 法
1	门窗槽口宽度、高度	≤1500 mm	—	2.5	用钢直尺检查
		>1500 mm	—	3.5	
2	门窗槽口对角线长度差	≤2000 mm	—	5	用钢直尺检查
		>2000 mm	—	6	
3	门窗框的正、侧面垂直度		—	3	用 1 m 垂直检测尺检查
4	门窗横框的水平度		—	3	用 1 m 水平尺和塞尺检查
5	门窗横框标高		—	3	用钢直尺检查
6	门窗竖向偏离中心		—	4	用钢直尺检查
7	双层门窗内外框间距		—	5	用钢直尺检查
8	门窗框、扇配合间隙		≤2	—	用塞尺检查
9	无下框时门窗扇与地面间留缝		4~8	—	用塞尺检查

15.8.3　铝合金门窗

铝合金门窗一般是先安装门窗框,后安装门窗扇。常用的固定方法如图 15.20 所示。

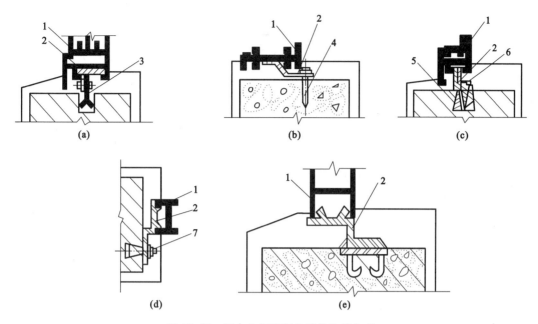

图 15.20　铝合金门窗框与墙体连接方式

（a）预留洞燕尾铁脚连接；（b）射钉连接；（c）预埋木砖连接；（d）膨胀螺钉连接；（e）预埋铁件焊接连接

1—门窗框；2—连接铁件；3—燕尾铁脚；4—射（钢）钉；5—木砖；6—木螺钉；7—膨胀螺钉

门窗框固定：

（1）铝合金门框埋入地面以下 20～50 mm。

（2）门窗框与洞口应弹性连接。铝合金门窗框填缝如图 15.21 所示。

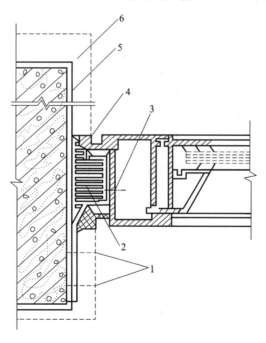

图 15.21　铝合金门窗框填缝

1—膨胀螺栓；2—软质填充料；3—自攻螺钉；4—密封膏；5—第一遍粉刷；6—最后一遍装饰面层

铝合金门窗安装的允许偏差和检查方法如表 15.24 所示。

表 15.24　铝合金门窗安装的允许偏差和检查方法

项次	项目		允许偏差（mm）	检查方法
1	门窗槽口宽度、高度	≤1500 mm	1.5	用钢直尺检查
		>1500 mm	2	
2	门窗槽口对角线长度差	≤2000 mm	3	用钢直尺检查
		>2000 mm	4	
3	门窗框的正、侧面垂直度		2.5	用垂直检测尺检查
4	门窗横框的水平度		2	用 1 m 水平尺和塞尺检查
5	门窗横框标高		5	用钢直尺检查
6	门窗竖向偏离中心		5	用钢直尺检查
7	双层门窗内外框间距		4	用钢直尺检查
8	推拉门窗扇与框搭接量		1.5	用钢直尺检查

15.8.4　塑料门窗

塑料门窗及其附件应符合国家标准，不得有开焊、断裂等损坏现象，应远离热源。

塑料门窗框连接时，先把连接件与框成 45°放入框背面燕尾槽口内，然后顺时针方向把连接件扳成直角，最后旋进 $\phi 4 \times 15$ 自攻螺钉固定（图 15.22），严禁锤击框。

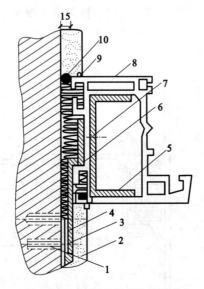

图 15.22　塑料门窗框装连接件

1—膨胀螺栓；2—抹灰层；3—螺丝钉；4—密封胶；5—加强筋；6—连接件；
7—自攻螺钉；8—硬 PVC 窗框；9—密封膏；10—保温气密材料

门窗框和墙体连接采用膨胀螺栓固定连接件，一只连接件不少于 2 只螺栓。

门窗洞口粉刷前，除去木楔，在门窗周围缝隙内塞入轻质材料，形成柔性连接，以适应热胀冷缩。